$\mathbb{C}^n$ 中双全纯映照与多全纯函数的研究与应用

崔艳艳 著

科学技术文献出版社
SCIENTIFIC AND TECHNICAL DOCUMENTATION PRESS

·北京·

图书在版编目（CIP）数据

C^n中双全纯映照与多全纯函数的研究与应用 / 崔艳艳著. -- 北京：科学技术文献出版社，2025.5.
ISBN 978-7-5235-1925-7

Ⅰ. O174.56

中国国家版本馆 CIP 数据核字第 2024QQ1711 号

C^n中双全纯映照与多全纯函数的研究与应用

策划编辑：胡　群　　责任编辑：邱晓春　　责任校对：张永霞　　责任出版：张志平

出 版 者	科学技术文献出版社
地　　址	北京市复兴路15号　邮编 100038
出 版 部	（010）58882952，58882087（传真）
发 行 部	（010）58882868，58882870（传真）
官方网址	www.stdp.com.cn
发 行 者	科学技术文献出版社发行　全国各地新华书店经销
印 刷 者	北京虎彩文化传播有限公司
版　　次	2025年5月第1版　2025年5月第1次印刷
开　　本	710×1000　1/16
字　　数	159千
印　　张	12.5
书　　号	ISBN 978-7-5235-1925-7
定　　价	52.00元

版权所有　违法必究

购买本社图书，凡字迹不清、缺页、倒页、脱页者，本社发行部负责调换

前 言

本专著围绕多复变空间中的双全纯映照及多全纯函数的相关问题展开探讨,目的是为读者提供对多复变空间中的双全纯映照及多全纯函数的全面了解,促进对多复变函数论领域的思考和进一步研究。

本专著第 1 章主要介绍了多复变空间中的双全纯映照及多全纯函数的研究背景和研究现状,并简要介绍了主要结论;第 2 章介绍了双全纯映照的两类新子族,并对其系数估计和增长、掩盖、偏差定理进行了详细探讨;第 3 章讨论了 Roper-Suffridge 算子在 Hartogs 域上的推广,并详细研究了几类 Roper-Suffridge 延拓算子保持双全纯映照子族的几何不变性;第 4 章引入了高维复空间上的 k 全纯函数,并对其性质进行了讨论,得到了一些与全纯函数相平行的结论;第 5 章研究了多复变空间中的柯西型奇异积分算子及其在边值问题中的应用,对 k 全纯函数的 Riemann 边值问题和非线性边值问题以及双 – 多全纯函数的非齐次复偏微分方程问题进行了详细探讨;最后一章总结了本书的主要观点。

这本专著是笔者经过长时间的研究、探索和实践的成果,其涵盖的主题对于推动多复变函数论领域的发展具有重要意义。笔者希望通过这本专著,将自己在相关领域内的研究成果与读者分享。在撰写这本专著的过程中,笔者尽可能地收集了最新的研究成果和数据，并进行了深入的分析和探讨，目的是通过这本专著为读者提供更全面更深入的理解和认识。

最后，笔者真诚地希望本专著能够对读者在多复变函数论领域的学习和研究有所帮助，希望它能够带给读者新的思考和启示，为读者的科研带来更多的帮助和指导。也希望读者在阅读过程中能够提出宝贵的意见和建议，以便笔者在未来的研究中不断完善和提高。

衷心感谢读者的阅读和支持。

崔艳艳

周口师范学院

2024 年 11 月

目 录

第1章　绪论 ·· 1

　1.1　研究背景 ·· 1
　1.2　研究现状 ·· 3
　1.3　主要结论 ·· 7

第2章　双全纯映照的新子族及其性质 ··· 16

　2.1　α 阶 k-圆锥星形映照的定义 ··· 16
　2.2　α 阶 k-圆锥星形映照的系数估计 ··· 20
　2.3　α 阶 k-圆锥星形映照的增长、掩盖及偏差定理 ······················ 33
　2.4　α 阶 β 型 k-圆锥螺形映照在单位球上的推广 ······················· 40

第3章　多复变数空间中的 Roper-Suffridge 算子 ······························· 48

　3.1　几类双全纯映照子族的定义 ·· 48
　3.2　Hartogs 域上 Minkowski 泛函的性质 ······································· 51
　3.3　Hartogs 域上 Roper-Suffridge 延拓算子的性质 ······················· 63
　3.4　复 Banach 空间单位球上 Roper-Suffridge 延拓算子的性质 ······ 94

第4章　多复变数空间中的 k 全纯函数 ·· 111

　4.1　k 全纯函数的定义及其简单性质 ·· 111

4.2　k 全纯函数的柯西积分定理 ……………………………………… 115

4.3　k 全纯函数的柯西积分公式及其推论 ………………………… 117

4.4　k 全纯函数的级数表示及其推论 ……………………………… 123

第5章　$\mathbb{C}^n$ 中柯西型奇异积分算子及其在边值问题中的应用 ………… 133

5.1　预备知识及相关引理 …………………………………………… 133

5.2　k 全纯函数的柯西型奇异积分算子的性质 …………………… 137

5.3　k 全纯函数的 Riemann 边值问题 ……………………………… 146

5.4　k 全纯函数的非线性边值问题 ………………………………… 159

5.5　双 – 多全纯函数的非齐次复偏微分方程问题 ………………… 170

第6章　总结 …………………………………………………………………… 190

第 1 章 绪 论

1.1 研究背景

多复变函数论是在单复变函数论的基础上发展起来的，但二者又有很大的不同。人们在将单复变函数论中的结论推广到多复变数的过程中，发现一些基本的结果在高维复空间中不再成立，而在多复变函数论中也出现了单复变函数论中所没有的现象，如 Hartogs 现象。这些不同之处使得对多复变函数论的研究有着重要的意义，也有着相当大的难度。

为了实现单复变函数理论在高维复空间中的推广，Cartan[1]建议人们对映照加以几何上的限制，如星形性和凸性。因此，人们开始讨论一些具有特殊几何特征的双全纯映照，如星形映照和凸映照。在高维复空间中构造具有特殊几何特征的双全纯映照是多复变几何函数论中的一个重要而且困难的问题。然而，到目前为止，我们仅仅知道为数不多的具有特殊几何特征的双全纯映照的具体例子，而在单复变函数空间中却很多，于是人们试图寻找一个算子把 $\mathbb{C}$ 中单位圆盘上的双全纯函数映成 $\mathbb{C}^n$ 中一定区域上具有相同几何特征的双全纯映照。Roper-Suffridge 算子[2]的引入，架起了单复变几何函数论与多复变函数论间的桥梁，使得人们可以由 $\mathbb{C}$ 中具有某些特殊几何特征的双全纯函数构造出 $\mathbb{C}^n$ 中相应的双全纯映照，于是许多学者借助 Roper-Suffridge 算子研究了星形映照和凸映照的子族或扩充。然而，已有的推广的 Roper-Suffridge 算子可能仅仅保持一部分双全纯映照的子族与扩充，若要寻找性质相对较好的推广的 Roper-Suffridge 算子，还需要对其进行进一步的研究。而且，当所讨论的空间或区域发生变化时，也会对 Roper-Suffridge 算子的性质产生影响。并且，随着对星形映照及凸映照的研究，各类具有特殊几何特征的双全纯映照子族不断涌现，特别是螺形映照的各类子族引起了多复变几何函数论领域内广大学者的关注。因此，很有必要在不同的区域上或更广泛的区域上研究 Roper-Suffridge 延拓算子保持这些螺形映照子族的性质。

多复变函数论是在应用中发展起来的与多个学科相交叉的一门学科，全纯函数理论是研究弹性力学、流体力学、空气动力学等学科的一个很重要的工具。在研究无源、无旋的物理场时全纯函数发挥着重要的作用，然而当研究有源或有旋的物理场时，全纯函数却无能为力，需要研究应用更为广泛的函数类。1908 年，Kolossov G V 在研究平面弹性问题时考虑了形如

$$f(z) = f_0(z) + f_1(z)\bar{z} + \cdots + f_{n-1}(z)\bar{z}^{n-1},$$

(其中，$f_i(z), i = 0,1,\cdots,n-1$ 是 $\mathbb{C}$ 中的全纯函数) 的函数类，即单复变函数空间中的多全纯函数。1922 年，Burgatti 重新定义了多全纯函数并对其进行了详细研究，这些关于多全纯函数最初的研究总结在参考文献 [3] 中。后来许多学者研究了多全纯函数的性质及其应用，使得单复变函数空间中的多全纯函数理论及其应用得到了很大的发展。人们也希望将这些理论和应用推广到多复变数空间中。

在单复变数空间中关于奇异积分算子及奇异积分方程已经有了比较完善的结论，并且已经广泛地应用到流体力学及弹性力学中，在此基础上许多学者研究了高维复空间上的奇异积分算子的性质及其应用，使得奇异积分理论已经广泛地渗入数学的其他领域中。多复变柯西型奇异积分是研究高维奇异积分方程的一个有力的工具。参考文献 [4] 首次应用多复变柯西型积分研究高维奇异积分方程，随后许多专家学者对此进行了深入的研究。

解析函数的边值问题是连接多复变数空间中的偏微分方程与函数空间理论的一座桥梁。借助柯西型奇异积分算子在边界上的性质可以将解析函数的边值问题转化为奇异积分方程问题解的讨论，因此柯西型奇异积分算子的边界性质的研究具有重要的理论意义和应用价值。1957 年，陆启铿院士和钟同德教授[5]最先研究了 $\mathbb{C}^n$ 中有光滑边界的有界域上带有 Bochner-Martinelli 核的柯西型积分的边界性质，得到了相应的 Plemelj 公式。随后许多学者在此基础上进行了大量的研究。

1.2 研究现状

具有特殊几何特征的双全纯映照在多复变几何函数论中占有很重要的地位。人们从映照的不同几何特征出发定义了各类双全纯映照的子族，进而研究它们的性质。例如，星形映照和凸映照[6-7]。螺形映照[8]是星形映照的扩充，冯淑霞等[9]给出了复 Banach 空间单位球上螺形映照的子族——α 次殆 β 型螺形映照、α 次 β 型螺形映照和 α 次强 β 型螺形映照的定义。蔡荣华等[10]引入了有界星形圆形域上强 α 次殆 β 型螺形映照的定义，冯淑霞等[11]给出了复 Banach 空间单位球上 ρ 次抛物型 β 型螺形映照的定义。除此之外，在多复变数空间中还有许多具有特殊几何特征的双全纯映照子族。

在复平面上对于双全纯函数的研究相对容易一些，而高维复空间中相应的映照的性质却比较复杂。1995 年，Roper-Suffridge 算子

$$\phi_n(f)(z) = (f(z_1), \sqrt{f'(z_1)}z_0)',$$

[其中，$z = (z_1, z_0)' \in B^n, z_1 \in D, z_0 = (z_2, \cdots, z_n) \in \mathbb{C}^{n-1}, f(z_1) \in H(D)$，$\sqrt{f'(0)} = 1$]的引入[2]，使得我们可以通过一维复平面中单位圆盘 D 上的正规化局部双全纯函数构造高维复空间中单位球上的正规化局部双全纯映照，从而将单复变几何函数论与多复变函数论联系了起来，也为构造 $\mathbb{C}^n$ 中具有特殊几何特征的双全纯映照提供了很好的方法，之后许多学者开始研

究该算子[12-14]。

Graham 等[7]将 Roper-Suffridge 算子进行了推广并且证明了推广后的算子保持星形性和 block 性质。2002 年，Graham 等[15]证明了 Roper-Suffridge 延拓算子

$$\phi_{n,\beta,\gamma}(f)(z) = \left(f(z_1), \left(\frac{f(z_1)}{z_1}\right)^{\beta}(f'(z_1))^{\gamma}z_0\right)',$$

在 B^n 上保持星形性，且仅当 $(\beta,\gamma) = \left(0,\frac{1}{2}\right)$ 时保持凸性，其中 $\beta \in [0, 1], \gamma \in \left[0,\frac{1}{2}\right], \beta + \gamma \leq 1$。2003 年，Gong 等[16]在 Reinhardt 域

$$\Omega_{n,p_2,\cdots,p_n} = \left\{z \in \mathbb{C}^n \mid |z_1|^2 + \sum_{j=2}^{n}|z_j|^{p_j} < 1\right\}, p_j \geq 1, j = 1,2,\cdots,n,$$

上讨论了推广的 Roper-Suffridge 算子

$$\phi_{n,\frac{1}{p_2},\cdots,\frac{1}{p_n}}(f)(z) = (f(z_1),(f'(z_1))^{\frac{1}{p_2}}z_2,\cdots,(f'(z_1))^{\frac{1}{p_n}}z_n)',$$

($p_j \geq 1, j = 2,3,\cdots,n$) 在 $\Omega_{n,p_2,\cdots,p_n}$ 上保持 ε 星形性。Liu 等[17]将 Roper-Suffridge 算子在 $\Omega_{n,p_2,\cdots,p_n}$ 中做了进一步的推广，并讨论了推广后的算子在 $\Omega_{n,p_2,\cdots,p_n}$ 上保持星形性的问题。2005 年，Muir[18]在 B^n 上将 Roper-Suffridge 算子推广为：

$$F(z) = (f(z_1) + f'(z_1)P(z_0), \sqrt{f'(z_1)}z_0)',$$

(其中，$\sqrt{f'(0)} = 1$。$P:\mathbb{C}^{n-1} \to \mathbb{C}$ 是 2 阶齐次多项式)，并且证明了推广后的算子保持星形性和凸性。Kohr 等[19-20]借助 Loewner 链研究了 Roper-Suffridge 延拓算子。Liu 等[21]在复 Banach 空间上推广了 Roper-Suffridge 算子，并在参考文献[22]中证明了算子

$$\phi_p(f)(x) = f(T_{x_1}(x))x_1 + (f'(T_{x_1}(x)))^{\frac{1}{p}}(x - T_{x_1}(x)x_1),$$

在

$$\Omega_p = \{x \in X \mid |T_{x_1}(x)|^2 + \|x - T_{x_1}(x)x_1\|^p < 1\}, p \geq 1,$$

上保持 ε 星形性。Liu 等[13]讨论了推广后的 Roper-Suffridge 算子在 $\Omega_{n,p_2,\cdots,p_n}$

上保持 α 次 β 型螺形性。王建飞等[23]得到了 B^n 上的 Roper-Suffridge 延拓算子

$$F(z) = (f(z_1) + f'(z_1)P(z_0), (f'(z_1))^{\frac{1}{m}} z_0)',$$

保持 α 次星形性和 α 次殆星形性。其中，$(f'(0))^{\frac{1}{m}} = 1$，$P: \mathbb{C}^{n-1} \to \mathbb{C}$ 是 $m(m \in \mathbb{N}, m \geq 2)$ 次齐次多项式。近年来关于 Roper-Suffridge 延拓算子又有了许多新的结论（见参考文献 [24-30]）。

多全纯函数是全纯函数的一类推广，Balk[3]总结了对于 $\mathbb{C}$ 中多全纯函数的最初的研究结果。2001 年，杨丕文等[31]得到了 $\mathbb{C}$ 中 k-全纯函数的柯西积分公式、泰勒展开及洛朗展开，并研究了相应的柯西型奇异积分的性质及其在 Dirichlet 边值问题中的应用。Wang 等[32]和 Nechaev 等[33]也对多全纯函数的边值问题进行了研究。

2012 年，Hayrapetyan 等[34]和 Wang[35]分别讨论了加权空间 $L^1(\rho)$ 上和上半单位圆盘上多全纯函数的 Schwarz 型边值问题。同年，Čučkovič 等[36]研究了 Bergman 空间上多全纯函数的 Toeplitz 算子。2014—2016 年，Han 等[37-40]研究了单周期多全纯函数及自同构多全纯函数的 Riemann 边值问题。Pessoa[41]研究了多解析函数空间上 Hankel 算子的性质。Danchenko[42]研究了单位圆盘上多全纯函数的 Cauchy 和 Poisson 公式及其应用。Daghighi 等[43-44]研究了多全纯函数的局部最大模性质及弱最大模集。Soldatov 等[45]研究了双解析函数的线性共轭问题。2018 年，Han 等[46]研究了双周期双解析函数的 Riemann 边值问题。多全纯函数理论除了在边值问题中的应用之外，还应用于算子理论[47-48]和信号处理[49]及量子物理学[50-51]中的研究。以上结果均是在一维复平面上进行讨论得出的。

在多复变数空间中，Avanissian 等[52-53]引入了 α 阶多全纯函数的定义。Daghighi 等[54]研究了 $\mathbb{C}^n$ 中有界单连通凸域上 α 阶多全纯函数的 radó 定理。

众所周知，柯西积分公式是复变函数论中研究全纯函数的一个很重要的工具。在单复变函数空间中柯西积分公式具有统一的表示形式，即对于

不同的域，柯西积分公式具有相同的形式，然而在多复变数情形下却没有一个通用的积分表达式。目前，$\mathbb{C}^n$ 中全纯函数的积分表示理论成果丰富，我国华罗庚教授所创建和发展的四类典型域的积分表示理论[55]令国际数学界为之叹服。随后，关于 $\mathbb{C}^n$ 中全纯函数的积分表示涌现了许多成果。2006 年，曾招云等[56]对超球拓扑积域上的 Schwarz 积分和 Cauchy 积分进行了研究。2013 年，Lanzani 等[57]研究了积分区域具有最小边界正则性且具有全纯核的 Cauchy-Fantappié 型积分算子，给出了相应的柯西积分公式，并详细研究了与复平面上经典的柯西型积分最接近的 Cauchy-Fantappié 型积分算子的性质。2018 年，Rotkevich[58]对于 $\mathbb{C}^n$ 中凸域的补集上的 Cauchy-Leray-Fantappié 型积分进行了研究。Alexandrou 等[59]给出了 $\mathbb{C}^2$ 空间中一类管型域上全纯函数的 Cauchy-Fantappié 积分公式。

在单复变中，由柯西积分公式所确定的柯西型积分在奇异积分方程理论中起着很重要的作用，尤其是柯西型积分的边界性质在奇异积分方程理论中有着广泛的应用。对于 $\mathbb{C}^n$ 中不同区域上的柯西积分公式，人们自然考虑定义相应的柯西型积分，从而讨论其在边界上的性质及其应用。

陆启铿院士和钟同德教授[5]及 Kakicher[60]最先研究了 $\mathbb{C}^n$ 中具有 $\mathbb{C}^2$ 光滑边界的有界域上 Bochner-Martinelli 型积分在边界上的性质。龚昇等[4,61]对超球、Lie 球和矩阵双曲空间的柯西型奇异积分在边界上的性质进行了研究。Kytmanov[62]总结了直到 20 世纪 80 年代有关 B-M 型积分的丰富的研究成果。近年来，对于柯西型积分在边界上性质的研究又有了许多新的结论。龚定东等[63]讨论了复双球垒域上的奇异积分，并在参考文献 [64] 中讨论了无界域 - 广义上半空间上 Cauchy-Fantappié 型积分的边界性质。Chen 等[65]研究了 Stein 流形上高阶 B-M 型积分的边界性质，并借助其边界性质讨论了高阶奇异微分、积分方程的解。2012 年，Rotkevich[66]对 L^p 空间和 BMO 空间线性凸域上的 Cauchy-Fantappié 型积分算子进行了研究。Dong 等[67]和 Chen 等[68]分别研究了 $\mathbb{C}^n$ 中单位球上及 Hilbert 空间中 Toeplitz 算子的性质。2018

年，Liu[69]对 Siegel 上半空间上的 Cauchy-szegö 积分算子进行了研究，并得到了该算子范数的下界。其他关于 Cauchy 奇异积分边界性质的研究参见参考文献 [70-72]。

柯西型奇异积分的边界性质除了应用在奇异积分方程理论之外，还有一个很重要的应用便是讨论解析函数的连接边值问题（即 Riemann 边值问题）的可解性。在单复变中关于 Riemann 边值问题已经有了一套比较完整的理论。很自然地，人们考虑将这些结论推广到多复变数空间中。多圆柱上的柯西型积分是利用多圆柱特征边界上的积分来表示区域内部值的积分表达式，从而确定了"联接"于特征边界的区域上的分片全纯函数。杨丕文[73]、黄沙[74]和杨贺菊等[75]研究了双圆柱域上解析函数和广义解析函数的 Riemann-Hilbert 边值问题和非线性边值问题。王莉萍[76]研究了多圆环柱域上解析函数的 Riemann-Hilbert 边值问题。Lin 等[77]研究了闭光滑流形上具有 Bochner-Martinelli 核的柯西边界值问题并得到其复调和解。胡松林[78]、杨贺菊等[79]、汤获等[80]、蒲松等[81]和赵晓东等[82]也对 $\mathbb{C}^n$ 中的边值问题进行了研究。2018 年，Kokilashvili 等[83]应用柯西型奇异积分的性质讨论了 Lebesgue 空间中的 Riemann-Hilbert 边值问题。近年来，关于多复变数空间中边值问题的研究可参见参考文献 [84-87]。

1.3 主要结论

本书主要对多复变数空间中的双全纯映照及 k 全纯函数的相关问题进行研究，主要结论体现在第 2 章至第 5 章。

第 2 章，从圆锥型域的几何性质出发，定义了星形映照（螺形映照）的新子族——α 阶 k-圆锥星形映照（α 阶 β 型 k-圆锥螺形映照），并将 α 阶 k-圆锥星形映照的概念推广到多复变数空间中，定义了星形映照的新子族——α 阶 k-圆锥星形映照。应用从属原理讨论了单位圆盘上的 α 阶 k-

圆锥星形函数、α 阶 β 型 k-圆锥螺形函数及有界星形圆形域上 α 阶 k-圆锥星形映照的系数估计问题、Fekete-Szegö 不等式及在 $\mathbb{C}^n$ 中单位球 B^n 上的增长、掩盖及偏差定理及 α 阶 β 型 k-圆锥螺形映照在单位球上的构造。

第 3 章，在推广的 Hartogs 域上将 Roper-Suffridge 算子进行了更进一步的推广，应用各类双全纯映照子族的几何特征，详细研究了推广后的 Roper-Suffridge 延拓算子在 Hartogs 域上和复 Banach 空间中单位球上分别在不同的条件下保持复数 λ 阶殆星形映照、α 次殆 β 型螺形映照、ρ 次抛物型 β 型螺形映照、α 次殆 β 型螺形映照、α 次强 β 型螺形映照、强 α 次殆 β 型螺形映照、$S_{\Omega}^*(\beta, A, B)$ 的几何不变性，并由此得到 $\mathbb{C}^n$ 中的单位球 B^n 上相应的延拓算子的性质。

第 4 章，从单复变数空间中的 k 全纯函数出发定义了多复变数空间中的 k 全纯函数，给出了 $\mathbb{C}^n$ 中 k 全纯函数的一些简单性质，得到了与全纯函数的性质相平行的一些结论。主要讨论 $\mathbb{C}^n$ 中 k 全纯函数的柯西积分定理、柯西积分公式及其一系列推论：平均值定理、柯西不等式、唯一性定理、泰勒定理、洛朗定理、刘维尔定理、威尔斯特拉斯定理等。

第 5 章，从双圆柱上的柯西积分公式出发定义了双圆柱上具有 k 全纯核的柯西型奇异积分及其柯西主值。然后讨论关于 k 全纯函数的柯西型奇异积分算子的性质，得到了具有 k 全纯核的柯西型奇异积分的 Plemelj 公式。借助 Plemelj 公式和柯西型奇异积分的边界性质研究了双圆柱上和广义双圆柱上 k 全纯函数的 Riemann 边值问题和非线性边值问题，讨论了边值问题解的存在性，并给出了解的积分表达式。

参 考 文 献

[1] CARTAN H. Sur la possibili d'étendre aux fonctions de plusieus variables complexes la theorie des fonctions univalents [M]. Paris: Gauthier-Villars et Cie, 1933.

[2] ROPER K A, SUFFRIDGE T J. Convex mappings on the unit ball of $\mathbb{C}^n$ [J]. Journal d'analyse mathematique, 1995, 65: 333 – 347.

[3] BALK M B. Polyanalytic functions [M]. Berlin: Akademie Verlay, 1991.

[4] 龚昇. 多复变数的奇异积分 [M]. 上海: 上海科学技术出版社, 1982.

[5] 陆启铿, 钟同德. 普里瓦洛夫定理的拓广 [J]. 数学学报, 1957, 7: 144 – 165.

[6] 龚昇. 多复变数的凸映照和星形映照 [M]. 北京: 科学出版社, 1995.

[7] GRAHAM I, KOHR G. Geometric function theory in one and higher dimensions [M]. New York: Marcel dekker, 2003.

[8] GURGANUS K R. φ-like holomorphic functions in $\mathbb{C}^n$ and Banach spaces [J]. Transactions of the American mathematical society, 1975, 205: 389 – 406.

[9] 冯淑霞, 刘太顺, 任广斌. 复 Banach 空间单位球上几类映射的增长掩盖定理 [J]. 数学年刊, 2007, 28A (2): 215 – 230.

[10] 蔡荣华, 刘小松. 强螺形函数子族的第三项和第四项系数估计 [J]. 湛江师范学院学报, 2010, 31 (6): 38 – 43.

[11] 冯淑霞, 张晓飞, 陈慧勇. 多复变数的抛物星形映射 [J]. 数学学报, 2011, 54 (3): 467 – 482.

[12] CHUAQUI M. Applications of subordination chains to starlike mappings in $\mathbb{C}^n$ [J]. Pacific journal of mathematics, 1995, 168: 33 – 48.

[13] LIU X S, FENG S X. A remark on the generalized Roper-Suffridge extension operator for spirallike mappings of type β and order α [J]. Chinese quarterly journal of mathematics, 2009, 24 (2): 310 – 316.

[14] ZHU Y C, LIU M S. The generalized Roper-Suffridge extension operator on Reinhardt domain D_p [J]. Taiwanese journal of mathematics, 2010, 14 (2): 359 – 372.

[15] GRAHAM I, HAMADA H, KOHR G, et al. Extension operators for locally univalent

mappings [J]. Michigan mathematical journal, 2002, 50: 37 - 55.

[16] GONG S, LIU T S. The generalized Roper-Suffridge extension operator [J]. Journal of mathematical analysis and applications, 2003, 284 (2): 425 - 434.

[17] LIU X S, LIU T S. The generalized Roper-Suffridge extension operator for locally biholomorphic mappings [J]. Chinese quarterly journal of mathematics, 2003, 18 (3): 221 - 229.

[18] MUIR J R. A modification of the Roper-Suffridge extension operator [J]. Computational methods and function theory, 2005, 5 (1): 237 - 251.

[19] KOHR G. Loewner chains and a modification of the Roper-Suffridge extension operator [J]. Mathematica, 2006, 71 (1): 41 - 48.

[20] MUIR J R. A class of Loewner chain preserving extension operators [J]. Journal of mathematical analysis and applications, 2008, 337 (2): 862 - 879.

[21] LIU M S, ZHU Y C. On the extension operator in Banach spaces [J]. Advances in mathematics, 2005, 34 (4): 506 - 508.

[22] 朱玉灿, 刘名生. 在 Banach 空间中推广的 Roper-Suffridge 算子 (I) [J]. 数学学报 (中文版), 2007, 50 (1): 189 - 196.

[23] 王建飞, 刘太顺. 全纯映射子族上改进的 Roper-Suffridge 算子 [J]. 数学年刊, 2010, 31A (4): 487 - 496.

[24] CUI Y Y, WANG C J, LIU H. The generalized Roper-Suffridge operator on the unit ball in complex Banach and Hilbert space [J]. Acta mathematica scientia, 2017, 37B (6): 1817 - 1829.

[25] ELIN M, LEVENSHTEIN M. Covering results and perturbed Roper-Suffridge operators [J]. Complex analysis and operator theory, 2014, 8: 25 - 36.

[26] 高彩玲. Reinhardt 域上推广的 Roper-Suffridge 算子 [D]. 金华: 浙江师范大学, 2012.

[27] 唐言言. Bergman-Hartogs 型域上的 Roper-Suffridge 算子 [D]. 开封: 河南大学, 2016.

[28] WANG C J, CUI Y Y, LIU H. Properties of the modified Roper-Suffridge extension oper-

ators on Reinhardt domains [J]. Acta mathematica scientia, 2016, 36 (6): 1767 – 1779.

[29] 王建飞. $\mathbb{C}^n$ 中一类星形映射子族的增长定理及推广的 Roper-Suffridge 算子 [J]. 数学年刊 A 辑, 2013, 34 (2): 223 – 234.

[30] WANG J F, LIU T S. The Roper-Suffridge extension operator and its applications to convex mappings in $\mathbb{C}^2$ [J]. Transactions of the American mathematical society, 2018, 370 (11): 7743 – 7759.

[31] 杨丕文. k - 正则函数及某些边值问题 [J]. 四川师范大学学报 (自然科学版), 2001, 24 (1): 5 – 8.

[32] WANG Y F, DU J Y. Hilbert boundary value problems of polyanalytic functions on the unit circumference [J]. Complex variables and elliptic equations, 2006, 51: 923 – 943.

[33] NECHAEV A, LYSENKO Z. On a boundary value problem for pairs of polyanalytic functions [J]. Complex analysis and operator theory, 2008, 2 (4): 627 – 635.

[34] HAYRAPETYAN H M, HAYRAPETYAN A R. Boundary value problems in weighted spaces of polyanalytic functions in half-plane [J]. Journal of contemporary mathematical analysis, 2012, 47 (1): 1 – 15.

[35] WANG Y F. Schwarz-type boundary value problems of polyanalytic equation on the upper half unit disk [J]. Complex variables and elliptic equations, 2012, 57 (9): 983 – 993.

[36] ČUČKOVIČ Ž, LE T. Toeplitz operators on bergman spaces of polyanalytic functions [J]. Bulletin of the London mathematical society, 2012, 44 (5): 961 – 973.

[37] HAN P J, WANG Y F. A note on Riemann problems for single-periodic polyanalytic functions [J]. Mathematische nachrichten, 2016, 289 (13): 1594 – 1605.

[38] WANG Y, WANG Y. Hilbert boundary-value problem for rotation-invariant polyanalytic functions [C] // New Trends in Analysis and Interdisciplinary Applications, 2017: 161 – 168.

[39] WANG Y F, HAN P J, WANG Y J. On Riemann problem of automorphic polyanalytic functions connected with a rotation group [J]. Complex variables and elliptic equations,

2015, 60 (8): 1033 - 1057.

[40] WANG Y F, WANG Y J. On Riemann problems for single-periodic polyanalytic functions [J]. Mathematische nachrichten, 2014, 287 (16): 1886 - 1915.

[41] PESSOA L V. The Hilbert-Schmidt norm of Hankel operators on poly-bergman spaces [J]. Integral equations and operator theory, 2015, 82 (2): 249 - 265.

[42] DANCHENKO V I. Cauchy and poisson formulas for polyanalytic functions and applications [J]. Russian mathematics, 2016, 60 (1): 11 - 21.

[43] DAGHIGHI A. A necessary condition for weak maximum modulus sets of 2-analytic functions [J]. Collectanea mathematica, 2018, 69 (2): 173 - 180.

[44] DAGHIGHI A, KRANTZ S G. Local maximum modulus property for polyanalytic functions [J]. Complex analysis and operator theory, 2016, 10 (2): 401 - 408.

[45] SOLDATOV A P, Vuong T Q. The linear conjugation problem for bi-analytic functions [J]. Russian mathematics, 2016, 60 (12): 62 - 66.

[46] HAN H, LIU H, WANG Y. Riemann boundary-value problem for doubly-periodic bianalytic functions [J]. Boundary value problems, 2018, 2018 (1): 88.

[47] KARLOVICH Y I, MOZEL V A. C^*-algebras of bergman-type operators with piecewise continuous coefficients and shifts [J]. Complex variables and elliptic equations, 2012, 57 (7/8): 841 - 865.

[48] VASILEVSKI N L. Commutative algebras of Toeplitz operators on the bergman space [M]. Basel: Birkhäuser, 2008.

[49] ABREU L D. Super-wavelets versus poly-bergman spaces [J]. Integral equations and operator theory, 2012, 73 (2): 177 - 193.

[50] TORRE A. Generalized Zernike or disc polynomials: an application in quantum optics [J]. Journal of computational and applied mathematics, 2008, 222: 622 - 644.

[51] WÜNSCHE A. Generalized Zernike or disc polynomials [J]. Journal of computational and applied mathematics, 2005, 174: 135 - 163.

[52] AVANISSIAN V, TRAORE A. Extension des theoremes de Hartogs et de Lindelöf aux fonctions polyanalytiques de plusieurs variables [J]. Comptes rendus de l'Académie des

sciences de Paris, 1980, 291: 263 - 265.

[53] AVANISSIAN V, TRAORE A. Sur les fonctions polyanalytiques de plusieurs variables [J]. Comptes rendus de l'Académie des sciences de Paris, 1978, 286: 743 - 746.

[54] DAGHIGHI A, WIKSTRÖM F. A pure smoothness condition for radó's theorem for α-analytic functions [J]. Czechoslovak mathematical journal, 2016, 66 (1): 57 - 62.

[55] 华罗庚. 多复变函数论中典型域的调和分析 [M]. 北京: 科学出版社, 1958.

[56] 曾招云, 胡琳, 许忠义. 超球拓扑积域上的 Schwarz 积分 [J]. 江西师范大学学报 (自然科学版), 2006, 30 (2): 186 - 189.

[57] LANZANI L, STEIN E M. Cauchy-type integrals in several complex variables [J]. Bulletin of mathematical sciences, 2013, 3 (2): 241 - 285.

[58] ROTKEVICH A. External area integral inequality for the Cauchy-Leray-Fantappiè integral [J]. Complex analysis and operator theory, 2019 (6): 1 - 20.

[59] ALEXANDROU N, VIDRAS A. Cauchy-Fantappiè integral formula for holomorphic functions on special tube domains in $\mathbb{C}^2$ [J]. Complex analysis and operator theory, 2019, 13: 431 - 478.

[60] KAKICHER B A. Character of the continuity of the boundary values of a Bochner-Martinelli integral [J]. Oblast Ped inst, 1960, 96: 105 - 150.

[61] GONG S. Integrals of Cauchy type on the ball [M]. Hong Kong: International Press Inc III, 1993.

[62] KYTMANOV A M. The Bochner-Martinelli integral and its applications [M]. Siberia: Transl Science Press, 1992.

[63] 龚定东, 郭玉琴. 复双球垒域上奇异积分的 Cauchy 主值 [J]. 数学的实践与认识, 2012, 42 (1): 165 - 169.

[64] 龚定东. 广义上半空间的 Cauchy-Fantappié 型奇异积分 [J]. 厦门大学学报 (自然科学版), 2012, 51 (5): 813 - 817.

[65] CHEN L P, ZHONG T D, QIAN T. Higher order boundary integral formula and integro-differential equation on Stein manifolds [J]. Complex analysis and operator theory, 2012, 6 (2): 447 - 464.

[66] ROTKEVICH A S. The Cauchy-Leray-Fantappiè integral in linearly convex domains [J]. Zapiski nauchnykh seminarov POMI, 2012, 401: 172-188.

[67] DONG X, ZHU K. Commutators and semi-commutators of Toeplitz operators on the unit ball [J]. Integral equations and operator theory, 2016, 86 (2): 271-300.

[68] CHEN Y, KOO H, LEE Y J. Ranks of complex skew symmetric operators and applications to Toeplitz operators [J]. Journal of mathematical analysis and applications, 2015, 425 (2): 734-747.

[69] LIU C. Norm estimates for the bergman and Cauchy-szegö projections over the siegel upper half-space [J]. Constructive approximation, 2018, 48: 385-413.

[70] CHARPENTIER P, DUPAIN Y. Estimates for the bergman and Szegö projections for pseudo-convex domains of finite type with locally diagonalizable Levi forms [J]. Publicacions matemàtiques, 2006, 50: 413-446.

[71] HA L K. The Cauchy transform and Henkin operator on convex domains of maximal type F in $\mathbb{C}^2$ [J]. Vietnam journal of mathematics, 2018: 1-17.

[72] BLIEV N, YERKINBAYEV N. Riemann problem for multiply connected domain in Besov spaces [J]. Boundary value problems, 2024, 2024 (1): 1-9.

[73] 杨丕文. 多复变解析函数的 Riemann-Hilbert 边值问题 [J]. 四川师范大学学报（自然科学版），1992, 15 (1): 26-31.

[74] 黄沙. 多复变解析函数的一个非线性边值问题 [J]. 数学物理学报, 1997, 17 (4): 382-388.

[75] 杨贺菊, 黄沙, 乔玉英. 多复变广义解析函数的一个非线性边值问题 [J]. 自然科学进展, 2002, 12 (5): 466-472.

[76] 王莉萍. 多圆环柱域上解析函数边值问题再论 [J]. 青岛海洋大学学报, 2001, 31 (2): 293-296.

[77] LIN L Y, QIU C. The cauchy boundary value problems on closed piecewise smooth manifolds in $\mathbb{C}^n$ [J]. Acta mathematica scientia, 2004, 20 (6): 989-998.

[78] 胡松林. $\mathbb{C}^n$ 中 Riemann-Hilbert 边值问题 [D]. 武汉: 武汉大学, 2005.

[79] 杨贺菊, 段丽凌, 谢永红. 多复变广义解析函数的一个带位移的非线性边值问题

[J]. 河北师范大学学报（自然科学版），2007，31（5）：582-589.

[80] 汤获，李书海. 多复变广义全纯函数的一个带 Haseman 位移的非线性边值问题[J]. 吉林大学学报（理学版），2009，47（5）：909-915.

[81] 蒲松，杨丕文. 双解析函数的非正则型及非齐次二阶方程的某些边值问题[J]. 四川师范大学学报（自然科学版），2007，30（3）：295-299.

[82] 赵晓东，姚益民. 多复变双解析函数中的一个非线性边值问题[J]. 重庆师范大学学报（自然科学版），2008，25（2）：29-36.

[83] KOKILASHVILI V, PAATASHVILI V. Riemann-Hilbert problem in the class of Cauchy type integrals with densities of grand Lebesgue spaces [J]. Complex variables and elliptic equations, 2018, 63 (9): 1233-1257.

[84] BEZRODNYKH S I, VLASOV V I. Singular Riemann-Hilbert problem in complex-shaped domains [J]. Computational mathematics and mathematical physics, 2014, 54 (12): 1826-1875.

[85] POLUNIN V A, SOLDATOV A P. Riemann-Hilbert problem for the Moisil-Teodorescu system in multiple connected domains [J]. Electronic journal of differential equations, 2016, 2016 (310): 1-5.

[86] WANG F. Dirichlet-to-Neumann map for Poincaré-Einstein metrics in even dimensions [J]. Calculus of variations and partial differential equations, 2018, 58: 9.

[87] 杨贺菊，谢永红. 多复变中解析函数向量的边值问题[J]. 河北师范大学学报（自然科学版），2011，35（5）：457-459.

第 2 章 双全纯映照的新子族及其性质

2.1 α 阶 k - 圆锥星形映照的定义

令 S 表示单位圆盘 $D = \{z \in \mathbb{C} \mid |z| < 1\}$ 上的正规化单叶全纯函数集。$H(D)$ 表示 D 上的全纯函数集,CV 表示 D 上的单叶凸函数集,即

$$CV = \left\{ f \in S \,\middle|\, \mathrm{Re}\left(1 + \frac{zf''(z)}{f'(z)}\right) > 0 \right\}.$$

CV 在单叶函数理论中起着很重要的作用,因此许多学者开始研究它们及其子族。1978 年,Vladimirov 等[1-2]引入了一致凸和一致拟凸函数。1991 年,Goodman 研究了一致凸函数(UCV)[3]和一致星形函数(UST)[4]。1993 年,Rønning 定义了抛物星形函数 S_p,其性质是 $\frac{zf'(z)}{f(z)}$ 落在抛物型域 $\Omega = \{w \in \mathbb{C} \mid |w-1| < \mathrm{Re}\, w\}$ 内,抛物星形函数与一致凸函数有着紧密的联系。1999 年,Kanas 等[5]研究了 k 一致凸函数 $k - UCV$,其性质是 $1 + \frac{zf''(z)}{f'(z)}$ 落在域 $\Omega_k = \{w \in \mathbb{C} \mid k|w-1| < \mathrm{Re}\, w\}$($k \in [0,\infty)$)内。2000 年,Kanas 等引入了与 $k - UCV$ 和 S_p 有关的 k 星形函数 $k - ST$[6]。显然当 $k = 1$ 时,有 $k - UCV = UCV, k - ST = S_p$。对 $k - UCV$ 和 $k - ST$ 的研究也可以参见文献[7-8]。1997 年,Bharati 等[9]引入了 α 阶 k 一致凸函数和 α 阶 k - 星形函数,分别记为 $k - UCV(\alpha)$ 和 $k - ST(\alpha)$($k \in [0,\infty), \alpha \in [0,1)$),即

$$k - UCV(\alpha) = \left\{ f \in S \,\middle|\, k\left|\frac{zf''(z)}{f'(z)}\right| < -\alpha + \mathrm{Re}\left(1 + \frac{zf''(z)}{f'(z)}\right) \right\}$$

第2章 双全纯映照的新子族及其性质

和

$$k - ST(\alpha) = \left\{ f \in S \mid k \left| \frac{zf'(z)}{f(z)} - 1 \right| < -\alpha + \mathrm{Re}\left(\frac{zf'(z)}{f(z)} \right) \right\},$$

其性质是 $1 + \frac{zf''(z)}{f'(z)}$ 和 $\frac{zf'(z)}{f(z)}$ 落在域

$$\Omega_{k,\alpha} = \{ w \in \mathbb{C} \mid k|w-1| < -\alpha + \mathrm{Re}\, w \}$$

内。当 $\alpha = 0$ 时, $k - UCV(\alpha)$ 和 $k - ST(\alpha)$ 即为 $k - UCV$ 和 $k - ST$。2007 年, Akbarally 等[10]通过一个分数阶微分算子[11]引入了与 $k - UCV(\alpha)$ 和 $k - ST(\alpha)$ 相关的全纯函数新子族, 并得到了一些系数估计、增长和偏差结论。Srivastava 等[12]对 $k - ST(\alpha)$ 进行了推广并讨论了推广后的函数的系数估计问题和偏差定理。2015 年, Porwal 等[13-14]讨论了一些卷积算子所构成的函数属于 $k - UCV(\alpha)$ 和 $k - ST(\alpha)$ 的充分条件。

以上结论促使笔者去研究与圆锥型域

$$\Omega_{k,\alpha} = \{ w \in \mathbb{C} \mid k|w-1| < -\alpha + \mathrm{Re}\, w \}$$

$$= \{ w = u + iv \mid k^2(u-1)^2 + k^2 v^2 < (u-\alpha)^2, k \geq 0 \},$$

有关的单叶解析函数, 当 $k = 1$ 时该域是抛物型的, 当 $k \in (0,1)$ 时该域是双曲型的, 当 $k > 1$ 时该域是椭圆型的, 特别是当 $k = 0$ 时 Ω_k 落在右半平面。

Kanas 等[5]引入了以下从单位圆盘 D 到 $\Omega_k = \{ w \in \mathbb{C} \mid k|w-1| < \mathrm{Re}\, w \}$ 的共形映射:

$$P_k(z) = \begin{cases} \dfrac{1+z}{1-z}, & k = 0, \\[2mm] 1 + \dfrac{2}{\pi^2}\left(\ln \dfrac{1+\sqrt{z}}{1-\sqrt{z}} \right)^2, & k = 1, \\[2mm] \dfrac{1}{2(1-k^2)}\left[\left(\dfrac{1+\sqrt{z}}{1-\sqrt{z}} \right)^A + \left(\dfrac{1+\sqrt{z}}{1-\sqrt{z}} \right)^{-A} \right] - \dfrac{k^2}{1-k^2}, & k \in (0,1), \\[2mm] \dfrac{1}{k^2-1}\sin\left(\dfrac{\pi}{2T(s)} \int_0^{\frac{u(z)}{\sqrt{s}}} \dfrac{\mathrm{d}t}{\sqrt{(1-t^2)(1-s^2 t^2)}} \right) + \dfrac{k^2}{k^2-1}, & k > 1, \end{cases}$$

(2.1.1)

其中，幂函数、对数函数及根式函数均选取主值支，$A = \frac{2}{\pi}\text{arccos}k$，$s \in (0,1)$ 使得 $k = \cosh\frac{\pi T_1(s)}{4T(s)}$，

且

$$u(z) = \frac{z - \sqrt{s}}{1 - \sqrt{s}z}, \quad T(s) = \int_0^1 \frac{\mathrm{d}t}{\sqrt{(1-t^2)(1-s^2t^2)}}, \quad T_1(s) = T(\sqrt{1-s^2}),$$

从而

$$\lim_{s \to 0^+} T(s) = \frac{\pi}{2}, \quad \lim_{s \to 1^-} T(s) = \infty。$$

经简单计算可知 $\Omega_{k,\alpha} = \{w_2 \in \mathbb{C} \mid k|w_2 - 1| < -\alpha + \text{Re}w_2\}$ 是由 $\Omega_k = \{w \in \mathbb{C} \mid k|w - 1| < \text{Re}w\}$ 经 $w_2 = (1-\alpha)w + \alpha$ 变化而来，于是从 D 到 $\Omega_{k,\alpha}$ 的共形映射可以表示为：

$$Q_k(z) = (1-\alpha)P_k(z) + \alpha。 \qquad (2.1.2)$$

类似地，从 D 到

$$\Omega_{k,\alpha,\beta} = \{w \in \mathbb{C} \mid k|\mathrm{e}^{-\mathrm{i}\beta}w - (1-\mathrm{i}\sin\beta)| < -\alpha + \text{Re}(\mathrm{e}^{-\mathrm{i}\beta}w)\},$$

的共形映射可以表示为：

$$R_k(z) = \mathrm{e}^{\mathrm{i}\beta}(1-\alpha)P_k(z) + \mathrm{e}^{\mathrm{i}\beta}(\alpha - \mathrm{i}\sin\beta)。 \qquad (2.1.3)$$

从 $\Omega_{k,\alpha}$（$\Omega_{k,\alpha,\beta}$）的几何性质出发，引入以下星形函数（螺形函数）的新子族，其性质是 $\frac{f(z)}{zf'(z)}$ 落在域 $\Omega_{k,\alpha}$（$\Omega_{k,\alpha,\beta}$）内。

定义 2.1.1 令 $f(z) \in S$，$k \in (0,\infty)$，$\alpha \in [0,1)$。若

$$k\left|\frac{f(z)}{zf'(z)} - 1\right| < -\alpha + \text{Re}\left(\frac{f(z)}{zf'(z)}\right),$$

则称 $f(z)$ 是 D 上的 α 阶 k-圆锥星形函数，记为 $S_c(k,\alpha)$。当 $k=1$ 时称 $f(z)$ 是 D 上的 α 阶抛物星形函数，当 $k \in (0,1)$ 时称 $f(z)$ 是 D 上的 α 阶 k-双曲星形函数，当 $k > 1$ 时称 $f(z)$ 是 D 上的 α 阶 k-椭圆星形函数。

易证在 D 上

$$f(z) = z\exp\int_0^z \left[\frac{1}{Q_k(y)} - 1\right]\frac{\mathrm{d}y}{y} \in S_c(k,\alpha)\text{。}$$

显然，当 $k = 1$ 且 $\alpha = 0$ 时，$S_c(k,\alpha)$ 即为 Feng 等在参考文献 [15] 中引入的抛物星形函数。

定义 2.1.2 令 $f(z) \in S$，$k \in (0,\infty)$，$\alpha \in [0,1)$，$\beta \in \left(-\frac{\pi}{2}, \frac{\pi}{2}\right)$。若

$$k\left|\mathrm{e}^{-\mathrm{i}\beta}\frac{f(z)}{zf'(z)} - (1 - \mathrm{i}\sin\beta)\right| < -\alpha + \mathrm{Re}\left(\mathrm{e}^{-\mathrm{i}\beta}\frac{f(z)}{zf'(z)}\right),$$

则称 $f(z)$ 是 D 上的 α 阶 β 型 k-圆锥螺形函数，记为 $f(z) \in S_c(k,\alpha,\beta)$。当 $k = 1$、$k \in (0,1)$ 及 $k > 1$ 时分别称 $f(z)$ 是 D 上的 α 阶 β 型抛物螺形函数、α 阶 β 型 k-双曲螺形函数及 α 阶 β 型 k-椭圆螺形函数。

易证

$$f(z) = z\exp\int_0^z \left[\frac{1}{R_k(y)} - 1\right]\frac{\mathrm{d}y}{y} \in S_c(k,\alpha,\beta)\text{。}$$

当 $\beta = 0$ 时 $S_c(k,\alpha,\beta)$ 即为 $S_c(k,\alpha)$。考虑到 $f(z) \in S$ 时 $\lim\limits_{z\to 0}\frac{f(z)}{zf'(z)} = 1$，以及 $p = 1,2,\cdots$ 且 $f(z) = z^p + \sum\limits_{n=1}^{\infty}a_{p+n}z^{p+n}$ 时，$\lim\limits_{z\to 0}\frac{f(z)}{zf'(z)} = \frac{1}{p}$，定义 2.1.1 和定义 2.1.2 可进行以下推广。

定义 2.1.3 令 $f(z) = z^p + \sum\limits_{n=1}^{\infty}a_{p+n}z^{p+n}$，$k \in (0,\infty)$，$\alpha \in [0,1)$。若

$$k\left|\frac{f(z)}{zf'(z)} - \frac{1}{p}\right| < \frac{-\alpha}{p} + \mathrm{Re}\left(\frac{f(z)}{zf'(z)}\right),$$

则称 $f \in S_c^p(k,\alpha)$，其中 $p = 1,2,\cdots$。

定义 2.1.4 令 $f(z) = z^p + \sum\limits_{n=1}^{\infty}a_{p+n}z^{p+n}$，$k \in (0,\infty)$，$\alpha \in [0,1)$，$\beta \in \left(-\frac{\pi}{2}, \frac{\pi}{2}\right)$。若

$$k\left|\mathrm{e}^{-\mathrm{i}\beta}\frac{f(z)}{zf'(z)} - \frac{1-\mathrm{i}\sin\beta}{p}\right| < \frac{-\alpha}{p} + \mathrm{Re}\left(\mathrm{e}^{-\mathrm{i}\beta}\frac{f(z)}{zf'(z)}\right),$$

则称 $f(z) \in S_c^p(k,\alpha,\beta)$，其中 $p = 1,2,\cdots$。

显然当 $p = 1$ 时，定义 2.1.3 和定义 2.1.4 分别转化为定义 2.1.1 和定义 2.1.2，而且由定义 2.1.2 得 $f(z) \in S_c(k,\alpha,\beta)$ 的充分条件。

定理 2.1.5 令 $f(z) \in S, z \in D$。若

$$\left| e^{-i\beta} \frac{f(z)}{zf'(z)} - (1 - i\sin\beta) \right| < \frac{1-\alpha}{k+1},$$

则 $f(z) \in S_c(k,\alpha,\beta)$。

证明 由定义 2.1.2 及

$$\text{Re}\left(e^{-i\beta} \frac{f(z)}{zf'(z)} \right) - 1 - k \left| e^{-i\beta} \frac{f(z)}{zf'(z)} - (1 - i\sin\beta) \right|$$

$$\geq -(k+1) \left| e^{-i\beta} \frac{f(z)}{zf'(z)} - (1 - i\sin\beta) \right| > \alpha - 1,$$

得结论成立。

本章主要讨论 $S_c^p(k,\alpha)$ 和 $S_c^p(k,\alpha,\beta)$ 的系数估计，然后将 $S_c^p(k,\alpha)$ 和 $S_c^p(k,\alpha,\beta)$ 的定义推广到多复变数空间中的不同区域上，并研究 $\mathbb{C}^n$ 中单位球上 α 阶 k - 圆锥星形映照的增长、掩盖及偏差定理。另外，本章还研究了 Roper-Suffridge 延拓算子[16]下 α 阶 β 型 k - 圆锥螺形映照的几何不变性。

2.2 α 阶 k - 圆锥星形映照的系数估计

由式（2.1.1）可得 $P_k'(0)$ 和 $P_k''(0)$（$k = 1$ 时可参考文献 [17-18]，$k \in (0,1) \cup (1,\infty)$ 时可参考文献 [19-20]），即

$$V_1 = P_k'(0) = \begin{cases} \dfrac{8}{\pi^2}, & k = 1, \\[2mm] \dfrac{2A^2}{1-k^2}, & k \in (0,1), \\[2mm] \dfrac{\pi^2}{4\sqrt{s}(1+s)(k^2-1)T^2(s)}, & k > 1, \end{cases}$$

(2.2.1)

$$V_2 = \frac{1}{2}P_k''(0) = \begin{cases} \dfrac{16}{3\pi^2}, & k = 1, \\[2mm] \dfrac{2A^2(A^2+2)}{3(1-k^2)}, & k \in (0,1), \\[2mm] \dfrac{\pi^2}{4\sqrt{s}(1+s)(k^2-1)T^2(s)} \cdot \\[2mm] \dfrac{4T^2(s)(s^2+6s+1)-\pi^2}{24T^2(s)\sqrt{s}(1+s)}, & k > 1. \end{cases}$$

(2.2.2)

且 $P_k'(0) \in (0,2]$ 关于 $k \in (0,1)$ 严格单调递减，$P_k''(0) \in \left(0, \dfrac{96}{\pi^2}\right]$ 关于 $k \in (0,1)$ 单调递增（参考文献 [21-22]）。由 $Q_k(z) = (1-\alpha)P_k(z) + \alpha$ 知

$$Q_k'(0) = (1-\alpha)P_k'(0), \quad Q_k''(0) = (1-\alpha)P_k''(0).$$

由 $R_k(z) = e^{i\beta}(1-\alpha)P_k(z) + e^{i\beta}(\alpha - i\sin\beta)$ 知

$$R_k'(0) = e^{i\beta}(1-\alpha)P_k'(0), \quad R_k''(0) = e^{i\beta}(1-\alpha)P_k''(0).$$

本节主要讨论 $S_c^p(k,\alpha)$ 和 $S_c^p(k,\alpha,\beta)$ 的系数估计，需要以下引理做准备。

引理 2.2.1[23] 令 $h(z) = 1 + \sum_{k=1}^{\infty} c_k z^k$ 从属于 $H(z) = 1 + \sum_{k=1}^{\infty} C_k z^k (z \in D)$。若 $H(z)$ 在 D 上单叶且 $H(D)$ 是凸的，则 $|c_n| \leq |C_1|$。

令 $\mathfrak{J}$ 表示单位圆盘 D 中满足 $p(0) = 1, \mathrm{Re}\, p(z) > 0$ 的全纯函数 $p(z)$ 的集合，该函数类也被称为 Carathéodory 类。

引理 2.2.2[24] 令 $J(z) = 1 + c_1 z + c_2 z^2 + \cdots \in \mathfrak{J}$。则

$$|c_2 - vc_1^2| \leq \begin{cases} -4v + 2, & v \leq 0, \\ 2, & v \in (0,1), \\ 4v - 2, & v \geq 1. \end{cases}$$

当 $v < 0$ 或 $v > 1$ 时，等式成立当且仅当 $J(z)$ 是 $\dfrac{1+z}{1-z}$ 或它的一个旋转；

当 $v \in (0,1)$ 时，等式成立当且仅当 $J(z)$ 是 $\dfrac{1+z^2}{1-z^2}$ 或它的一个旋转。

当 $v = 0$ 时，等式成立当且仅当 $J(z)$ 是
$$\left(\frac{1}{2}+\frac{1}{2}\lambda\right)\frac{1+z}{1-z}+\left(\frac{1}{2}-\frac{1}{2}\lambda\right)\frac{1-z}{1+z} \quad (\lambda \in [0,1])$$
或它的一个旋转。

当 $v = 1$ 时，等式成立当且仅当 $J(z)$ 是使得 $v = 0$ 等式成立的函数的导数。

引理 2.2.3[21]　令 $P_k(z)$ 是式（2.1.1）所定义的函数，V_1, V_2 是式（2.2.1）和式（2.2.2）所定义的函数。则
$$|V_1^2 - V_2| \leq V_1 \text{。}$$

定理 2.2.4　令 $f(z) = z^p + \sum_{n=1}^{\infty} a_{p+n} z^{p+n} \in S_c^p(k,\alpha,\beta)$，$k \in (0,\infty)$，$\alpha \in [0,1)$，$p = 1,2,\cdots$，$\beta \in \left(-\dfrac{\pi}{2}, \dfrac{\pi}{2}\right)$。则
$$|a_{p+1}| \leq pc, \quad |a_{p+n}| \leq \frac{pc}{n}\prod_{k=2}^{n}\left(1+\frac{p+k-1}{k-1}c\right), \quad n = 2,3,\cdots,$$
其中，$c = (1-\alpha) P_k'(0)$ 且 $P_k'(0)$ 由式（2.2.2）所定义。

证明　由于 $R_k(z)$ 是单位圆盘 D 到 $\Omega_{k,\alpha,\beta}$ 上的共形映射，又 $f(z) \in S_c^p(k,\alpha,\beta)$，则由从属原理有 $\dfrac{pf(z)}{zf'(z)} \prec R_k(z)$。令
$$g(z) = \frac{pf(z)}{zf'(z)} = 1 + \sum_{n=1}^{\infty} b_n z^n \text{。}$$
显然 $R_k(D)$ 是一个凸域且 $R_k(z)$ 在 D 上单叶，则由引理 2.2.1 得
$$|b_n| \leq |R_k'(0)| = |(1-\alpha) P_k'(0)| = c \text{。}$$
对于 $pf(z) = zf'(z) g(z)$，应用 $f(z)$ 和 $g(z)$ 的展开式得
$$p\left(1 + \sum_{n=1}^{\infty} a_{p+n} z^n\right) = [p + (p+1) a_{p+1} z + \cdots + (p+n) a_{p+n} z^n + \cdots] \cdot$$
$$\left(1 + \sum_{n=1}^{\infty} b_n z^n\right),$$

于是

$$-na_{p+n} = \sum_{k=0}^{n-1}(p+k)a_{p+k}b_{n-k}, \qquad (2.2.3)$$

其中，$a_p = 1$，且

$$pa_{p+1} = pb_1 + (p+1)a_{p+1}, \quad pa_{p+2} = pb_2 + (p+1)a_{p+1}b_1 + (p+2)a_{p+2},$$

即

$$a_{p+1} = -pb_1, \quad a_{p+2} = \frac{p}{2}[(p+1)b_1^2 - b_2]。 \qquad (2.2.4)$$

于是 $|a_{p+1}| = p|b_1| \leqslant pc$。假设

$$|a_{p+k}| \leqslant \frac{pc}{k}\left(1 + \frac{p+1}{1}c\right)\left(1 + \frac{p+2}{2}c\right)\cdots\left(1 + \frac{p+k-1}{k-1}c\right),$$

$$k = 2,3,\cdots,n-1,$$

则由式（2.2.3）及 $|b_n| \leqslant c$ 有

$$n|a_{p+n}| \leqslant \sum_{k=0}^{n-1}(p+k)|a_{p+k}||b_{n-k}| \leqslant c\sum_{k=0}^{n-1}(p+k)|a_{p+k}|$$

$$\leqslant c\left[p + (p+1)pc + (p+2)\frac{pc}{2}\left(1 + \frac{p+1}{1}c\right) + \right.$$

$$(p+3)\frac{pc}{3}\left(1 + \frac{p+1}{1}c\right)\left(2 + \frac{p+2}{2}c\right) + \cdots +$$

$$\left.(p+n-1)\frac{pc}{n-1}\left(1 + \frac{p+1}{1}c\right)\left(1 + \frac{p+2}{2}c\right)\cdots\left(1 + \frac{p+n-2}{n-2}c\right)\right]$$

$$= c\left(p + \frac{p+1}{1}pc\right)\left(1 + \frac{p+2}{2}c\right)\cdots\left(1 + \frac{p+n-1}{n-1}c\right)。$$

于是

$$|a_{p+n}| \leqslant \frac{pc}{n}\left(1 + \frac{p+1}{1}c\right)\left(1 + \frac{p+2}{2}c\right)\cdots\left(1 + \frac{p+n-1}{n-1}c\right)$$

$$= \frac{pc}{n}\prod_{k=2}^{n}\left(1 + \frac{p+k-1}{k-1}c\right),$$

其中，$n = 2,3,\cdots$。

定理 2.2.5 令 $f(z) = z + \sum_{n=2}^{\infty} a_n z^n \in S_c(k,\alpha,\beta)$，$k \in (0,\infty)$，$\alpha \in [0,1)$，$\beta \in \left(-\frac{\pi}{2}, \frac{\pi}{2}\right)$。令 $f^{-1}(w) = w + \sum_{n=2}^{\infty} t_n w^n$ 是 $f(z)$ 的反函数。则

$$|t_2| \leqslant c, |t_3| \leqslant \frac{c}{2}(1+2c), |t_4| \leqslant \frac{c}{3}(1+c)(1+3c),$$

其中，$c = (1-\alpha)P_k'(0)$ 且 $P_k'(0)$ 由式（2.2.2）所定义。

证明 由 $f(z) = z + \sum_{n=2}^{\infty} a_n z^n$ 得

$$w = f(f^{-1}(w)) = f^{-1}(w) + \sum_{n=2}^{\infty} a_n (f^{-1}(w))^n$$

$$= w + \sum_{n=2}^{\infty} t_n w^n + \sum_{k=2}^{\infty} a_k \left(w + \sum_{n=2}^{\infty} t_n w^n\right)^k$$

$$= (w + t_2 w^2 + t_3 w^3 + \cdots) + a_2(w + t_2 w^2 + t_3 w^3 + \cdots)^2 +$$
$$a_3(w + t_2 w^2 + t_3 w^3 + \cdots)^3 + \cdots,$$

从而

$$(t_2 + a_2)w^2 + (t_3 + 2a_2 t_2 + a_3)w^3 +$$
$$(t_4 + 2a_2 t_3 + a_2 t_2^2 + 3a_3 t_2 + a_4)w^4 + \cdots = 0。$$

则

$$t_2 + a_2 = t_3 + 2a_2 t_2 + a_3 = t_4 + 2a_2 t_3 + a_2 t_2^2 + 3a_3 t_2 + a_4 = 0。$$

于是

$$t_2 = -a_2, t_3 = 2a_2^2 - a_3, t_4 = 5a_2 a_3 - 5a_2^3 - a_4。 \quad (2.2.5)$$

由 $f(z) \in S_c(k,\alpha,\beta)$ 及式（2.2.3）和式（2.2.4）得

$$a_2 = -b_1, a_3 = b_1^2 - \frac{b_2}{2}, a_4 = -\frac{1}{3}(b_3 + 2a_2 b_2 + 3a_3 b_1)。 \quad (2.2.6)$$

由式（2.2.5），式（2.2.6）及 $|b_n| \leqslant c$ 可知定理 2.2.5 得证。

类似地可以得到定理 2.2.5 中 $t_k(k \geqslant 5)$ 的界。由定理 2.2.4 和定理 2.2.5 知 $f(z) \in S_c(k,\alpha,\beta)$ 与其反函数 $f^{-1}(w)$ 的系数估计结果不同。另外，

$S_c(k,\alpha)$ 的系数估计在下面的结论中能被加强。

定理 2.2.6 令 $f(z) = z^p + \sum_{n=1}^{\infty} a_{p+n} z^{p+n} \in S_c^p(k,\alpha)$，$k \in (0,\infty)$，$\alpha \in [0,1)$，且 $p = 1,2,\cdots$。则

$$\sum_{n=p+1}^{\infty} \left[n^2 \left(\frac{k+\alpha}{k+1} \right)^2 - p^2 \right] |a_n|^2 \leqslant \frac{p^2 [1-\alpha^2 + 2(1-\alpha)k]}{(k+1)^2}。$$

证明 由 $f(z) \in S_c^p(k,\alpha)$ 知 $\dfrac{pf(z)}{zf'(z)}$ 映入 $\Omega_{k,\alpha}$。由于 $Q_k(z)$ 是单位圆盘 D 到 $\Omega_{k,\alpha}$ 上的共形映射，则存在一个 Schwarz 映照 $w(z)$ 使得

$$\frac{pf(z)}{zf'(z)} = Q_k(w(z))，z \in D。$$

由

$$\Omega_{k,\alpha} = \{ w = u + \mathrm{i}v \mid k^2(u-1)^2 + k^2 v^2 < (u-\alpha)^2, k \geqslant 0 \}$$

得 $|w| \geqslant \dfrac{k+\alpha}{k+1}$，从而

$$\left| \frac{pf(z)}{zf'(z)} \right| = |Q_k(w(z))| \geqslant \frac{k+\alpha}{k+1}。$$

则

$$p^2 |f(z)|^2 \geqslant \left(\frac{k+\alpha}{k+1} \right)^2 |zf'(z)|^2。 \quad (2.2.7)$$

令 $z = r\mathrm{e}^{\mathrm{i}\theta}$（$r \in (0,1), \theta \in (0,2\pi)$）。对式（2.2.7）关于 θ 积分得

$$\int_0^{2\pi} p^2 |f(r\mathrm{e}^{\mathrm{i}\theta})|^2 \mathrm{d}\theta \geqslant \left(\frac{k+\alpha}{k+1} \right)^2 \int_0^{2\pi} |r\mathrm{e}^{\mathrm{i}\theta} f'(r\mathrm{e}^{\mathrm{i}\theta})|^2 \mathrm{d}\theta。 \quad (2.2.8)$$

令 $a_p = 1$，则 $f(z) = \sum_{n=p}^{\infty} a_n z^n$，从而 $zf'(z) = \sum_{n=p}^{\infty} n a_n z^n$。令

$$a_n = R_n \mathrm{e}^{\mathrm{i}\phi_n}, R_n r^n = A_n (n = p, p+1, \cdots)。$$

则

$$|f(r\mathrm{e}^{\mathrm{i}\theta})|^2 = \left| \sum_{n=p}^{\infty} a_n r^n \mathrm{e}^{\mathrm{i}n\theta} \right|^2$$

$$= \left| A_p \mathrm{e}^{\mathrm{i}(\phi_p + p\theta)} + A_{p+1} \mathrm{e}^{\mathrm{i}(\phi_{p+1} + (p+1)\theta)} + A_{p+2} \mathrm{e}^{\mathrm{i}(\phi_{p+2} + (p+2)\theta)} + \cdots \right|^2$$

$$= [A_p\cos(\phi_p + p\theta) + A_{p+1}\cos(\phi_{p+1} + (p+1)\theta) +$$
$$A_{p+2}\cos(\phi_{p+2} + (p+2)\theta) + \cdots]^2 + [A_p\sin(\phi_p + p\theta) +$$
$$A_{p+1}\sin(\phi_{p+1} + (p+1)\theta) + A_{p+2}\sin(\phi_{p+2} + (p+2)\theta) + \cdots]^2$$
$$= \sum_{n=p}^{\infty} A_n^2 + 2\sum_{t\neq j, t,j=p}^{\infty} A_t A_j \cos[\phi_t - \phi_j + (t-j)\theta],$$

于是

$$\int_0^{2\pi} |f(re^{i\theta})|^2 d\theta = \sum_{n=p}^{\infty} A_n^2 \int_0^{2\pi} d\theta + 2\sum_{t\neq j, t,j=p}^{\infty} A_t A_j \int_0^{2\pi} \cos[\phi_t - \phi_j + (t-j)\theta] d\theta$$
$$= 2\pi \sum_{n=p}^{\infty} A_n^2 = 2\pi \sum_{n=p}^{\infty} |a_n|^2 r^{2n}。$$

类似地有

$$\int_0^{2\pi} |re^{i\theta} f'(re^{i\theta})|^2 d\theta = 2\pi \sum_{n=p}^{\infty} n^2 |a_n|^2 r^{2n}。$$

则由式（2.2.8）得

$$2\pi p^2 \sum_{n=p}^{\infty} |a_n|^2 r^{2n} \geq \left(\frac{k+\alpha}{k+1}\right)^2 2\pi \sum_{n=p}^{\infty} n^2 |a_n|^2 r^{2n}。$$

故

$$\sum_{n=p}^{\infty} \left[n^2 \left(\frac{k+\alpha}{k+1}\right)^2 - p^2\right] |a_n|^2 r^{2n} \leq 0。$$

令 $r \to 1^-$，则定理得证。

下面讨论 $S_c(k,\alpha)$ 函数的 Fekete-Szegö 不等式，然后将相关结论推广到高维复空间。

定理 2.2.7 令 $f(z) = z^p + \sum_{n=1}^{\infty} a_{p+n} z^{p+n} \in S_c^p(k,\alpha)$，$k \in (0,\infty)$，$\alpha \in [0,1)$，且 $p = 1,2,\cdots$。令 $\mu \in (-\infty, +\infty)$ 且 V_1, V_2 是由式（2.2.1）和式（2.2.2）所定义的函数。则

$$|a_{p+2} - \mu a_{p+1}^2|$$

$$\leq \begin{cases} \dfrac{p}{2}(1-\alpha)V_2 - \dfrac{p(p+1-2\mu p)}{2}(1-\alpha)^2 V_1^2, & p+1-2\mu p \leq \dfrac{V_2 - V_1}{(1-\alpha)V_1^2}, \\[2mm] \dfrac{p}{2}(1-\alpha)V_1, & \dfrac{V_2 - V_1}{(1-\alpha)V_1^2} < p+1-2\mu p < \dfrac{V_1 + V_2}{(1-\alpha)V_1^2}, \\[2mm] \dfrac{-p}{2}(1-\alpha)V_2 + \dfrac{p(p+1-2\mu p)}{2}(1-\alpha)^2 V_1^2, & p+1-2\mu p \geq \dfrac{V_1 + V_2}{(1-\alpha)V_1^2}。 \end{cases}$$

当 $p+1-2\mu p < \dfrac{V_2-V_1}{(1-\alpha)V_1^2}$ 或 $p+1-2\mu p > \dfrac{V_1+V_2}{(1-\alpha)V_1^2}$ 时，等式成立当且仅当 $\dfrac{pf(z)}{zf'(z)}$ 是 $Q_k(z)$ 或它的一个旋转。

当 $\dfrac{V_2-V_1}{(1-\alpha)V_1^2} < p+1-2\mu p < \dfrac{V_1+V_2}{(1-\alpha)V_1^2}$ 时，等式成立当且仅当 $\dfrac{pf(z)}{zf'(z)}$ 是 $Q_k^2(z)$ 或它的一个旋转。

当 $p+1-2\mu p = \dfrac{V_2-V_1}{(1-\alpha)V_1^2}$ 时，等式成立当且仅当 $\dfrac{pf(z)}{zf'(z)}$ 是 $Q_k\!\left(\dfrac{J(z)-1}{J(z)+1}\right)$ 或它的一个旋转。

当 $p+1-2\mu p = \dfrac{V_1+V_2}{(1-\alpha)V_1^2}$ 时，等式成立当且仅当 $\dfrac{pf(z)}{zf'(z)}$ 是 $Q_k\!\left(\dfrac{J(z)+1}{J(z)-1}\right)$ 或它的一个旋转，其中

$$J(z) = \left(\frac{1}{2}+\frac{1}{2}\lambda\right)\frac{1+z}{1-z} + \left(\frac{1}{2}-\frac{1}{2}\lambda\right)\frac{1-z}{1+z} \quad (\lambda \in [0,1)) 。$$

证明 由于 $f(z) \in S_c^p(k,\alpha)$，则存在一个 Schwarz 函数 $w(z)$ 使得 $\dfrac{pf(z)}{zf'(z)} = Q_k(w(z))$, $z \in D$。令

$$g(z) = \frac{pf(z)}{zf'(z)} = 1 + \sum_{n=1}^{\infty} b_n z^n, \tag{2.2.9}$$

且

$$p(z) = \frac{1+w(z)}{1-w(z)} = \frac{1+Q_k^{-1}(g(z))}{1-Q_k^{-1}(g(z))} = 1 + \sum_{n=1}^{\infty} c_n z^n 。$$

则 $p(z) \in \mathfrak{I}$，且

$$\begin{aligned}w(z) &= \frac{p(z)-1}{p(z)+1} = \frac{(1+c_1 z+c_2 z^2+c_3 z^3+\cdots)-1}{(1+c_1 z+c_2 z^2+c_3 z^3+\cdots)+1} \\ &= \frac{1}{2}\left\{c_1 z + \left(c_2-\frac{c_1^2}{2}\right)z^2 + \left(c_3-c_1 c_2+\frac{c_1^3}{4}\right)z^3+\cdots\right\}。\end{aligned}$$

$$\tag{2.2.10}$$

令

$$Q_k(z) = 1 + \sum_{n=1}^{\infty} A_n z^n \text{。} \qquad (2.2.11)$$

则

$$A_1 = (1-\alpha)V_1, A_2 = (1-\alpha)V_2 \text{。} \qquad (2.2.12)$$

将式 (2.2.9) 至式 (2.2.11) 代入 $g(z) = Q_k(w(z))$ 得

$$1 + b_1 z + b_2 z^2 + b_3 z^3 + \cdots$$

$$= 1 + \frac{A_1}{2}\left[c_1 z + \left(c_2 - \frac{c_1^2}{2}\right)z^2 + \left(c_3 - c_1 c_2 + \frac{c_1^3}{4}\right)z^3 + \cdots\right] +$$

$$\frac{A_2}{4}\left[c_1 z + \left(c_2 - \frac{c_1^2}{2}\right)z^2 + \left(c_3 - c_1 c_2 + \frac{c_1^3}{4}\right)z^3 + \cdots\right]^2 + \cdots \text{。}$$

则

$$b_1 = \frac{A_1}{2}c_1, b_2 = \frac{A_1}{2}\left(c_2 - \frac{c_1^2}{2}\right) + \frac{A_2}{4}c_1^2 = \frac{A_1}{2}c_2 + \frac{A_2 - A_1}{4}c_1^2 \text{。}$$

则由式 (2.2.4) 得

$$a_{p+1} = -pb_1 = -\frac{pA_1}{2}c_1 = -\frac{pc_1}{2}(1-\alpha)V_1,$$

$$a_{p+2} = \frac{p}{2}[(p+1)b_1^2 - b_2] = \frac{(p+1)A_1^2 + A_1 - A_2}{8}pc_1^2 - \frac{A_1}{4}pc_2$$

$$= \frac{pc_1^2}{8}\{(p+1)[(1-\alpha)V_1]^2 + (1-\alpha)(V_1 - V_2)\} - \frac{pc_2}{4}(1-\alpha)V_1 \text{。}$$

于是

$$a_{p+2} - \mu a_{p+1}^2 = \frac{c_1^2}{8}\{p(p+1-2\mu p)[(1-\alpha)V_1]^2 + p(1-\alpha)(V_1 - V_2)\} -$$

$$\frac{pc_2}{4}(1-\alpha)V_1$$

$$= -\frac{p(1-\alpha)V_1}{4}(c_2 - vc_1^2),$$

其中,

$$v = \frac{(p+1-2\mu p)(1-\alpha)V_1^2 + (V_1 - V_2)}{2V_1},$$

从而

$$v \leqslant 0 \Leftrightarrow (p+1-2\mu p)(1-\alpha)V_1^2 \leqslant V_2 - V_1,$$

$$v \geqslant 1 \Leftrightarrow (p+1-2\mu p)(1-\alpha)V_1^2 \geqslant V_1 + V_2,$$

$$4v - 2 = 2\left[(p+1-2\mu p)(1-\alpha)V_1 - \frac{V_2}{V_1}\right],$$

且

$$|a_{p+2} - \mu a_{p+1}^2| = \frac{p(1-\alpha)V_1}{4}|c_2 - vc_1^2|,$$

由引理 2.2.2 可知定理 2.2.7 得证。

定理 2.2.7 中的结论同时包含 V_1 和 V_2，笔者希望得到只含有 V_1 的 Fekete-Szegö 不等式。首先，需要得出以下结论。

定理 2.2.8 设 $p(z) = 1 + b_1 z + b_2 z^2 + \cdots \prec Q_k(z)$，$Q_k(z)$ 和 V_1 分别由式 (2.1.2) 和式 (2.2.1) 所定义。则

$$|(1-\alpha)b_2 - \mu b_1^2| \leqslant \begin{cases} (1-\alpha)^2(V_1 - \mu V_1^2), & \mu \leqslant 0, \\ (1-\alpha)^2 V_1, & \mu \in (0,1), \\ (1-\alpha)^2[V_1 + (\mu-1)V_1^2], & \mu \geqslant 1. \end{cases}$$

证明 由于 $p(z) \prec Q_k(z)$，则存在 $w(z) = \alpha_1 z + \alpha_2 z^2 + \cdots$ 使得 $p(z) = Q_k(w(z))$。由式 (2.2.1) 和式 (2.2.2) 知 $P_k(z) = 1 + V_1 z + V_2 z^2 + \cdots$，从而

$$Q_k(z) = (1-\alpha)P_k(z) + \alpha = 1 + (1-\alpha)V_1 z + (1-\alpha)V_2 z^2 + \cdots.$$

于是

$$1 + b_1 z + b_2 z^2 + \cdots = 1 + (1-\alpha)V_1 \alpha_1 z + (1-\alpha)(V_1 \alpha_2 + V_2 \alpha_1^2)z^2 + \cdots.$$

则

$$b_1 = (1-\alpha)V_1 \alpha_1, \quad b_2 = (1-\alpha)(V_1 \alpha_2 + V_2 \alpha_1^2).$$

由 $w(z)$ 是 Schwarz 函数知 $|\alpha_2| \leqslant 1 - |\alpha_1|^2$，又由引理 2.2.3 得

$$|b_1^2 - (1-\alpha)b_2| = (1-\alpha)^2|\alpha_1^2(V_1^2 - V_2) - V_1\alpha_2|$$
$$\leq (1-\alpha)^2[|\alpha_1|^2|V_1^2 - V_2| + V_1|\alpha_2|]$$
$$\leq (1-\alpha)^2\{|\alpha_1|^2[|V_1^2 - V_2| - V_1] + V_1\} \leq (1-\alpha)^2 V_1 \text{。}$$

(2.2.13)

另一方面，由 $p(z) \prec Q_k(z)$ 和从属原理得

$$|b_n| \leq (1-\alpha)V_1 \text{。} \qquad (2.2.14)$$

由式（2.2.13）和式（2.2.14）得：

当 $\mu \leq 0$ 时有

$$|(1-\alpha)b_2 - \mu b_1^2| \leq (1-\alpha)|b_2| - \mu|b_1|^2 \leq (1-\alpha)^2(V_1 - \mu V_1^2) \text{。}$$

当 $\mu \in [0,1]$ 时有

$$|(1-\alpha)b_2 - \mu b_1^2| = \mu\left|\left(\frac{1}{\mu}-1\right)(1-\alpha)b_2 + (1-\alpha)b_2 - b_1^2\right|$$
$$\leq \mu\left[\left(\frac{1}{\mu}-1\right)(1-\alpha)|b_2| + |(1-\alpha)b_2 - b_1^2|\right] \leq (1-\alpha)^2 V_1 \text{。}$$

当 $\mu \geq 1$ 时有

$$|(1-\alpha)b_2 - \mu b_1^2| = |(1-\alpha)b_2 - b_1^2 + (1-\mu)b_1^2|$$
$$\leq |(1-\alpha)b_2 - b_1^2| + (\mu-1)|b_1|^2$$
$$\leq (1-\alpha)^2[V_1 + (\mu-1)V_1^2] \text{。}$$

又由 $f(z) \in S_c^p(k,\alpha)$ 知 $\dfrac{pf(z)}{zf'(z)} \prec Q_k(z)$，应用定理 2.2.8 和式（2.2.4）可得以下结论。

定理 2.2.9 令 $f(z) = z^p + \sum_{n=1}^{\infty} a_{p+n}z^{p+n} \in S_c^p(k,\alpha)$，$k \in (0,\infty)$，$\alpha \in [0,1)$，且 $p = 1,2,\cdots$。令 $\mu \in (-\infty,+\infty)$ 且 V_1 是由式（2.2.1）所定义的函数。则

第2章 双全纯映照的新子族及其性质

$$\left| a_{p+2} - \frac{(1-\alpha)(p+1)-\mu}{2p(1-\alpha)} a_{p+1}^2 \right| \leq \begin{cases} \dfrac{p(1-\alpha)}{2}(V_1 - \mu V_1^2), & \mu \leq 0, \\ \dfrac{p(1-\alpha)}{2} V_1, & \mu \in (0,1), \\ \dfrac{p(1-\alpha)}{2}[V_1 + (\mu-1)V_1^2], & \mu \geq 1。 \end{cases}$$

下面将上述系数估计推广到多复变数空间。首先，引入有界星形圆型域上函数类 $S_c(k,\alpha)$ 的定义。

定义 2.2.10 设 Ω 是 $\mathbb{C}^n$ 中的有界星形圆型域，其 Minkowski 泛函 $\rho(z)$ 在除去一个低维流形外是 C^1 的。设 $F(z)$ 是 Ω 上正规化的局部双全纯映照。令 $k \in (0,\infty)$，$\alpha \in [0,1)$。若

$$k \left| \frac{2}{\rho(z)} \frac{\partial \rho}{\partial z}(z) J_F^{-1}(z) F(z) - 1 \right| < -\alpha + \mathrm{Re}\left(\frac{2}{\rho(z)} \frac{\partial \rho}{\partial z}(z) J_F^{-1}(z) F(z) \right),$$

则称 $F(z)$ 是 Ω 上的 α 阶 k-圆锥星形映照，记为 $S_c(k,\alpha)$。

以下 $D^k f(z)$ 表示 f 在 z 点的 k 阶 Fréchet 导数，其中 k 为正整数。

定理 2.2.11 设 Ω 是 $\mathbb{C}^n$ 中的有界星形圆型域，$\rho(z)$ 是其 Minkowski 泛函，$f(z) \in S_c(k,\alpha)(\Omega)$ $(k \in (0,\infty), \alpha \in [0,1))$。若

$$\frac{\partial \rho(z)}{\partial z} D^2 f(\mathbf{0})\left(z, \frac{D^2 f(\mathbf{0})(z^2)}{2!}\right) \rho(z) = \left(\frac{\partial \rho(z)}{\partial z} D^2 f(\mathbf{0})(z^2) \right)^2, \tag{2.2.15}$$

则

$$\left| \frac{2\partial \rho(z)}{\partial z} \frac{D^3 f(\mathbf{0})(z^3) \rho(z)}{3!} - \lambda \left(\frac{2\partial \rho(z)}{\partial z} \frac{D^2 f(\mathbf{0})(z^2)}{2!} \right)^2 \right|$$

$$\leq \begin{cases} \dfrac{1-\alpha}{2}[V_1 - 2(1-\alpha)(1-\lambda)V_1^2]\rho(z)^4, & \lambda \geq 1, \\ \dfrac{1-\alpha}{2} V_1 \rho(z)^4, & \lambda \in \left(1 - \dfrac{1}{2(1-\alpha)}, 1\right), \\ \dfrac{1-\alpha}{2}[V_1 + (2(1-\alpha)(1-\lambda)-1)V_1^2]\rho(z)^4, & \lambda \leq 1 - \dfrac{1}{2(1-\alpha)}。 \end{cases}$$

证明 设 $g(z) = (Df(z))^{-1}f(z), z \in \Omega \setminus \{0\}, z_0 = \dfrac{z}{\rho(z)}$，且

$$p(\xi) = \begin{cases} \dfrac{2}{\xi}\dfrac{\partial \rho(z)}{\partial z}g(\xi z_0), & \xi \in D \setminus \{0\}, \\ 1, & \xi = 0. \end{cases}$$

由 $f(z) \in S_c(k,\alpha)(\Omega)$ 知

$$k\left|\dfrac{2}{\rho(z)}\dfrac{\partial \rho(z)}{\partial z}(Df(z))^{-1}f(z) - 1\right| < -\alpha + \mathrm{Re}\left(\dfrac{2}{\rho(z)}\dfrac{\partial \rho(z)}{\partial z}(Df(z))^{-1}f(z)\right),$$

则

$$k\left|\dfrac{2}{\xi}\dfrac{\partial \rho(z)}{\partial z}[Df(\xi z_0)]^{-1}f(\xi z_0) - 1\right| < -\alpha + \mathrm{Re}\left(\dfrac{2}{\xi}\dfrac{\partial \rho(z)}{\partial z}[Df(\xi z_0)]^{-1}f(\xi z_0)\right),$$

即 $k|p(\xi) - 1| < -\alpha + \mathrm{Re}\, p(\xi)$，于是 $p(z) \prec Q_k(z)$。

令 $p(z) = 1 + b_1 z + b_2 z^2 + \cdots$，由定理 2.2.8 得

$$|\mu b_1^2 - (1-\alpha)b_2| \leq A,$$

其中，

$$A = \begin{cases} (1-\alpha)^2(V_1 - \mu V_1^2), & \mu \leq 0, \\ (1-\alpha)^2 V_1, & \mu \in (0,1), \\ (1-\alpha)^2[V_1 + (\mu-1)V_1^2], & \mu \geq 1. \end{cases}$$

即

$$\left|\mu\left(\dfrac{2\partial \rho(z)}{\partial z}\dfrac{D^2 g(0)(z_0^2)}{2!}\right)^2 - (1-\alpha)\dfrac{2\partial \rho(z)}{\partial z}\dfrac{D^3 g(0)(z_0^3)}{3!}\right| \leq A,$$

由 $z_0 = \dfrac{z}{\rho(z)}$，得

$$\left|-\dfrac{2\partial \rho(z)}{\partial z}\dfrac{D^3 g(0)(z^3)\rho(z)}{3!} + \dfrac{\mu}{1-\alpha}\left(\dfrac{2\partial \rho(z)}{\partial z}\dfrac{D^2 g(0)(z^2)}{2!}\right)^2\right| \leq \dfrac{\rho(z)^4}{1-\alpha}A,$$

(2.2.16)

由于 $f(z) = Df(z)g(z)$，则

$$z + \frac{D^2 f(\mathbf{0})(z^2)}{2!} + \frac{D^3 f(\mathbf{0})(z^3)}{3!} + \cdots$$

$$= \left[I + D^2 f(\mathbf{0})(z, \cdot) + \frac{D^3 f(\mathbf{0})(z^2, \cdots)}{2!} + \cdots \right] \cdot$$

$$\left[Dg(\mathbf{0})z + \frac{D^2 g(\mathbf{0})(z^2)}{2!} + \frac{D^3 g(\mathbf{0})(z^3)}{3!} + \cdots \right],$$

于是

$$Dg(\mathbf{0})z = z, \quad \frac{D^2 g(\mathbf{0})(z^2)}{2!} = -\frac{D^2 f(\mathbf{0})(z^2)}{2!}, \quad (2.2.17)$$

$$-2\frac{D^3 f(\mathbf{0})(z^3)}{3!} = \frac{D^3 g(\mathbf{0})(z^3)}{3!} - D^2 f(\mathbf{0})\left(z, \frac{D^2 f(\mathbf{0})(z^2)}{2!}\right)。$$

$$(2.2.18)$$

对于 $\lambda = 1 - \dfrac{\mu}{2(1-\alpha)}$，由式（2.2.15）至式（2.2.18）得

$$\left| \frac{2\partial \rho(z)}{\partial z} \frac{D^3 f(\mathbf{0})(z^3)\rho(z)}{3!} - \lambda \left(\frac{2\partial \rho(z)}{\partial z} \frac{D^2 f(\mathbf{0})(z^2)}{2!} \right)^2 \right|$$

$$= \left| -\frac{1}{2} \frac{2\partial \rho(z)}{\partial z} \frac{D^3 g(\mathbf{0})(z^3)\rho(z)}{3!} + \right.$$

$$\left. \frac{1}{2} \frac{2\partial \rho(z)}{\partial z} D^2 f(\mathbf{0})\left(z, \frac{D^2 f(\mathbf{0})(z^2)}{2!}\right)\rho(z) - \lambda \left(\frac{2\partial \rho(z)}{\partial z} \frac{D^2 f(\mathbf{0})(z^2)}{2!} \right)^2 \right|$$

$$= \frac{1}{2} \left| -\frac{2\partial \rho(z)}{\partial z} \frac{D^3 g(\mathbf{0})(z^3)\rho(z)}{3!} + (2 - 2\lambda)\left(\frac{2\partial \rho(z)}{\partial z} \frac{D^2 f(\mathbf{0})(z^2)}{2!} \right)^2 \right|$$

$$= \frac{1}{2} \left| -\frac{2\partial \rho(z)}{\partial z} \frac{D^3 g(\mathbf{0})(z^3)\rho(z)}{3!} + \frac{\mu}{1-\alpha}\left(\frac{2\partial \rho(z)}{\partial z} \frac{D^2 g(\mathbf{0})(z^2)}{2!} \right)^2 \right|$$

$$\leqslant \frac{\rho(z)^4}{2(1-\alpha)} A,$$

则定理 2.2.11 得证。

2.3 α 阶 k - 圆锥星形映照的增长、掩盖及偏差定理

本节主要讨论 B^n 上 $S_c(k, \alpha)$ 函数的增长、掩盖及偏差定理，为得到主

要结论,需要以下定义及引理。令

$$M_g = \left\{ p \in H(B^n) \mid p(\mathbf{0}) = \mathbf{0}, Dp(\mathbf{0}) = \mathbf{I}, \frac{\bar{z}'p(z)}{\|z\|^2} \in g(D), z \in B^n \setminus \{\mathbf{0}\} \right\}.$$

定义 2.3.1 设 $F(z)$ 是 B^n 上的正规化局部双全纯映照。若

$$k \left| \frac{\bar{z}'(DF(z))^{-1}F(z)}{\|z\|^2} - 1 \right| < -\alpha + \text{Re}\left(\frac{\bar{z}'(DF(z))^{-1}F(z)}{\|z\|^2} \right),$$

其中,$k \in (0, \infty)$,$\alpha \in [0,1)$,则称 $F(z)$ 是 B^n 上的 α 阶 k-圆锥星形映照,记为 $S_c(k,\alpha)(B^n)$。

在定义 2.3.1 中分别令 $k=1$,$k \in (0,1)$ 和 $k>1$,则相应的 $F(z)$ 被称为 α 阶抛物星形映照、α 阶 k-双曲星形映照和 α 阶 k-椭圆星形映照。

定义 2.3.2[25] 设 $f(z,t)$ 是一个 Loewner 链,$e^{-t}f(\cdot,t)$ 是 B^n 上的一个正规族,且存在一个映照 $h(z,t)$ 使得 $h(z,t) \in M_g$,$t \geq 0$,$h(z,\cdot)$ 在 $[0,\infty)$ 上关于 $z \in B^n$ 是可测的,其中 g 是 D 上的单叶全纯函数且

$$M_g = \left\{ p \in H(B^n) \mid p(\mathbf{0}) = \mathbf{0}, Dp(\mathbf{0}) = \mathbf{I}, \frac{\bar{z}'p(z)}{\|z\|^2} \in g(D), z \in B^n \setminus \{\mathbf{0}\} \right\}.$$

若

$$\frac{\partial f(z,t)}{\partial t} = Df(z,t)h(z,t),$$

则称 $f(z,t)$ 是一个 g-Loewner 链。若 $f = f(\cdot,0)$,则称 $f \in S_g^0(B^n)$。

引理 2.3.3[25] 设 $g(z)$ 是 D 上的单叶全纯函数,$g(\mathbf{0}) = 1$,$g(\bar{z}) = \overline{g(z)}$,$\text{Re}\,g(z) > 0$ 且

$$\begin{cases} \min\limits_{|z|=r} \text{Re}\,g(z) = \min\{g(r), g(-r)\}, \\ \max\limits_{|z|=r} \text{Re}\,g(z) = \max\{g(r), g(-r)\}. \end{cases} \quad (2.3.1)$$

其中,$r \in (0,1)$。若 $f(z) \in S_g^0(B^n)$,则

$$\|z\| \exp \int_0^{\|z\|} \left[\frac{1}{\max\{g(x), g(-x)\}} - 1 \right] \frac{dx}{x}$$

$$\leq \|f(z)\| \leq \|z\| \exp \int_0^{\|z\|} \left[\frac{1}{\min\{g(x), g(-x)\}} - 1 \right] \frac{dx}{x}.$$

应用 Hamada 等在参考文献［26］中的方法可得 $S_c(k,\alpha)(B^n)$ 的增长和掩盖定理。

定理 2.3.4 设 $f(z) \in S_c(k,\alpha)(B^n)$ ($k \in (0,\infty), \alpha \in [0,1)$)。则

$$\exp \int_0^{\|z\|} \left[\frac{1}{\max\{Q_k(x), Q_k(-x)\}} - 1\right] \frac{\mathrm{d}x}{x}$$

$$\leqslant \frac{\|f(z)\|}{\|z\|} \leqslant \exp \int_0^{\|z\|} \left[\frac{1}{\min\{Q_k(x), Q_k(-x)\}} - 1\right] \frac{\mathrm{d}x}{x},$$

且

$$f(B^n) \Leftrightarrow \exp \int_0^1 \left[\frac{1}{\max\{Q_k(x), Q_k(-x)\}} - 1\right] \frac{\mathrm{d}x}{x},$$

其中，$Q_k(x)$ 是由式（2.1.1）和式（2.1.2）所定义的函数。

证明 由式（2.1.1）和式（2.1.2）有 $Q_k(\bar{z}) = \overline{Q_k(z)}, Q_k(0) = 1$，$\mathrm{Re}Q_k(z) > 0$ 且 $Q'_k(0) > 0$。显然 $Q_k(D)$ 是一个关于实轴对称的凸域，从而沿虚轴方向是凸的。由参考文献［27］中的定义 1 可知 $Q_k(D)$ 关于实轴是 Steiner 对称域。于是由参考文献［27］中的定理 2 知 $Q_k(D_r)$ ($r \in (0,1)$) 关于实轴也是 Steiner 对称的，其中 $D_r = \{z \mid |z| < r\}$，因此 $Q_k(z)$ 满足式（2.3.1）。

另外，由 $f(z) \in S_c(k,\alpha)(B^n)$ 知 $f(z)$ 是一个星形映照，则 $f(z,t) = \mathrm{e}^t f(z)$ 为一个 Loewner 链[28]。由定义 2.3.2 得 $f(z) \in S^0_{Q_k}(B^n)$，应用引理 2.3.3 则定理得证。

对于式（2.1.1），当 $k = 1$ 时，经简单计算知 $\left(\ln \frac{1+\mathrm{i}\sqrt{r}}{1-\mathrm{i}\sqrt{r}}\right)^2 < 0$，而 $\left(\ln \frac{1+\sqrt{r}}{1-\sqrt{r}}\right)^2 > 0$，所以 $P_1(-r) < P_1(r)$ 从而 $Q_1(-r) < Q_1(r)$。

当 $k \in (0,1)$ 时，由于

$$\left(\frac{1+\mathrm{i}\sqrt{r}}{1-\mathrm{i}\sqrt{r}}\right)^A = \exp\left\{A\ln\frac{1+\mathrm{i}\sqrt{r}}{1-\mathrm{i}\sqrt{r}}\right\} = \exp\left\{A\mathrm{i}\arg\frac{1+\mathrm{i}\sqrt{r}}{1-\mathrm{i}\sqrt{r}}\right\},$$

则

$$\left(\frac{1+\mathrm{i}\sqrt{r}}{1-\mathrm{i}\sqrt{r}}\right)^A + \left(\frac{1+\mathrm{i}\sqrt{r}}{1-\mathrm{i}\sqrt{r}}\right)^{-A} = \exp\left\{A\mathrm{i}\arg\frac{1+\mathrm{i}\sqrt{r}}{1-\mathrm{i}\sqrt{r}}\right\} + \exp\left\{-A\mathrm{i}\arg\frac{1+\mathrm{i}\sqrt{r}}{1-\mathrm{i}\sqrt{r}}\right\}$$

$$= 2\cos\left(A\arg\frac{1+\mathrm{i}\sqrt{r}}{1-\mathrm{i}\sqrt{r}}\right) \leqslant 2_\circ$$

而 $\left(\frac{1+\sqrt{r}}{1-\sqrt{r}}\right)^A + \left(\frac{1+\sqrt{r}}{1-\sqrt{r}}\right)^{-A} > 2$，则 $P_k(-r) < P_k(r)$，从而 $Q_k(-r) < Q_k(r)$，所以有以下结论。

推论 2.3.5 设 $f(z)$ 是 B^n 上的 α 阶抛物星形映照（$\alpha \in [0,1)$）。则

$$\exp\int_0^{\|z\|}\left[\frac{1}{Q_1(x)}-1\right]\frac{\mathrm{d}x}{x} \leqslant \frac{\|f(z)\|}{\|z\|} \leqslant \exp\int_0^{\|z\|}\left[\frac{1}{Q_1(-x)}-1\right]\frac{\mathrm{d}x}{x},$$

且

$$f(B^n) \supset \exp\int_0^1\left[\frac{1}{Q_1(x)}-1\right]\frac{\mathrm{d}x}{x},$$

其中，$Q_1(x)$ 是由式（2.1.1）和式（2.1.2）所定义的函数。

推论 2.3.6 设 $f(z)$ 是 B^n 上的 α 阶 k-双曲星形映照（$k \in (0,1)$，$\alpha \in [0,1)$）。则

$$\exp\int_0^{\|z\|}\left[\frac{1}{Q_k(x)}-1\right]\frac{\mathrm{d}x}{x} \leqslant \frac{\|f(z)\|}{\|z\|} \leqslant \exp\int_0^{\|z\|}\left[\frac{1}{Q_k(-x)}-1\right]\frac{\mathrm{d}x}{x},$$

且

$$f(B^n) \supset \exp\int_0^1\left[\frac{1}{Q_k(x)}-1\right]\frac{\mathrm{d}x}{x},$$

其中，$Q_k(x)$ 是由式（2.1.1）和式（2.1.2）所定义的函数。

定理 2.3.7 设 $f(z) \in S_c(k,\alpha)(B^n)$（$k \in (0,\infty)$，$\alpha \in [0,1)$）。则对于 $\forall z \in B^n \setminus \{0\}$ 存在一个单位向量 $\eta(z)$ 使得

$$\|Df(z)\eta(z)\| \leqslant \frac{1}{\min\{Q_k(\|z\|), Q_k(-\|z\|)\}}$$

$$\exp\int_0^{\|z\|}\left[\frac{1}{\min\{Q_k(x), Q_k(-x)\}}-1\right]\frac{\mathrm{d}x}{x},$$

特别地有以下结论：

（i）当 $k = 1$ 时有

$$\frac{1}{Q_1(\|z\|)}\exp\int_0^{\|z\|}\left[\frac{1}{Q_1(x)} - 1\right]\frac{\mathrm{d}x}{x} \leq \|\boldsymbol{D}f(z)\boldsymbol{\eta}(z)\|$$

$$\leq \frac{1}{Q_1(-\|z\|)}\exp\int_0^{\|z\|}\left[\frac{1}{Q_1(-x)} - 1\right]\frac{\mathrm{d}x}{x}。$$

（ii）当 $k \in (0,1)$ 时有

$$\left[Q_k(\|z\|) + (1-\alpha)\frac{2k^2}{1-k^2}\right]^{-1}\exp\int_0^{\|z\|}\left[\frac{1}{Q_k(x)} - 1\right]\frac{\mathrm{d}x}{x}$$

$$\leq \|\boldsymbol{D}f(z)\boldsymbol{\eta}(z)\|$$

$$\leq \left[Q_k(-\|z\|)\right]^{-1}\exp\int_0^{\|z\|}\left[\frac{1}{Q_k(-x)} - 1\right]\frac{\mathrm{d}x}{x}。$$

（iii）当 $k > 1$ 时有

$$\frac{k-1}{k-\alpha}\exp\int_0^{\|z\|}\left[\frac{1}{\max\{Q_k(x), Q_k(-x)\}} - 1\right]\frac{\mathrm{d}x}{x}$$

$$\leq \|\boldsymbol{D}f(z)\boldsymbol{\eta}(z)\|$$

$$\leq \frac{1}{\min\{Q_k(\|z\|), Q_k(-\|z\|)\}}\exp\int_0^{\|z\|}\left[\frac{1}{\min\{Q_k(x), Q_k(-x)\}} - 1\right]\frac{\mathrm{d}x}{x}。$$

证明 由 $f(z) \in S_c(k,\alpha)(B^n)$ 知

$$k\left|\frac{\bar{z}'(\boldsymbol{D}f(z))^{-1}f(z)}{\|z\|^2} - 1\right| < -\alpha + \mathrm{Re}\left(\frac{\bar{z}'(\boldsymbol{D}f(z))^{-1}f(z)}{\|z\|^2}\right)。$$

令 $z = \xi\frac{z}{\|z\|}, \xi \in D \setminus \{0\}$，则

$$k\left|\frac{\bar{\xi}\bar{z}'}{|\xi|^2\|z\|}\left(\boldsymbol{D}f\left(\xi\frac{z}{\|z\|}\right)\right)^{-1}f\left(\xi\frac{z}{\|z\|}\right) - 1\right|$$

$$< -\alpha + \mathrm{Re}\left[\frac{\bar{\xi}\bar{z}'}{|\xi|^2\|z\|}\left(\boldsymbol{D}f\left(\xi\frac{z}{\|z\|}\right)\right)^{-1}f\left(\xi\frac{z}{\|z\|}\right)\right]。$$

固定 $z \in B^n \setminus \{0\}$，令

$$g(\xi) = \begin{cases} 1, & \xi = 0, \\ \dfrac{1}{\xi}\dfrac{\bar{z}'}{\|z\|}\left(Df\left(\xi\dfrac{z}{\|z\|}\right)\right)^{-1}f\left(\xi\dfrac{z}{\|z\|}\right), & \xi \in D\setminus\{0\}, \end{cases}$$

则 $k|g(\xi) - 1| < -\alpha + \mathrm{Re}g(\xi)$ ($\xi \in D$)。显然 $g(\xi)$ 在 D 上全纯，则 $g(\xi) \prec Q_k(\xi)$。由从属原理有

$$\mathrm{Re}g(\xi) \geq \min_{\xi \in D}\mathrm{Re}Q_k(\xi), \quad |g(\xi)| \leq \max_{\xi \in D}|Q_k(\xi)|. \tag{2.3.2}$$

由定理 2.3.4 的证明有

$$\min_{\xi \in D}\mathrm{Re}Q_k(\xi) = \min_{\xi \in D}\{Q_k(|\xi|), Q_k(-|\xi|)\},$$

从而

$$\mathrm{Re}g(\xi) \geq \min_{\xi \in D}\{Q_k(|\xi|), Q_k(-|\xi|)\}. \tag{2.3.3}$$

令 $\xi = \|z\|$，则

$$\mathrm{Re}\left(\dfrac{\bar{z}'}{\|z\|^2}(Df(z))^{-1}f(z)\right) \geq \min_{\xi \in D}\{Q_k(\|z\|), Q_k(-\|z\|)\},$$

于是

$$\|(Df(z))^{-1}f(z)\| \geq \|z\|\min_{\xi \in D}\{Q_k(\|z\|), Q_k(-\|z\|)\}.$$

另一方面，由定理 2.3.4 有

$$\|f(z)\| \leq \|z\|\exp\int_0^{\|z\|}\left[\dfrac{1}{\min\{Q_k(x), Q_k(-x)\}} - 1\right]\dfrac{\mathrm{d}x}{x}.$$

于是，如果 $\eta(z) = \dfrac{(Df(z))^{-1}f(z)}{\|(Df(z))^{-1}f(z)\|}$ ($z \in B^n\setminus\{\mathbf{0}\}$)，则有

$$\|Df(z)\eta(z)\| = \dfrac{\|f(z)\|}{\|(Df(z))^{-1}f(z)\|}$$

$$\leq \dfrac{1}{\min\{Q_k(\|z\|), Q_k(-\|z\|)\}}\exp\int_0^{\|z\|}\left[\dfrac{1}{\min\{Q_k(x), Q_k(-x)\}} - 1\right]\dfrac{\mathrm{d}x}{x}.$$

(i) 当 $k = 1$ 时，由式 (2.1.1) 得

$$|P_1(\xi)| \leq 1 + \dfrac{2}{\pi^2}\left|\ln\dfrac{1+\sqrt{\xi}}{1-\sqrt{\xi}}\right|^2 \leq 1 + \dfrac{2}{\pi^2}\left(\ln\dfrac{1+\sqrt{|\xi|}}{1-\sqrt{|\xi|}}\right)^2 = P_1(|\xi|),$$

则 $|Q_1(\xi)| \leq Q_1(|\xi|)$。则由式 (2.3.2) 知 $|g(\xi)| \leq Q_1(|\xi|)$，由式

(2.3.3) 知 $|g(\xi)| \geq \operatorname{Re} g(\xi) \geq Q_1(-|\xi|)$。故 $Q_1(-|\xi|) \leq |g(\xi)| \leq Q_1(|\xi|)$。令 $\xi = \|z\|$，则

$$\|z\|Q_1(-\|z\|) \leq \|(Df(z))^{-1}f(z)\| \leq \|z\|Q_1(\|z\|)。$$

由推论 2.3.5 有

$$\frac{1}{Q_1(\|z\|)}\exp\int_0^{\|z\|}\left[\frac{1}{Q_1(x)}-1\right]\frac{\mathrm{d}x}{x} \leq \|Df(z)\boldsymbol{\eta}(z)\|$$

$$\leq \frac{1}{Q_1(-\|z\|)}\exp\int_0^{\|z\|}\left[\frac{1}{Q_1(-x)}-1\right]\frac{\mathrm{d}x}{x}。$$

(ii) 当 $k \in (0,1)$ 时有

$$|P_k(\xi)| \leq \frac{1}{2(1-k^2)}\left[\left|\frac{1+\sqrt{\xi}}{1-\sqrt{\xi}}\right|^A + \left|\frac{1+\sqrt{\xi}}{1-\sqrt{\xi}}\right|^{-A}\right] + \frac{k^2}{1-k^2}。$$

令 $z = re^{\mathrm{i}\theta}$ ($r \in [0,1), \theta \in [0,2\pi]$)，则

$$\left|\frac{1+\sqrt{\xi}}{1-\sqrt{\xi}}\right|^2 = \left|\frac{1+\sqrt{re^{\mathrm{i}\theta}}}{1-\sqrt{re^{\mathrm{i}\theta}}}\right|^2 = \left|\frac{1+\sqrt{r}e^{\mathrm{i}\frac{\theta}{2}}}{1-\sqrt{r}e^{\mathrm{i}\frac{\theta}{2}}}\right|^2 = \frac{1+r+2\sqrt{r}\cos\frac{\theta}{2}}{1+r-2\sqrt{r}\cos\frac{\theta}{2}},$$

于是

$$\frac{1-\sqrt{|\xi|}}{1+\sqrt{|\xi|}} \leq \left|\frac{1+\sqrt{\xi}}{1-\sqrt{\xi}}\right| \leq \frac{1+\sqrt{|\xi|}}{1-\sqrt{|\xi|}}。$$

令 $\left|\frac{1+\sqrt{\xi}}{1-\sqrt{\xi}}\right|^A = w$。由于 $w + \frac{1}{w}$ 在 $w \geq 1$ 时递增且在 $w < 1$ 时递减，所以

$$w + \frac{1}{w} \leq \left|\frac{1+\sqrt{|\xi|}}{1-\sqrt{|\xi|}}\right|^A + \left|\frac{1+\sqrt{|\xi|}}{1-\sqrt{|\xi|}}\right|^{-A},$$

于是 $|P_k(z)| \leq P_k(|z|) + \frac{2k^2}{1-k^2}$，从而 $|Q_k(z)| \leq Q_k(|z|) + (1-\alpha)\frac{2k^2}{1-k^2}$。由式 (2.3.2) 和式 (2.3.3) 得

$$Q_k(-|\xi|) \leq |g(\xi)| \leq Q_k(|\xi|) + (1-\alpha)\frac{2k^2}{1-k^2}。$$

令 $\xi = \|z\|$，则

$$\|z\|Q_k(-\|z\|) \le \|(Df(z))^{-1}f(z)\| \le \|z\|\left\{Q_k(\|z\|) + (1-\alpha)\frac{2k^2}{1-k^2}\right\}。$$

由推论 2.3.6 得

$$\left[Q_k(\|z\|) + (1-\alpha)\frac{2k^2}{1-k^2}\right]^{-1}\exp\int_0^{\|z\|}\left[\frac{1}{Q_k(x)}-1\right]\frac{\mathrm{d}x}{x}$$

$$\le \|Df(z)\eta(z)\|$$

$$\le [Q_k(-\|z\|)]^{-1}\exp\int_0^{\|z\|}\left[\frac{1}{Q_k(-x)}-1\right]\frac{\mathrm{d}x}{x}。$$

(iii) 当 $k > 1$ 时，由 $Q_k(\xi)$ 的几何性质有 $|Q_k(\xi)| \le \frac{k-\alpha}{k-1}$，于是

$$\min_{\xi \in D}\{Q_k(|\xi|), Q_k(-|\xi|)\} \le |g(\xi)| \le \frac{k-\alpha}{k-1}。$$

由定理 2.3.4，类似于上面的讨论可得

$$\frac{k-1}{k-\alpha}\exp\int_0^{\|z\|}\left[\frac{1}{\max\{Q_k(x), Q_k(-x)\}}-1\right]\frac{\mathrm{d}x}{x}$$

$$\le \|Df(z)\eta(z)\|$$

$$\le \frac{1}{\min\{Q_k(\|z\|), Q_k(-\|z\|)\}}\exp\int_0^{\|z\|}\left[\frac{1}{\min\{Q_k(x), Q_k(-x)\}}-1\right]\frac{\mathrm{d}x}{x}。$$

2.4 α 阶 β 型 k-圆锥螺形映照在单位球上的推广

本节主要借助推广的 Roper-Suffridge 算子由单位圆盘 D 上的 $S_c(k,\alpha,\beta)$ 函数构造 B^n 上相应的双全纯映照。

定义 2.4.1 设 $F(z)$ 是 B^n 上的正规化局部双全纯映照。若

$$k\left|\mathrm{e}^{-\mathrm{i}\beta}\frac{\bar{z}'(DF(z))^{-1}F(z)}{\|z\|^2} - (1-\mathrm{i}\sin\beta)\right|$$

$$< -\alpha + \mathrm{Re}\left(\mathrm{e}^{-\mathrm{i}\beta}\frac{\bar{z}'(DF(z))^{-1}F(z)}{\|z\|^2}\right),$$

其中，$k \in (0, \infty)$，$\alpha \in [0, 1)$，$\beta \in \left(-\dfrac{\pi}{2}, \dfrac{\pi}{2}\right)$，则称 $F(z)$ 是 B^n 上的 α 阶 β 型 k - 圆锥螺形映照，记为 $S_c(k, \alpha, \beta)(B^n)$。

在定义 2.4.1 中分别令 $k = 1$，$k \in (0, 1)$ 和 $k > 1$，则相应的 $F(z)$ 被称为 α 阶 β 型抛物螺形映照、α 阶 β 型 k - 双曲螺形映照和 α 阶 β 型 k - 椭圆螺形映照。

定理 2.4.2 假设 $f(z_1) \in S_c(k, \alpha, \beta)$，$k \in (0, \infty)$，$\alpha \in [0, 1)$，$\beta \in \left(-\dfrac{\pi}{2}, \dfrac{\pi}{2}\right)$。令

$$F(z) = \left(f(z_1) + \dfrac{f(z_1)}{z_1} P(z_0), \left(\dfrac{f(z_1)}{z_1}\right)^\gamma z_0\right)', z = (z_1, z_0)' \in B^n, z_1 \in D,$$

其中，$\gamma \in \left(0, \dfrac{1}{4}\right]$，$\left(\dfrac{f(z_1)}{z_1}\right)^\gamma \bigg|_{z_1 = 0} = 1$，$f'(z_1) \neq 0$，且 $P(z_0) : \mathbb{C}^{n-1} \to \mathbb{C}$ 是 $\dfrac{1}{\gamma}$ 阶齐次多项式。若 $\cos\beta > \dfrac{k + \alpha}{k + 1}$

且

$$\|P\| \leqslant \dfrac{\gamma[1 - (k + 1)(1 - \cos\beta)]}{(k + 1)\left[4(1 + \gamma)\left(\cos\beta - \dfrac{k + \alpha}{k + 1}\right) + 1\right]},$$

则 $F(z) \in S_c(k, \alpha, \beta)(B^n)$。

证明 由定义 2.4.1，只需证

$$k|\mathrm{e}^{-\mathrm{i}\beta} z'(DF(z))^{-1} F(z) - (1 - \mathrm{i}\sin\beta)\|z\|^2| < -\alpha \|z\|^2 +$$
$$\mathrm{Re}(\mathrm{e}^{-\mathrm{i}\beta} z'(DF(z))^{-1} F(z))。 \tag{2.4.1}$$

显然当 $z_0 = \mathbf{0}$ 时式 (2.4.1) 成立，且对于 $z \in \overline{B^n}(z_0 \neq \mathbf{0})$ 函数 $F(z)$ 是全纯的。由全纯函数的最大模原理和调和函数的最小值定理，只需证式 (2.4.1) 在 $z \in \partial B^n (z_0 \neq \mathbf{0})$ 时成立即可，此时 $\|z\|^2 = |z_1|^2 + \|z_0\|^2 = 1$。

令 $q(z_1) = \mathrm{e}^{-\mathrm{i}\beta} \dfrac{f(z_1)}{z_1 f'(z_1)} - (1 - \mathrm{i}\sin\beta)$。由 $f(z_1) \in S_c(k, \alpha, \beta)$ 得

$$k|q(z_1)| < 1 - \alpha + \mathrm{Re}\, q(z_1)。 \tag{2.4.2}$$

由 $F(z)$ 的表达式得

$$\bar{z}'(DF(z))^{-1}F(z) = |z_1|^2 \left[\frac{f(z_1)}{z_1 f'(z_1)} + \frac{\gamma-1}{\gamma} \frac{f(z_1)}{z_1^2 f'(z_1)} P(z_0) \right] +$$

$$\left[1 - \gamma + \gamma \frac{f(z_1)}{z_1 f'(z_1)} + (1-\gamma) \frac{z_1 f'(z_1) - f(z_1)}{z_1^2 f'(z_1)} P(z_0) \right] \|z_0\|^2 \,。$$

又由式（2.4.2）得 $\operatorname{Re} q(z_1) > \dfrac{\alpha-1}{k+1}$。

令 $g(z_1) = q(z_1) + \dfrac{1-\alpha}{k+1}$，则 $g(0) = \cos\beta - \dfrac{k+\alpha}{k+1}$，于是

$$\left| \frac{g(z_1) - \left(\cos\beta - \dfrac{k+\alpha}{k+1}\right)}{g(z_1) + \left(\cos\beta - \dfrac{k+\alpha}{k+1}\right)} \right| < 1 \,。$$

由于 $g(z_1)$ 在 D 上解析且 $\operatorname{Re} g(z_1) > 0$，则由 Schwarz 引理得

$$\left| \frac{g(z_1) - \left(\cos\beta - \dfrac{k+\alpha}{k+1}\right)}{g(z_1) + \left(\cos\beta - \dfrac{k+\alpha}{k+1}\right)} \right| < |z_1| \,。$$

则

$$\left| 1 + \frac{2\left(\cos\beta - \dfrac{k+\alpha}{k+1}\right)}{g(z_1) - \left(\cos\beta - \dfrac{k+\alpha}{k+1}\right)} \right| \geqslant \frac{1}{|z_1|} \,,$$

于是

$$\left| g(z_1) - \left(\cos\beta - \frac{k+\alpha}{k+1}\right) \right| \leqslant 2\left(\cos\beta - \frac{k+\alpha}{k+1}\right) \frac{|z_1|}{1-|z_1|} \,,$$

从而

$$|q(z_1) + 1 - \cos\beta| \leqslant 2\left(\cos\beta - \frac{k+\alpha}{k+1}\right) \frac{|z_1|}{1-|z_1|} \,。 \quad (2.4.3)$$

则由式（2.4.2）和式（2.4.3）得

$$k \left| \mathrm{e}^{-\mathrm{i}\beta} \bar{z}'(DF(z))^{-1} F(z) - (1-\mathrm{i}\sin\beta) \|z\|^2 \right|$$

$$
\begin{aligned}
&= k\Big|\,|z_1|^2\Big[q(z_1) + \frac{\gamma-1}{\gamma z_1}(q(z_1)+1-\mathrm{i}\sin\beta)P(z_0)\Big] + \\
&\quad \|z_0\|^2\Big[(1-\gamma)(\cos\beta-1) + \gamma q(z_1) + \frac{1-\gamma}{z_1}(\cos\beta-1-q(z_1))P(z_0)\Big]\Big| \\
&= k\Big|(|z_1|^2 + \gamma\|z_0\|^2)q(z_1) + (1-\gamma)(\cos\beta-1)\|z_0\|^2 + \\
&\quad \frac{\gamma-1}{\gamma z_1}P(z_0)\big[(q(z_1)+1-\cos\beta)(|z_1|^2+\gamma\|z_0\|^2) + \mathrm{e}^{-\mathrm{i}\beta}|z_1|^2\big]\Big| \\
&\leqslant (|z_1|^2+\gamma\|z_0\|^2)(1-\alpha+\mathrm{Re}\,q(z_1)) + k(1-\gamma)(1-\cos\beta)\|z_0\|^2 + \\
&\quad \frac{k(1-\gamma)}{\gamma}|P(z_0)|\Big[(|z_1|^2+\gamma\|z_0\|^2)2\Big(\cos\beta - \frac{k+\alpha}{k+1}\Big)\frac{1}{1-|z_1|} + |z_1|\Big] \\
&= (1-\alpha)\|z\|^2 + (|z_1|^2+\gamma\|z_0\|^2)\mathrm{Re}\,q(z_1) + (1-\gamma)[k(1-\cos\beta)-1]\|z_0\|^2 + \\
&\quad \frac{k(1-\gamma)}{\gamma}|P(z_0)|\Big[(|z_1|^2+\gamma\|z_0\|^2)2\Big(\cos\beta - \frac{k+\alpha}{k+1}\Big)\frac{1}{1-|z_1|} + |z_1|\Big] \\
&= (1-\alpha)\|z\|^2 + (|z_1|^2+\gamma\|z_0\|^2)\mathrm{Re}\,q(z_1) + (1-\gamma)(\cos\beta-1)\|z_0\|^2 - \\
&\quad \frac{1-\gamma}{\gamma}|P(z_0)|\Big[(|z_1|^2+\gamma\|z_0\|^2)2\Big(\cos\beta - \frac{k+\alpha}{k+1}\Big)\frac{1}{1-|z_1|} + |z_1|\Big] + \\
&\quad (1-\gamma)[(k+1)(1-\cos\beta)-1]\|z_0\|^2 + \frac{(k+1)(1-\gamma)}{\gamma}|P(z_0)| \\
&\quad \Big[(|z_1|^2+\gamma\|z_0\|^2)2\Big(\cos\beta - \frac{k+\alpha}{k+1}\Big)\frac{1}{1-|z_1|} + |z_1|\Big],
\end{aligned}
$$

且

$$
\begin{aligned}
&-\alpha\|z\|^2 + \mathrm{Re}(\mathrm{e}^{-\mathrm{i}\beta}\bar{z}'(DF(z))^{-1}F(z)) \\
&= -\alpha\|z\|^2 + \mathrm{Re}\Big\{(|z_1|^2+\gamma\|z_0\|^2)q(z_1) + (1-\gamma)(\cos\beta-1)\|z_0\|^2 + \\
&\quad (1-\mathrm{i}\sin\beta)\|z\|^2 + \frac{\gamma-1}{\gamma z_1}P(z_0)\big[(q(z_1)+1-\cos\beta)(|z_1|^2 + \\
&\quad \gamma\|z_0\|^2) + \mathrm{e}^{-\mathrm{i}\beta}|z_1|^2\big]\Big\} \\
&= (1-\alpha)\|z\|^2 + (|z_1|^2+\gamma\|z_0\|^2)\mathrm{Re}\,q(z_1) + (1-\gamma)(\cos\beta-1)\|z_0\|^2 + \\
&\quad \mathrm{Re}\Big\{\frac{\gamma-1}{\gamma z_1}P(z_0)\big[(q(z_1)+1-\cos\beta)(|z_1|^2+\gamma\|z_0\|^2) + \mathrm{e}^{-\mathrm{i}\beta}|z_1|^2\big]\Big\}
\end{aligned}
$$

$$\geqslant (1-\alpha)\|z\|^2 + (|z_1|^2 + \gamma\|z_0\|^2)\mathrm{Re}q(z_1) + (1-\gamma)(\cos\beta - 1)\|z_0\|^2 -$$
$$\frac{1-\gamma}{\gamma}|P(z_0)|\left[(|z_1|^2 + \gamma\|z_0\|^2)2\left(\cos\beta - \frac{k+\alpha}{k+1}\right)\frac{1}{1-|z_1|} + |z_1|\right]。$$

另外，由 $\gamma \in \left(0, \frac{1}{4}\right]$ 得 $|P(z_0)| \leqslant \|P\|\|z_0\|^{\frac{1}{\gamma}} \leqslant \|P\|\|z_0\|^4$。于是，当

$$\cos\beta > \frac{k+\alpha}{k+1}$$

且

$$\|P\| \leqslant \frac{\gamma[1-(k+1)(1-\cos\beta)]}{(k+1)\left[4(1+\gamma)\left(\cos\beta - \frac{k+\alpha}{k+1}\right) + 1\right]}$$

时，有

$$(1-\gamma)[(k+1)(1-\cos\beta)-1]\|z_0\|^2 +$$
$$\frac{(k+1)(1-\gamma)}{\gamma}|P(z_0)|\left[(|z_1|^2 + \gamma\|z_0\|^2)2\left(\cos\beta - \frac{k+\alpha}{k+1}\right)\frac{1}{1-|z_1|} + |z_1|\right]$$
$$\leqslant \|z_0\|^2\Big\{(1-\gamma)[(k+1)(1-\cos\beta)-1] + \frac{(k+1)(1-\gamma)}{\gamma}\|P\| \cdot$$
$$\left[(|z_1|^2 + \gamma\|z_0\|^2)2\left(\cos\beta - \frac{k+\alpha}{k+1}\right)(1+|z_1|) + |z_1|(1-|z_1|^2)\right]\Big\}$$
$$\leqslant \|z_0\|^2\Big\{(1-\gamma)[(k+1)(1-\cos\beta)-1] +$$
$$\frac{(k+1)(1-\gamma)}{\gamma}\|P\|\left[4(1+\gamma)\left(\cos\beta - \frac{k+\alpha}{k+1}\right) + 1\right]\Big\}$$
$$\leqslant 0,$$

因此，式（2.4.1）成立，则 $F(z) \in S_c(k,\alpha,\beta)(B^n)$。

注 在定理 2.4.2 中分别令 $k=1$，$k \in (0,1)$ 和 $k>1$，则得到关于 α 阶 β 型抛物螺形映照、α 阶 β 型 k-双曲螺形映照和 α 阶 β 型 k-椭圆螺形映照相应的结论。

参 考 文 献

[1] VLADIMIROV A A, NESTEROV YU E, CHEKANOV YU N. On uniformly convex functionals [J]. Vestnik Moskovskogo universiteta, seriya XV: vyčislitel'naya matematika i kibernetika, 1978, 3: 12 - 23.

[2] VLADIMIROV A A, NESTEROV YU E, CHEKANOV YU N. On uniformly quasiconvex functional [J]. Vestnik Moskovskogo universiteta, seriya XV: vyčislitel'naya matematika i kibernetika, 1978, 4: 18 - 27.

[3] GOODMAN A W. On uniformly convex functions [J]. Annales polonici mathematici, 1991, 56 (1): 87 - 92.

[4] GOODMAN A W. On uniformly starlike functions [J]. Journal of mathematical analysis and applications, 1991, 155: 364 - 370.

[5] KANAS S, WIŚNIOWSKA A. Conic regions and k-uniform convexity [J]. Journal of computational and applied mathematics, 1999, 105: 327 - 336.

[6] KANAS S, WIŚNIOWSKA A. Conic regions and k-starlike functions [J]. Revue Roumaine de mathématiques pures et appliquées, 2000, 45: 647 - 657.

[7] MISHRA A K, GOCHHAYAT P. Applications of the Owa-Srivastava operator to the class of k-uniformly convex functions [J]. Fractional calculus and applied analysis, 2006, 9 (4): 323 - 331.

[8] SIVASUBRAMANIAN S, THOMAS R, MUTHUNAGAI K. Certain sufficient conditions for a subclass of analytic functions involving Hohlov operator [J]. Computers and mathematics with applications, 2011, 62: 4479 - 4485.

[9] BHARATI R, PARVATHAM R, SWAMINATHAN A. On subclasses of uniformly convex functions and corresponding class of starlike functions [J]. Tamkang Journal of mathematics, 1997, 28: 17 - 32.

[10] AKBARALLY A, DARUS M. Applications of fractional calculus to k-uniformly starlike and k-uniformly convex functions of order α [J]. Tamkang journal of mathematics, 2007, 38 (2): 103 - 109.

[11] OWA S, SRIVASTAVA H M. Univalent and starlike generalized hypergeometric functions [J]. Canadian journal of mathematics, 1987, 39: 1057 - 1077.

[12] SRIVASTAVA H M, SHANMUGAM T N, RAMACHANDRAN C, et al. A new subclass of k-uniformly convex functions with negative coefficients [J]. Journal of inequalities in pure and applied mathematics, 2007, 8 (2): 1 - 14.

[13] PORWAL S, AHMAD M. Some sufficient conditions for generalized Bessel functions associated with conic regions [J]. Vietnam journal of mathematics, 2015, 43 (1): 163 - 172.

[14] SRIVASTAVA D, PORWAL S. Some sufficient conditions for Poisson distribution series associated with conic regions [J]. International journal of advanced technology in engineering and science, 2015, 3 (1): 228 - 236.

[15] FENG S X, ZHANG X F, Chen H Y. Parabolic starlike mapping in several complex variables [J]. Acta mathematica sinica (Chinese series), 2011, 54 (3): 467 - 482.

[16] ROPER K A, SUFFRIDGE T J. Convex mappings on the unit ball of $\mathbb{C}^n$ [J]. Journal d'analyse mathematique, 1995, 65: 333 - 347.

[17] MA W, MINDA D. Uniformly convex functions II [J]. Annales polonici mathematici, 1993, 58 (3): 275 - 285.

[18] RØNNING F. Uniformly convex functions and a corresponding class of starlike functions [J]. Proceedings of the American mathematical society, 1993, 118 (1): 189 - 196.

[19] KANAS S. Generalized notion of starlikeness and convexity [D]. Rzeszów: Rzeszów University of Technology, 2003.

[20] KANAS S, WIŚNIOWSKA A. Conic regions and k-uniform convexity II [J]. Folia scientiarum universitatis technicae resoviensis, 1998, 170: 65 - 78.

[21] KANAS S. Coefficient estimates in subclasses of the Carathéodory class related to conic domains [J]. Acta mathematica universitatis comenianae, 2005, 2: 149 - 161.

[22] THULASIRAM T, SUCHITHRA K, SUDHARSAN T V, Murugusundaramoorthy G. Some inclusion results associated with certain subclass of analytic functions involving Hohlov operator. RACSAM, 2014, 108: 711 - 720.

[23] ROGOSINSKI W. On the coefficients of subordinate functions [J]. Proceedings of the London mathematical society, 1943, 48: 48 – 82.

[24] MA W, MINDA D. A unified treatment of some special classes of univalent functions [C] // Nankai institute of mathematics. Proceedings of the International Conference on Complex Analysis, 1992: 157 – 169.

[25] GRAHAM I, HAMADA H, KOHR G. Parametric representation of univalent mappings [J]. Canadian journal of mathematics, 2002, 54: 324 – 351.

[26] HAMADA H, HONDA T, KOHR G. Parabolic starlike mappings in several complex variables [J]. Manuscripta mathematica, 2007, 123: 301 – 324.

[27] HENGARTNER W, SCHOBER G. On schlicht mappings to domains convex in one direction [J]. Commentarii mathematici helvetici, 1970, 45: 303 – 314.

[28] PFALTZGRAFF J A, SUFFRIDGE T J. Close-to-starlike holomorphic functions of several variables [J]. Pacific journal of mathematics, 1975, 57 (1): 271 – 279.

第 3 章　多复变数空间中的 Roper-Suffridge 算子

3.1　几类双全纯映照子族的定义

在不同的区域上 Roper-Suffridge 延拓算子具有不同的特征，这促使人们在更一般的域上去研究它们。而且，许多几何映照在不断地涌现，尤其是螺形映照的几个子族引起了广大学者的广泛关注。因此，有必要在更广泛的区域上研究 Roper-Suffridge 延拓算子保持螺形映照的这些子族的不变性。

以下令 D 表示 $\mathbb{C}$ 中的单位圆盘，B^n 表示 $\mathbb{C}^n$ 中的单位球，$DF(z)$ 表示 F 在 z 点的 Fréchet 导数。令 X 表示复 Banach 空间，$B = \{x \in X \mid \|x\| < 1\}$ 表示 X 中的单位球，X^* 是 X 的对偶空间。对于任意的 $x \in X \setminus \{0\}$，令

$$T_x = \{T_x \in X^* \mid \|T_x\| = 1, T_x(x) = \|x\|\}$$

是一个连续线性泛函，由 Hahn-Banach 定理知该集合非空。

为了得到本章主要结论，需要以下定义。

定义 3.1.1[1]　令 Ω 是 $\mathbb{C}^n$ 中的一个有界星形圆型域，其 Minkowski 泛函 $\rho(z)$ 在除去一个低维流形之外是 C^1 的。令 $F(z)$ 是 Ω 上的一个正规化的局部双全纯映照，若

$$\mathrm{Re}\left[(1-\lambda)\frac{2}{\rho(z)}\frac{\partial \rho}{\partial z}(z)(DF(z))^{-1}F(z)\right] \geqslant -\mathrm{Re}\,\lambda, z \in \Omega \setminus \{0\},$$

其中，$\lambda \in \mathbb{C}, \mathrm{Re}\,\lambda \leqslant 0$，则称 $F(z)$ 是 Ω 上的复数 λ 阶殆星形映照。

在定义 3.1.1 中令 $\lambda = \dfrac{\alpha}{\alpha - 1}$，$\alpha \in [0,1]$，则得到 Ω 上 α 阶殆星形映照的定义。

定义 3.1.2[2]　令 Ω 是 $\mathbb{C}^n$ 中的一个有界星形圆型域，其 Minkowski 泛函 $\rho(z)$ 在除去一个低维流形之外是 C^1 的。令 $F(z)$ 是 Ω 上的一个正规化的局部双全纯映照，$\alpha \in [0,1)$，$\beta \in \left(-\dfrac{\pi}{2}, \dfrac{\pi}{2}\right)$，若

$$\mathrm{Re}\left[\mathrm{e}^{-\mathrm{i}\beta} \frac{2}{\rho(z)} \frac{\partial \rho}{\partial z}(z) [DF(z)]^{-1} F(z)\right] \geqslant \alpha\cos\beta,$$

则称 $F(z)$ 是 Ω 上的 α 次殆 β 型螺形映照。

在定义 3.1.2 中分别令 $\alpha = 0$ 和 $\beta = 0$，则得到 Ω 上相应的 β 型螺形映照和 α 阶殆星形映照的定义。

定义 3.1.3[3]　令 Ω 是 $\mathbb{C}^n$ 中的一个有界星形圆型域，其 Minkowski 泛函 $\rho(z)$ 在除去一个低维流形之外是 C^1 的。令 $F(z)$ 是 Ω 上的一个正规化的局部双全纯映照，$\rho \in [0,1)$，$\beta \in \left(-\dfrac{\pi}{2}, \dfrac{\pi}{2}\right)$，若

$$\left|\mathrm{e}^{-\mathrm{i}\beta} \frac{2}{\rho(z)} \frac{\partial \rho}{\partial z}(z) [DF(z)]^{-1} F(z) - (1 - \mathrm{i}\sin\beta)\right|$$
$$< (1 - 2\rho) + \mathrm{Re}\left\{\mathrm{e}^{-\mathrm{i}\beta} \frac{2}{\rho(z)} \frac{\partial \rho}{\partial z}(z) [DF(z)]^{-1} F(z)\right\},$$

则称 $F(z)$ 是 Ω 上的 ρ 次抛物型 β 型螺形映照。

在定义 3.1.1 至定义 3.1.3 中令 $n = 1$，则得到复平面上相应的复数 λ 阶殆星形函数、α 次殆 β 型螺形函数和 ρ 次抛物型 β 型螺形函数的定义。

定义 3.1.4[4]　设 $f: B \to X$ 是一个正规化的局部双全纯映照，$\alpha \in [0,1)$ 且 $\beta \in \left(-\dfrac{\pi}{2}, \dfrac{\pi}{2}\right)$，若

$$\mathrm{Re}\left\{\mathrm{e}^{-\mathrm{i}\beta} \frac{1}{\|x\|} T_x [(Df(x))^{-1} f(x)]\right\} \geqslant \alpha\cos\beta, x \in B,$$

则称 f 是 B 上的 α 次殆 β 型螺形映照。

定义 3.1.5[4]　设 $f:B\to X$ 是一个正规化的局部双全纯映照,$\alpha\in(0,1)$ 且 $\beta\in\left(-\dfrac{\pi}{2},\dfrac{\pi}{2}\right)$,若

$$\left|2\alpha(1-\mathrm{i}\tan\beta)\frac{1}{\|x\|}T_x\left[(Df(x))^{-1}f(x)\right]-1+\mathrm{i}2\alpha\tan\beta\right|<1,x\in B\setminus\{\mathbf{0}\},$$

则称 f 是 B 上的 α 次 β 型螺形映照。

定义 3.1.6[4]　设 $f:B\to X$ 是一个正规化的局部双全纯映照,$\alpha\in(0,1]$ 且 $\beta\in\left(-\dfrac{\pi}{2},\dfrac{\pi}{2}\right)$,若

$$\left|\arg\left\{\mathrm{e}^{-\mathrm{i}\beta}\frac{1}{\|x\|}T_x\left[(Df(x))^{-1}f(x)\right]+\mathrm{i}\sin\beta\right\}\right|<\frac{\pi}{2}\alpha,x\in B\setminus\{\mathbf{0}\},$$

则称 f 是 B 上的 α 次强 β 型螺形映照。

定义 3.1.7[5]　令 Ω 是 $\mathbb{C}^n$ 中的一个有界星形圆型域,其 Minkowski 泛函 $\rho(z)$ 在除去一个低维流形之外是 C^1 的。令 $F(z)$ 是 Ω 上的一个正规化局部双全纯映照,$\beta\in\left(-\dfrac{\pi}{2},\dfrac{\pi}{2}\right)$,$\alpha\in[0,1),c\in(0,1)$,若

$$\left|\frac{-\alpha+\mathrm{i}\tan\beta}{1-\alpha}+\frac{1-\mathrm{i}\tan\beta}{1-\alpha}\frac{2}{\rho(z)}\frac{\partial\rho(z)}{\partial z}\left[Df(z)\right]^{-1}f(z)-\frac{1+c^2}{1-c^2}\right|<\frac{2c}{1-c^2},$$

则称 f 是 Ω 上的强 α 次殆 β 型螺形映照。

当 $\Omega=D$ 时,定义 3.1.7 中的条件简化为

$$\left|\frac{-\alpha+\mathrm{i}\tan\beta}{1-\alpha}+\frac{1-\mathrm{i}\tan\beta}{1-\alpha}\frac{f(z)}{zf'(z)}-\frac{1+c^2}{1-c^2}\right|<\frac{2c}{1-c^2}\text{。}$$

将定义 3.1.7 推广至复 Banach 空间中的单位球 B 上,则有以下定义。

定义 3.1.8　设 f 是 B 上正规化的双全纯映照,$\alpha\in[0,1),\beta\in\left(-\dfrac{\pi}{2},\dfrac{\pi}{2}\right),c\in(0,1)$,若

$$\left|\frac{-\alpha+\mathrm{i}\tan\beta}{1-\alpha}+\frac{1-\mathrm{i}\tan\beta}{1-\alpha}\frac{1}{\|x\|}T_x(Df(x))^{-1}f(x)-\frac{1+c^2}{1-c^2}\right|<\frac{2c}{1-c^2},$$

则称 f 是 B 上的强 α 次殆 β 型螺形函数。

第3章 多复变数空间中的 Roper-Suffridge 算子

注 在定义 3.1.8 中令 $\alpha = 0$ 则得到强 β 型螺形函数[6]（由 Hamada 等在参考文献 [7] 中引入）的定义，令 $\beta = 0$ 则得到强 α 次殆星形函数[8]（由 Chuaqui 在参考文献 [9] 中引入）的定义，令 $\alpha = \beta = 0$ 则得到强星形函数的定义。

定义 3.1.9[3] 设 $f: B \to X$ 是一个正规化的局部双全纯映照，$\rho \in [0,1)$ 且 $\beta \in \left(-\frac{\pi}{2}, \frac{\pi}{2}\right)$，若

$$\left| \frac{e^{-i\beta}}{\|x\|} T_x \left[(Df(x))^{-1} f(x) \right] - (1 - i\sin\beta) \right|$$
$$< (1 - 2\rho) + \mathrm{Re}\left\{ \frac{e^{-i\beta}}{\|x\|} T_x \left[(Df(x))^{-1} f(x) \right] \right\}, x \in B,$$

则称 f 是 B 上的 ρ 次抛物型 β 型螺形映照。

定义 3.1.10[10] 令 Ω 是 $\mathbb{C}^n$ 中的一个有界星形圆型域，其 Minkowski 泛函 $\rho(z)$ 在除去一个低维流形之外是 C^1 的。令 $F(z)$ 是 Ω 上的一个正规化局部双全纯映照，$-1 \leq A < B < 1$，$\beta \in \left(-\frac{\pi}{2}, \frac{\pi}{2}\right)$，若

$$\left| i\tan\beta + (1 - i\tan\beta) \frac{2}{\rho(z)} \frac{\partial \rho}{\partial z}(z) [DF(z)]^{-1} F(z) - \frac{1 - AB}{1 - B^2} \right|$$
$$< \frac{B - A}{1 - B^2}, z \in \Omega \setminus \{0\},$$

则称 $F(z) \in S_\Omega^*(\beta, A, B)$。

在定义 3.1.10 中分别令 $A = -1 = -B - 2\alpha$，$A = -B = -\alpha$，$B \to 1^-$，则得到 Ω 上相应的 α 次 β 型螺形映照[11]、α 次强 β 型螺形映照[4] 和 α 次殆 β 型螺形映照[2] 的定义。当 $n = 1$ 时，定义 3.1.10 中的条件简化为

$$\left| i\tan\beta + (1 - i\tan\beta) \frac{F(z)}{zF'(z)} - \frac{1 - AB}{1 - B^2} \right| < \frac{B - A}{1 - B^2}。$$

3.2 Hartogs 域上 Minkowski 泛函的性质

2004 年，Zhao 等[12] 在第二类 Cartan-Hartogs 域上研究了 Einstein-Kähler

测度。2009 年，Wang 等[13]引入了一类 Hartogs 域，构造了具有最小体积的外切 Hermite 椭球，并讨论了其在极值问题中的应用。2011 年，Wang 等[14]引入了新的 Hartogs 域，并在域

$$\Omega = \{(\xi,z,w) \in \mathbb{C}^{N_0+N_1+N_2} \mid \|\xi\|^{2K} < (1-\|z\|^2)^L(1-\|w\|^2), K,L>0\}。$$

上讨论了 Lu Qi-Keng 问题。2015 年，潘利双等[15]讨论了以有界对称域为底的 Bergman-Hartogs 域：

$$\Omega = \left\{(w_{(1)},\cdots,w_{(r)},z) \in \mathbb{C}^{m_1}\times\cdots\times\mathbb{C}^{m_r}\times E \mid \sum_{j=1}^{r}\|w_{(j)}\|^{2p_j} < K_E(z,z)^{-q}\right\},$$

其中，$K_E(z,z)$ 是 E 上的 Bergman 核函数，$r \in \mathbb{Z}^+$ 且 $p_1,p_2,\cdots,p_r>1, q>0$。他们讨论了这类域的全纯自同构群并指出其不全纯等价于单位球。2016 年，唐言言[16]在 Bergman-Hartogs 域：

$$\Omega_{p,q}^{B^n} = \{(w,z) \in \mathbb{C}^m \times B^n \mid \|w\|^{2p} < K_{B^n}(z,z)^{-q}\},$$
$$w = (w_1,w_2,\cdots,w_m), z = (z_1,z_2,\cdots,z_n)$$

上研究了 Roper-Suffridge 延拓算子的性质。

下面引入一类推广的 Hartogs 域：

$$\Omega_N = \left\{(\xi_{(1)},\cdots,\xi_{(r)},z,w) \in \mathbb{C}^{m_1}\times\cdots\times\mathbb{C}^{m_r}\times B^{N_1}(0,1)\times B^{N_2}(0,1) \mid \right.$$

$$\left.\sum_{i=1}^{r}\|\xi_{(i)}\|^{2s_i} < (1-\|z\|^2)^l(1-\|w\|^2)^t, s_i>0, l\geq 0, t\geq 0\right\},$$

并在其上讨论以下延拓算子：

$$F(\xi,z,w) = \left(\left(\frac{f(z_1)}{z_1}\right)^{\delta_1}\left(\frac{f(w_1)}{w_1}\right)^{\gamma_1}\xi_{(1)},\cdots,\left(\frac{f(z_1)}{z_1}\right)^{\delta_r}\left(\frac{f(w_1)}{w_1}\right)^{\gamma_r}\xi_{(r)},\right.$$

$$f(z_1)+\frac{f(z_1)}{z_1}\sum_{j=2}^{N_1}P_j(z_j),\left(\frac{f(z_1)}{z_1}\right)^{\frac{1}{\varepsilon_2}}z_2,\cdots,\left(\frac{f(z_1)}{z_1}\right)^{\frac{1}{\varepsilon_{N_1}}}z_{N_1},$$

$$\left.f(w_1)+\frac{f(w_1)}{w_1}\sum_{j=2}^{N_2}Q_j(w_j),\left(\frac{f(w_1)}{w_1}\right)^{\frac{1}{\eta_2}}w_2,\cdots,\left(\frac{f(w_1)}{w_1}\right)^{\frac{1}{\eta_{N_2}}}w_{N_2}\right)',$$

$$(3.2.1)$$

其中，$f \in H(D)$，幂函数选取其主值支，P_j 是 z_j 的 ε_j 次齐次多项式，Q_j 是 w_j

的 η_j 次齐次多项式（$\varepsilon_j, \eta_j \geq 1$）。当 $\boldsymbol{\xi}_{(i)} = \mathbf{0}$ 且 $w_j = 0$ 时算子（3.2.1）所保持的几何性质与

$$F(z) = \left(f(z_1) + \frac{f(z_1)}{z_1}\sum_{j=2}^{N_1} P_j(z_j), \left(\frac{f(z_1)}{z_1}\right)^{\frac{1}{\varepsilon_2}} z_2, \cdots, \left(\frac{f(z_1)}{z_1}\right)^{\frac{1}{\varepsilon_{N_1}}} z_{N_1}\right)'$$

（$\varepsilon_j \geq 2, j = 2, \cdots, N_1$）所保持的几何性质相同。

为了研究算子（3.2.1）在 Hartogs 域 Ω_N 上的性质，需要 Hartogs 域上 Minkowski 泛函的性质及引理 3.2.1。

引理 3.2.1[17] 令 $\rho(\boldsymbol{\xi}, z, w)$ 是 Ω_N 上的 Minkowski 泛函。定义 $\rho(\boldsymbol{\xi}, z, w) = \rho$。则

$$\frac{\partial \rho}{\partial \xi_{ij}} = \frac{s_i}{2}\|\boldsymbol{\xi}_{(i)}\|^{2(s_i-1)} \overline{\xi_{ij}} \rho^{3-2s_i} \left\{ \sum_{k=1}^{r} \|\boldsymbol{\xi}_{(k)}\|^{2s_k} s_k \rho^{2-2s_k} + \right.$$

$$\left(1 - \left\|\frac{z}{\rho}\right\|^2\right)^{l-1} \left(1 - \left\|\frac{w}{\rho}\right\|^2\right)^{t-1} \left[l\|z\|^2\left(1 - \left\|\frac{w}{\rho}\right\|^2\right) + t\|w\|^2\left(1 - \left\|\frac{z}{\rho}\right\|^2\right)\right]\right\}^{-1},$$

$$\frac{\partial \rho}{\partial z_{j_1}} = \frac{\rho l}{2}\left(1 - \left\|\frac{z}{\rho}\right\|^2\right)^{l-1} \left(1 - \left\|\frac{w}{\rho}\right\|^2\right)^{t} \frac{\overline{z_{j_1}}}{\rho^2} \left\{ \sum_{k=1}^{r} \|\boldsymbol{\xi}_{(k)}\|^{2s_k} s_k \rho^{2-2s_k} + \right.$$

$$\left(1 - \left\|\frac{z}{\rho}\right\|^2\right)^{l-1} \left(1 - \left\|\frac{w}{\rho}\right\|^2\right)^{t-1} \left[l\|z\|^2\left(1 - \left\|\frac{w}{\rho}\right\|^2\right) + t\|w\|^2\left(1 - \left\|\frac{z}{\rho}\right\|^2\right)\right]\right\}^{-1},$$

$$\frac{\partial \rho}{\partial w_{j_2}} = \frac{\rho t}{2}\left(1 - \left\|\frac{w}{\rho}\right\|^2\right)^{t-1} \left(1 - \left\|\frac{z}{\rho}\right\|^2\right)^{l} \overline{w_{j_2}} \left\{ \sum_{k=1}^{r} \|\boldsymbol{\xi}_{(k)}\|^{2s_k} s_k \rho^{2-2s_k} + \right.$$

$$\left(1 - \left\|\frac{z}{\rho}\right\|^2\right)^{l-1} \left(1 - \left\|\frac{w}{\rho}\right\|^2\right)^{t-1} \left[l\|z\|^2\left(1 - \left\|\frac{w}{\rho}\right\|^2\right) + t\|w\|^2\left(1 - \left\|\frac{z}{\rho}\right\|^2\right)\right]\right\}^{-1}。$$

当 $(\boldsymbol{\xi}, z, w) \in \partial \Omega_N$ 时有 $\rho = 1$ 且

$$\frac{\partial \rho}{\partial \xi_{ij}} = \frac{s_i \|\boldsymbol{\xi}_{(i)}\|^{2(s_i-1)} \overline{\xi_{ij}}}{2(\Delta_1 + \|z\|^2 \Delta_2 + \|w\|^2 \Delta_3)},$$

$$\frac{\partial \rho}{\partial z_{j_1}} = \frac{\Delta_2 \overline{z_{j_1}}}{2(\Delta_1 + \|z\|^2 \Delta_2 + \|w\|^2 \Delta_3)}, \quad \frac{\partial \rho}{\partial w_{j_2}} = \frac{\Delta_3 \overline{w_{j_2}}}{2(\Delta_1 + \|z\|^2 \Delta_2 + \|w\|^2 \Delta_3)},$$

其中，$i = 1, 2, \cdots, r$，$j = 1, 2, \cdots, m_i$，$j_1 = 1, 2, \cdots, N_1$，$j_2 = 1, 2, \cdots, N_2$，

$$\Delta_1 = \sum_{i=1}^{r} \|\boldsymbol{\xi}_{(i)}\|^{2s_i} s_i, \quad \Delta_2 = l(1 - \|z\|^2)^{l-1}(1 - \|w\|^2)^{t},$$

$$\Delta_3 = t(1 - \|w\|^2)^{t-1}(1 - \|z\|^2)^l \text{。}$$

引理 3.2.2 令 $(\boldsymbol{\xi}, z, w) \in \partial\Omega_N$，$F(\boldsymbol{\xi}, z, w)$ 是由式（3.2.1）所定义的函数，且 $f \in H(D)$。则

$$\frac{2\partial\rho}{\partial(\boldsymbol{\xi}, z, w)}(\boldsymbol{\xi}, z, w)[DF(\boldsymbol{\xi}, z, w)]^{-1}F(\boldsymbol{\xi}, z, w) = \frac{H}{\Delta_1 + \|z\|^2\Delta_2 + \|w\|^2\Delta_3},$$

其中，

$$H = \sum_{i=1}^r s_i \|\boldsymbol{\xi}_{(i)}\|^{2s_i} \left\{ 1 - \delta_i \frac{z_1 f' - f}{z_1 f'} \left[1 + \frac{1}{z_1} \sum_{j=2}^{N_1} (1 - \varepsilon_j) P_j(z_j) \right] - \gamma_i \frac{w_1 f' - f}{w_1 f'} \left[1 + \frac{1}{w_1} \sum_{j=2}^{N_2} (1 - \eta_j) Q_j(w_j) \right] \right\} +$$

$$\Delta_2 \left\{ |z_1|^2 \frac{f}{z_1 f'} \left[1 + \frac{1}{z_1} \sum_{j=2}^{N_1} (1 - \varepsilon_j) P_j(z_j) \right] + \right.$$

$$\left. \sum_{j=2}^{N_1} |z_j|^2 \left[1 - \frac{1}{\varepsilon_j} \frac{z_1 f' - f}{z_1 f'} \left(1 + \frac{1}{z_1} \sum_{k=2}^{N_1} (1 - \varepsilon_k) P_k(z_k) \right) \right] \right\} +$$

$$\Delta_3 \left\{ |w_1|^2 \frac{f}{w_1 f'} \left[1 + \frac{1}{w_1} \sum_{j=2}^{N_2} (1 - \eta_j) Q_j(z_j) \right] + \right.$$

$$\left. \sum_{j=2}^{N_2} |w_j|^2 \left[1 - \frac{1}{\eta_j} \frac{w_1 f' - f}{w_1 f'} \left(1 + \frac{1}{w_1} \sum_{k=2}^{N_2} (1 - \eta_k) Q_k(w_k) \right) \right] \right\} \text{。}$$

证明 由式（3.2.1）得

$$DF(\boldsymbol{\xi}, z, w) = \begin{pmatrix} \left(\frac{f}{z_1}\right)^{\delta_1}\left(\frac{f}{w_1}\right)^{\gamma_1} I_{m_1} & \cdots & 0_{m_1 \times m_r} & v_1 & 0 & \cdots & 0 & \sigma_1 \\ \vdots & \ddots & \vdots & \vdots & \vdots & \ddots & \vdots & \vdots \\ 0_{m_r \times m_1} & \cdots & \left(\frac{f}{z_1}\right)^{\delta_r}\left(\frac{f}{w_1}\right)^{\gamma_r} I_{m_r} & v_r & 0 & \cdots & 0 & \sigma_r \\ 0_{1 \times m_1} & \cdots & 0_{1 \times m_r} & u_1 & \frac{f}{z_1}P_2'(z_2) & \cdots & \frac{f}{z_1}P_{N_1}'(z_{N_1}) & 0_{1 \times N_2} \\ 0_{1 \times m_1} & \cdots & 0_{1 \times m_r} & u_2 & \left(\frac{f}{z_1}\right)^{\frac{1}{\varepsilon_2}} & \cdots & 0 & 0_{1 \times N_2} \\ \vdots & \ddots & \vdots & \vdots & \vdots & \ddots & \vdots & \vdots \\ 0_{1 \times m_1} & \cdots & 0_{1 \times m_r} & u_{N_1} & 0 & \cdots & \left(\frac{f}{z_1}\right)^{\frac{1}{\varepsilon_{N_1}}} & 0_{1 \times N_2} \\ 0_{N_2 \times m_1} & \cdots & 0_{N_2 \times m_r} & 0_{N_2 \times 1} & 0_{N_2 \times 1} & \cdots & 0_{N_2 \times 1} & J \end{pmatrix}$$

其中，I_{m_i} ($i=1,2,\cdots,r$) 表示 m_i 行 m_i 列的单位矩阵，$\mathbf{0}_{p\times q}$ ($p,q\in\mathbb{Z}^+$) 表示 p 行 q 列的零矩阵，

$$v_i = \begin{pmatrix} \delta_i\left(\dfrac{f(z_1)}{z_1}\right)^{\delta_i} \dfrac{z_1 f'(z_1)-f(z_1)}{z_1 f(z_1)} \left(\dfrac{f(w_1)}{w_1}\right)^{\gamma_i} \xi_{i1} \\ \vdots \\ \delta_i\left(\dfrac{f(z_1)}{z_1}\right)^{\delta_i} \dfrac{z_1 f'(z_1)-f(z_1)}{z_1 f(z_1)} \left(\dfrac{f(w_1)}{w_1}\right)^{\gamma_i} \xi_{im_i} \end{pmatrix}, i=1,2,\cdots,r,$$

$$\sigma_i = \begin{pmatrix} \gamma_i\left(\dfrac{f(z_1)}{z_1}\right)^{\delta_i} \dfrac{w_1 f'(w_1)-f(w_1)}{w_1 f(w_1)} \left(\dfrac{f(w_1)}{w_1}\right)^{\gamma_i} \xi_{i1} & \mathbf{0}_{1\times(N_2-1)} \\ \vdots & \vdots \\ \gamma_i\left(\dfrac{f(z_1)}{z_1}\right)^{\delta_i} \dfrac{w_1 f'(w_1)-f(w_1)}{w_1 f(w_1)} \left(\dfrac{f(w_1)}{w_1}\right)^{\gamma_i} \xi_{im_i} & \mathbf{0}_{1\times(N_2-1)} \end{pmatrix}, i=1,2,\cdots,r,$$

$$u_1 = f'(z_1) + \frac{z_1 f'(z_1)-f(z_1)}{z_1^2}\sum_{j=2}^{N_1} P_j(z_j),$$

$$u_j = \frac{1}{\varepsilon_j}\left(\frac{f(z_1)}{z_1}\right)^{\frac{1}{\varepsilon_j}} \frac{z_1 f'(z_1)-f(z_1)}{z_1 f(z_1)} z_j, \ j=2,3,\cdots,N_1,$$

$$J = \begin{pmatrix} f'(w_1) + \dfrac{w_1 f'(w_1)-f(w_1)}{w_1^2}\sum_{j=2}^{N_1} Q_j(w_j) & \dfrac{f(w_1)}{w_1}Q_2'(w_2) & \cdots & \dfrac{f(w_1)}{w_1}Q_{N_2}'(w_{N_2}) \\ \dfrac{1}{\eta_2}\left(\dfrac{f(w_1)}{w_1}\right)^{\frac{1}{\eta_2}} \dfrac{w_1 f'(w_1)-f(w_1)}{w_1 f(w_1)} w_2 & \left(\dfrac{f(w_1)}{w_1}\right)^{\frac{1}{\eta_2}} & \cdots & 0 \\ \vdots & \vdots & & \vdots \\ \dfrac{1}{\eta_{N_2}}\left(\dfrac{f(w_1)}{w_1}\right)^{\frac{1}{\eta_{N_2}}} \dfrac{w_1 f'(w_1)-f(w_1)}{w_1 f(w_1)} w_{N_2} & 0 & \cdots & \left(\dfrac{f(w_1)}{w_1}\right)^{\frac{1}{\eta_{N_2}}} \end{pmatrix}.$$

令

$$(DF(\xi,z,w))^{-1} F(\xi,z,w) = H_0 =$$
$$(h_1,\cdots,h_r,h_{r+1},\cdots,h_{r+N_1},h_{r+N_1+1},\cdots,h_{r+N_1+N_2})'。$$

则 $DF(\xi,z,w)H_0 = F(\xi,z,w)$ 且

$$h_i = \xi_{(i)} \left\{ 1 - \delta_i \frac{z_1 f' - f}{z_1 f'} \left[1 + \frac{1}{z_1} \sum_{j=2}^{N_1} (1 - \varepsilon_j) P_j(z_j) \right] - \right.$$
$$\left. \gamma_i \frac{w_1 f' - f}{w_1 f'} \left[1 + \frac{1}{w_1} \sum_{j=2}^{N_2} (1 - \eta_j) Q_j(w_j) \right] \right\}$$

$$h_{r+1} = \frac{f(z_1)}{f'(z_1)} \left[1 + \frac{1}{z_1} \sum_{j=2}^{N_1} (1 - \varepsilon_j) P_j(z_j) \right],$$

$$h_{r+N_1+1} = \frac{f(w_1)}{f'(w_1)} \left[1 + \frac{1}{w_1} \sum_{j=2}^{N_2} (1 - \eta_j) Q_j(w_j) \right],$$

$$h_{r+j} = z_j \left\{ 1 - \frac{1}{\varepsilon_j} \frac{z_1 f' - f}{z_1 f'} \left[1 + \frac{1}{z_1} \sum_{k=2}^{N_1} (1 - \varepsilon_k) P_k(z_k) \right] \right\}, j = 2, 3, \cdots, N_1,$$

$$h_{r+N_1+k} = w_j \left\{ 1 - \frac{1}{\eta_j} \frac{w_1 f' - f}{w_1 f'} \left[1 + \frac{1}{w_1} \sum_{k=2}^{N_2} (1 - \eta_k) Q_k(w_k) \right] \right\}, j = 2, 3, \cdots, N_2,$$

其中，$\xi_{(i)} = (\xi_{i1}, \xi_{i2}, \cdots, \xi_{im_i})$ ($i = 1, 2, \cdots, r$)。则由引理 3.2.1 知结论成立。

引理 3.2.3[18] 设 $\Omega \in \mathbb{C}^n$ 是一个有界星形圆型域，其 Minkowski 泛函 $\rho(z)$ 在除去一个低维流形之外是 C^1 的。则对于 $\forall z = (z_1, z_2, \cdots, z_n) \in \Omega \setminus \Omega_0$ 有

$$2\mathrm{Re} \frac{\partial \rho(z)}{\partial z} z = \rho(z), \frac{\partial \rho}{\partial z}(\lambda z) = \frac{\partial \rho(z)}{\partial z} (\lambda \geq 0),$$

$$\frac{\partial \rho}{\partial z}(e^{i\theta} z) = e^{-i\theta} \frac{\partial \rho(z)}{\partial z} (\theta \in \mathbb{R})。$$

除了对于算子（3.2.1）的讨论之外，在 Bergman-Hartogs 域：

$$\Omega_{p_1, \cdots p_s, q}^{B^n} = \left\{ (w_{(1)}, \cdots, w_{(s)}, z) \in \mathbb{C}^{m_1} \times \cdots \times \mathbb{C}^{m_s} \times B^n \mid \right.$$
$$\left. \sum_{k=1}^{s} \|w_{(k)}\|^{2p_k} < K_{B^n}(z, z)^{-q} \right\}$$

其中，$K_{B^n}(z, z)$ 是 B^n 上的 Bergman 核函数，$p_k > 1 (k = 1, 2, \cdots, s)$，$q > 0$，且

$$w_{(k)} = (w_{k1}, w_{k2}, \cdots, w_{km_k}), \|w_{(k)}\| = \left(\sum_{j=1}^{m_k} |w_{kj}|^2 \right)^{\frac{1}{2}}, k = 1, 2, \cdots, s,$$

上引入一类推广的 Roper – Suffridge 延拓算子：

$$F(w,z) = (w_{(1)}(f'(z_1))^{\delta_1}, \cdots, w_{(s)}(f'(z_1))^{\delta_s}, f(z_1) + G([f'(z_1)]^{\gamma} z_0), (f'(z_1))^{\gamma} z_0)', \quad (3.2.2)$$

其中，$(w,z) = (w_{(1)}, \cdots, w_{(n)}, z) \in \Omega_{p_1, \cdots p_s, q}^{B^n}$，$z = (z_1, z_0) \in B^n$，$f(z_1)$ 是 D 上正规化的单叶全纯函数，G 是 $\mathbb{C}^{n-1}$ 上的全纯函数且

$$G(\mathbf{0}) = 0, DG(\mathbf{0}) = \mathbf{0}, \gamma \geq 0,$$

$$[f'(z_1)]^{\delta_i}\big|_{z_1=0} = 1 \ (i = 1, 2, \cdots, s) ,\ [f'(z_1)]^{\gamma}\big|_{z_1=0} = 1 ,$$

$G(z)$ 的齐次展开式是 $\sum_{j=2}^{\infty} P_j(z)$，$P_j$ 是 j 次齐次多项式。如果只考虑算子 (3.2.2) 中的后 n 个元素，则得到由 Muir 引入的算子：

$$F(z) = (f(z_1) + G([f'(z_1)]^{\gamma} z_0), (f'(z_1))^{\gamma} z_0)'。 \quad (3.2.3)$$

为了研究算子（3.2.2）在 Bergman – Hartogs 域 $\Omega_{p_1, \cdots p_s, q}^{B^n}$ 上的性质，需要 Hartogs 域上 Minkowski 泛函的性质及以下引理。

引理 3.2.4[16]　令 $\rho(w,z)$ 是 $\Omega_{p_1, \cdots p_s, q}^{B^n}$ 的 Minkowski 泛函。设 $(w,z) \in \partial\Omega_{p_1, \cdots p_s, q}^{B^n}$，则有 $\rho(w,z) = 1$ 且

$$\frac{\partial \rho(w,z)}{\partial w_{ij}} = \frac{p_i \|w_{(i)}\|^{2p_i - 2} \overline{w_{ij}}}{2\nabla_1 + 2\nabla_2}, \quad \frac{\partial \rho(w,z)}{\partial z_i} = \frac{\nabla_1 \dfrac{\overline{z_i}}{\|z\|^2}}{2\nabla_1 + 2\nabla_2},$$

$$i = 1, 2, \cdots, s,\ j = 1, 2, \cdots, m_i ,$$

其中，$\nabla_1 = (n+1) q \pi^{nq} (n!)^{-q} (1 - \|z\|^2)^{(n+1)q - 1} \|z\|^2$，$\nabla_2 = \sum_{k=1}^{s} p_k \|w_{(k)}\|^{2p_k}$。

引理 3.2.5[19]　令 $P(z)$ 是 m 次齐次多项式，$DP(z)$ 表示 P 在 z 点的 Fréchet 导数，则 $DP(z)z = mP(z)$。

引理 3.2.6　令 $F(w,z)$ 是由式（3.2.2）所定义的映照且 $\rho(w,z) = 1$。则

$$\frac{2\partial \rho}{\partial(w,z)}(w,z) [DF(w,z)]^{-1} F(w,z) = \frac{L(w,z)}{\nabla_1 + \nabla_2},$$

其中

$$L(w,z) = \sum_{k=1}^{s} p_k \|w_{(k)}\|^{2p_k} \left[1 - \frac{\delta_k f''}{f'} \left(\frac{f}{f'} + \sum_{j=2}^{\infty} (1-j)(f')^{\gamma j-1} P_j(z_0) \right) \right] +$$

$$\frac{|z_1|^2 \nabla_1}{\|z\|^2} \left[\frac{f}{z_1 f'} + \frac{1}{z_1} \sum_{j=2}^{\infty} (1-j)(f')^{\gamma j-1} P_j(z_0) \right] +$$

$$\frac{\|z_0\|^2 \nabla_1}{\|z\|^2} \left[1 - \frac{\gamma f''}{f'} \left(\frac{f}{f'} + \sum_{j=2}^{\infty} (1-j)(f')^{\gamma j-1} P_j(z_0) \right) \right]。$$

证明 由式（3.2.2）得

$$DF(w,z) = \begin{pmatrix} (f')^{\delta_1} & 0 & \cdots & 0 & v_1 & \mathbf{0}_{1\times(n-1)} \\ \vdots & \vdots & \vdots & \vdots & \vdots & \vdots \\ 0 & 0 & \cdots & (f')^{\delta_s} & v_s & \mathbf{0}_{1\times(n-1)} \\ 0 & 0 & \cdots & 0 & u_1 & \sum_{j=2}^{\infty}(f')^{\gamma j}DP_j(z_0) \\ \mathbf{0}_{(n-1)\times 1} & \mathbf{0}_{(n-1)\times 1} & \cdots & \mathbf{0}_{(n-1)\times 1} & \gamma(f')^{\gamma-1}f''z_0' & (f')^{\gamma}\mathbf{I}_{n-1} \end{pmatrix},$$

其中，$\mathbf{I}_{n-1}$ 表示 $n-1$ 行 $n-1$ 列的单位矩阵，$\mathbf{0}_{p\times q}$（$p,q \in \mathbb{Z}^+$）表示 p 行 q 列零矩阵，

$$v_i = \delta_i w_{(i)} (f')^{\delta_i - 1} f'', i = 1,2,\cdots,s,$$

$$u_1 = f' + \sum_{j=2}^{\infty} \gamma j (f')^{\gamma j-1} f'' P_j(z_0) 。$$

令

$$(DF(w,z))^{-1} F(w,z) = H(w,z) = (h_1, h_2, \cdots, h_{s+n})',$$

则 $DF(w,z)(h_1, h_2, \cdots, h_{s+n})' = F(w,z)$，从而

$$\begin{cases} (f')^{\delta_i} h_i + v_i h_{s+1} = w_{(i)} (f')^{\delta_i}, i = 1,2,\cdots,s, \\ u_1 h_{s+1} + \sum_{j=2}^{\infty} (f')^{\gamma j} DP_j(z_0)(h_{s+2}, h_{s+3}, \cdots, h_{s+n})' = f(z_1) + \sum_{j=2}^{\infty} (f')^{\gamma j} P_j(z_0), \\ \gamma(f')^{\gamma-1} f'' z_\tau h_{s+1} + (f')^{\gamma} h_{s+\tau} = (f')^{\gamma} z_\tau, \tau = 2,3,\cdots,n。 \end{cases}$$

于是

第3章 多复变数空间中的 Roper-Suffridge 算子

$$\begin{cases} h_i = w_{(i)}\left[1 - \dfrac{\delta_i f''}{f'}\left(\dfrac{f}{f'} + \sum_{j=2}^{\infty}(1-j)(f')^{\gamma j-1}P_j(z_0)\right)\right], i = 1,2,\cdots,s, \\ h_{s+1} = \dfrac{f}{f'} + \sum_{j=2}^{\infty}(1-j)(f')^{\gamma j-1}P_j(z_0), \\ h_{s+\tau} = z_{\tau}\left[1 - \dfrac{\gamma f''}{f'}\left(\dfrac{f}{f'} + \sum_{j=2}^{\infty}(1-j)(f')^{\gamma j-1}P_j(z_0)\right)\right], \tau = 2,3,\cdots,n_{\circ} \end{cases}$$

则由引理 3.2.4 和引理 3.2.5 可知结论成立。

引理 3.2.7[18] 设 $\Omega \in \mathbb{C}^n$ 是一个有界星形圆型域,其 Minkowski 泛函 $\rho(z)$ 在除去一个低维流形 Ω_0 之外是 C^1 的。则对于 $\forall z = (z_1,z_2,\cdots,z_n) \in \Omega \setminus \Omega_0$ 有

$$2\operatorname{Re}\dfrac{\partial \rho(z)}{\partial z}z = \rho(z), \dfrac{\partial \rho}{\partial z}(\lambda z) = \dfrac{\partial \rho(z)}{\partial z}(\lambda \geq 0),$$

$$\dfrac{\partial \rho}{\partial z}(e^{i\theta}z) = e^{-i\theta}\dfrac{\partial \rho(z)}{\partial z}(\theta \in \mathbb{R})_{\circ}$$

引理 3.2.8[16] 设 $f(z_1)$ 是 D 上正规化的单叶全纯函数,$a,b \in \mathbb{R}^+$,$a+b \leq \dfrac{1}{2}$,且 $z = (z_1,z_0) \in B^n$,则

$$\left|[a(1-|z_1|^2) + b\|z_0\|^2]\dfrac{f''(z_1)}{f'(z_1)} - \overline{z_1}\right| < 2(a+b) + 1_{\circ}$$

引理 3.2.9[19] 设 $f(z)$ 是 D 上正规化的单叶全纯函数,$\alpha \geq 2$。则

$$\left|\dfrac{1-|z|^2}{\alpha}\dfrac{f''(z)}{f'(z)} - \bar{z}\right| \leq \dfrac{4+(\alpha-2)|z|}{\alpha}, z \in D_{\circ}$$

引理 3.2.10 设 $f(z_1)$ 是 D 上正规化的单叶全纯函数,令 $(w,z) \in \Omega^{B^n}_{p_1,\cdots,p_s,q}$,$z = (z_1,z_0) \in B^n$ 且 $\gamma \in \left[0,\dfrac{1}{2}\right]$,$q > \dfrac{\delta}{(n+1)\gamma}$,其中 $\delta = \max\{p_1\delta_1,p_2\delta_2,\cdots,p_s\delta_s\}$。则

$$\left|\overline{z_1} - \dfrac{f''(z_1)}{f'(z_1)}\left(\gamma\|z_0\|^2 + \dfrac{\widetilde{\nabla}_2}{\nabla_1}\|z\|^2\right)\right| < 2\gamma + 1,$$

其中,

$$\nabla_1 = (n+1)q\pi^{nq}(n!)^{-q}(1-\|z\|^2)^{(n+1)q-1}\|z\|^2, \quad \tilde{\nabla}_2 = \sum_{k=1}^{s}\delta_k p_k\|w_{(k)}\|^{2p_k}。$$

证明 由于 $\delta = \max\{p_1\delta_1, p_2\delta_2, \cdots, p_s\delta_s\}$,则

$$\tilde{\nabla}_2 < \delta\sum_{k=1}^{s}\|w_{(k)}\|^{2p_k}。$$

由 $(w,z) \in \Omega_{p_1,\cdots,p_s,q}^{B^n}$ 得

$$\sum_{k=1}^{s}\|w_{(k)}\|^{2p_k} < K_{B^n}(z,z)^{-q} = \left(\frac{\pi^n}{n!}\right)^q(1-\|z\|^2)^{(n+1)q}。$$

又由于

$$\nabla_1 = (n+1)q\pi^{nq}(n!)^{-q}(1-\|z\|^2)^{(n+1)q-1}\|z\|^2,$$

则

$$\frac{\tilde{\nabla}_2}{\nabla_1} < \frac{\delta(1-\|z\|^2)}{(n+1)q\|z\|^2}。$$

由 $q > \dfrac{\delta}{(n+1)\gamma}$ 及引理 3.2.8 得

$$\left|\overline{z_1} - \frac{f''(z_1)}{f'(z_1)}\left(\gamma\|z_0\|^2 + \frac{\delta(1-\|z\|^2)}{(n+1)q}\right)\right|$$

$$= \left|\overline{z_1} - \frac{f''(z_1)}{f'(z_1)}\left[\frac{\delta}{(n+1)q}(1-|z_1|^2) + \left(\gamma - \frac{\delta}{(n+1)q}\right)\|z_0\|^2\right]\right|$$

$$< 2\gamma + 1。$$

令 $k_0 = \dfrac{\delta}{(n+1)q}, k_1 = \dfrac{\tilde{\nabla}_2}{\nabla_1}$,则

$$k_1\|z\|^2 \leqslant k_0(1-\|z\|^2),$$

$$\left|\left(\overline{z_1} - \frac{f''(z_1)}{f'(z_1)}\gamma\|z_0\|^2\right) - \frac{f''(z_1)}{f'(z_1)}k_0(1-\|z\|^2)\right| < 2\gamma + 1。$$

于是,由引理 3.2.9 得

$$\left|\overline{z_1} - \frac{f''(z_1)}{f'(z_1)}\Big(\gamma\|z_0\|^2 + \frac{\widetilde{\nabla}_2}{\nabla_1}\|z\|^2\Big)\right| = \left|\overline{z_1} - \frac{f''(z_1)}{f'(z_1)}(\gamma\|z_0\|^2 + k_1\|z\|^2)\right|$$

$$= \left|\Big(\overline{z_1} - \frac{f''(z_1)}{f'(z_1)}\gamma\|z_0\|^2\Big) - \frac{f''(z_1)}{f'(z_1)}k_0(1 - \|z\|^2)\frac{k_1\|z\|^2}{k_0(1 - \|z\|^2)}\right|$$

$$= \left|\Big[\Big(\overline{z_1} - \frac{f''(z_1)}{f'(z_1)}\gamma\|z_0\|^2\Big) - \frac{f''(z_1)}{f'(z_1)}k_0(1 - \|z\|^2)\Big]\frac{k_1\|z\|^2}{k_0(1 - \|z\|^2)} + \right.$$

$$\left.\Big(\overline{z_1} - \frac{f''(z_1)}{f'(z_1)}\gamma\|z_0\|^2\Big)\Big(1 - \frac{k_1\|z\|^2}{k_0(1 - \|z\|^2)}\Big)\right|$$

$$< (2\gamma + 1)\frac{k_1\|z\|^2}{k_0(1 - \|z\|^2)} + \left|\overline{z_1} - \frac{f''(z_1)}{f'(z_1)}\gamma\|z_0\|^2\right|\Big(1 - \frac{k_1\|z\|^2}{k_0(1 - \|z\|^2)}\Big)$$

$$\leqslant (2\gamma + 1)\frac{k_1\|z\|^2}{k_0(1 - \|z\|^2)} + (2\gamma + 1)\Big(1 - \frac{k_1\|z\|^2}{k_0(1 - \|z\|^2)}\Big) = 2\gamma + 1_\circ$$

引理 3.2.11[16] 令 $z = (z_1, z_2, \cdots, z_n) \in B^n$, $p_i > 1$, $\delta_i \in [0,1]$ ($i = 1, 2, \cdots, s$) 且 $\gamma \in \Big[0, \frac{1}{2}\Big]$。若 $q \geqslant \frac{2p_0}{n+1}$，其中 $p_0 = \max\{p_1\delta_1, p_2\delta_2, \cdots, p_s\delta_s\}$ 且

$$\nabla_1 = (n+1)q\pi^{nq}(n!)^{-q}(1 - \|z\|^2)^{(n+1)q-1}\|z\|^2, \quad \widetilde{\nabla}_2 = \sum_{k=1}^{s}\delta_k p_k\|w_{(k)}\|^{2p_k},$$

则

$$\Big(\widetilde{\nabla}_2 + \frac{\|z_0\|^2\nabla_1}{\|z\|^2}\gamma\Big)\frac{1 - 2|z_1| - |z_1|^2}{1 - |z_1|^2} + \frac{|z_1|^2\nabla_1}{\|z\|^2} \geqslant 0_\circ$$

引理 3.2.12[20] 设 $p(z)$ 是 D 上的全纯函数且 $p(0) = 1$，$\text{Re}\,p(z) > 0$，则

$$|p'(z)| \leqslant \frac{2\text{Re}\,p(z)}{1 - |z|^2}_\circ$$

引理 3.2.13[21] 设 $f:D^n \to \mathbb{C}^n$ 是 α 次殆 β 型螺形映照，则对于 $\forall z \in D^n \setminus \{\mathbf{0}\}$，存在一个单位向量 $\boldsymbol{\xi}(z)$ 使得

$$\|Df(z)\boldsymbol{\xi}(z)\| \leqslant \frac{1 + \|z\|}{\cos\beta[1 - (1 - 2\alpha)\|z\|]^{\frac{2(\alpha-1)}{2\alpha-1}+1}},$$

其中，$\|z\| = \max|z_j|(1 \leq j \leq n)$。

引理 3.2.14[22]　设 $f(z)$ 是 D 上的正规化双全纯函数，则

$$\frac{1-|z|}{(1+|z|)^3} \leq |f'(z)| \leq \frac{1+|z|}{(1-|z|)^3}, z \in D。$$

引理 3.2.15[23]　设 $f(z)$ 是 D 上的全纯函数且 $|f(z)| < 1$，则

$$|f'(z)| \leq \frac{1-|f(z)|^2}{1-|z|^2}, z \in D。$$

引理 3.2.16[7]　设 $f(z)$ 是有界平衡域 Ω 上的 α 阶强螺形函数，$\alpha \in \left(-\frac{\pi}{2}, \frac{\pi}{2}\right)$，且 $c \in (0,1)$。令 Ω 的 Minkowski 泛函是 $\rho(z)$，则

$$\frac{\rho(z)}{(1+c\rho(z))^2} \leq \rho(f(z)) \leq \frac{\rho(z)}{(1-c\rho(z))^2}。$$

若 $f(z)$ 是单位圆盘 D 上的 α 阶强螺形函数，则

$$\frac{|z|}{(1+c|z|)^2} \leq |f(z)| \leq \frac{|z|}{(1-c|z|)^2}。$$

引理 3.2.17[24]　设 $f(z)$ 是单位圆盘 D 上的 α 阶强螺形函数且 $\alpha \in \left(-\frac{\pi}{2}, \frac{\pi}{2}\right)$，$c \in (0,1)$，则

$$\left|\frac{zf'(z)}{f(z)}\right| \leq \frac{1+c|z|}{\cos\beta(1-c|z|)}。$$

应用引理 3.2.16 和引理 3.2.17 可得以下结论。

引理 3.2.18　设 $f(z)$ 是单位圆盘 D 上的 α 阶强螺形函数且 $\alpha \in \left(-\frac{\pi}{2}, \frac{\pi}{2}\right)$，$c \in (0,1)$，则

$$|f'(z)| \leq \frac{1+c|z|}{\cos\beta(1-c|z|)^3}。$$

3.3 Hartogs 域上 Roper-Suffridge 延拓算子的性质

3.3.1 复数 λ 阶殆星形映照的不变性

定理 3.3.1 令 $f(z_1)$ 是 D 上的复数 λ 阶殆星形函数，$\lambda \in \mathbb{C}$ 且 $\text{Re}\lambda \le 0$。令 $F(\boldsymbol{\xi},z,w)$ 是由式（3.2.1）所定义的函数且

$$\delta_i, \gamma_i, \delta_i + \gamma_i \in [0,1] \ (i = 1,2,\cdots,r),$$

$$\varepsilon_j \ge 4 \ (j = 2,3,\cdots,N_1), \eta_j \ge 4 \ (j = 2,3,\cdots,N_2),$$

且幂函数选取主值支。若

$$\|P_j\| \le \frac{2}{(8a + |1-\lambda|)\varepsilon_j}, \quad \|Q_j\| \le \frac{2}{(8b + |1-\lambda|)\eta_j},$$

其中，

$$a = \max_{1 \le i \le r}\left\{1, \frac{s_i \delta_i}{l}\right\}, \quad b = \max_{1 \le i \le r}\left\{1, \frac{s_i \gamma_i}{t}\right\},$$

则 $F(\boldsymbol{\xi},z,w)$ 是 Ω_N 上的复数 λ 阶殆星形映照。

证明 由定义 3.2.1 只需证明

$$\text{Re}\left[(1-\lambda)\frac{2}{\rho(\boldsymbol{\xi},z,w)}\frac{\partial\rho(\boldsymbol{\xi},z,w)}{\partial(\boldsymbol{\xi},z,w)}(DF(\boldsymbol{\xi},z,w))^{-1}F(\boldsymbol{\xi},z,w) + \lambda\right] \ge 0 \text{。}$$

(3.3.1)

令 $(\boldsymbol{\xi},z,w) = \zeta(\boldsymbol{\eta},\boldsymbol{\lambda},\boldsymbol{\mu}) = |\zeta|e^{i\theta}(\boldsymbol{\eta},\boldsymbol{\lambda},\boldsymbol{\mu})$，其中 $(\boldsymbol{\eta},\boldsymbol{\lambda},\boldsymbol{\mu}) \in \partial\Omega_N$，$\zeta \in \overline{D} \setminus \{0\}$。由引理 3.2.3 得

$$\frac{2}{\rho(\boldsymbol{\xi},z,w)}\frac{\partial\rho(\boldsymbol{\xi},z,w)}{\partial(\boldsymbol{\xi},z,w)}(DF(\boldsymbol{\xi},z,w))^{-1}F(\boldsymbol{\xi},z,w)$$

$$= \frac{2}{\rho(|\zeta|e^{i\theta}(\boldsymbol{\eta},\boldsymbol{\lambda},\boldsymbol{\mu}))}\frac{\partial\rho}{\partial(\boldsymbol{\xi},z,w)}(|\zeta|e^{i\theta}(\boldsymbol{\eta},\boldsymbol{\lambda},\boldsymbol{\mu}))$$

$$(DF(\zeta\boldsymbol{\eta},\zeta\boldsymbol{\lambda},\zeta\boldsymbol{\mu}))^{-1}F(\zeta\boldsymbol{\eta},\zeta\boldsymbol{\lambda},\zeta\boldsymbol{\mu})$$

$$= \frac{2}{|\zeta|} \frac{e^{-i\theta} \partial \rho}{\partial(\xi,z,w)}(\eta,\lambda,\mu)(DF(\zeta\eta,\zeta\lambda,\zeta\mu))^{-1} F(\zeta\eta,\zeta\lambda,\zeta\mu)$$

$$= \frac{2\partial \rho}{\partial(\xi,z,w)}(\eta,\lambda,\mu) \frac{(DF(\zeta\eta,\zeta\lambda,\zeta\mu))^{-1} F(\zeta\eta,\zeta\lambda,\zeta\mu)}{\zeta}。$$

显然

$$\frac{2\partial \rho}{\partial(\xi,z,w)}(\eta,\lambda,\mu) \frac{(DF(\zeta\eta,\zeta\lambda,\zeta\mu))^{-1} F(\zeta\eta,\zeta\lambda,\zeta\mu)}{\zeta}$$

关于 ζ 是全纯的，则式（3.3.1）的左端是调和的。由调和函数的最小值原理，只需证明式（3.3.1）在 $(\xi,z,w) \in \partial\Omega_N$ 时成立，此时 $\rho(\xi,z,w) = 1$。

令

$$q(z_1) = (1-\lambda) \frac{f(z_1)}{z_1 f'(z_1)} + \lambda, \qquad (3.3.2)$$

由于 $f(z_1)$ 是 D 上的复数 λ 阶殆星形函数，则 $\mathrm{Re}\, q(z_1) \geq 0$。令 $g(z_1) = \frac{q(z_1)-1}{q(z_1)+1}$，则 $g(z_1) \in H(D)$，$|g(z_1)| < 1$，$g(0) = 0$。由 Schwarz 引理得 $|g(z_1)| \leq |z_1|$，则

$$|q(z_1) - 1| \leq \frac{2|z_1|}{1-|z_1|}。 \qquad (3.3.3)$$

由引理 3.2.2 和式（3.3.2）得

$$(\Delta_1 + \|z\|^2 \Delta_2 + \|w\|^2 \Delta_3) \cdot$$

$$\left[(1-\lambda) \frac{2}{\rho(\xi,z,w)} \frac{\partial \rho(\xi,z,w)}{\partial(\xi,z,w)} (DF(\xi,z,w))^{-1} F(\xi,z,w) + \lambda \right]$$

$$= (1-\lambda) H + \lambda(\Delta_1 + \|z\|^2 \Delta_2 + \|w\|^2 \Delta_3)$$

$$= \Delta_1 \Big[1 - \delta_i - \gamma_i + \delta_i q(z_1) + \gamma_i q(w_1) +$$

$$\delta_i(q(z_1)-1) \frac{1}{z_1} \sum_{j=2}^{N_1} (1-\varepsilon_j) P_j(z_j) + \gamma_i(q(w_1)-1) \frac{1}{w_1} \cdot \sum_{j=2}^{N_2} (1-\eta_j) Q_j(w_j) \Big] +$$

$$\Delta_2 \Big\{ |z_1|^2 q(z_1) + |z_1|^2 [q(z_1) - \lambda] \frac{1}{z_1} \sum_{j=2}^{N_1} (1-\varepsilon_j) P_j(z_j) +$$

$$\sum_{j=2}^{N_1}|z_j|^2\Big[1-\frac{1}{\varepsilon_j}+\frac{1}{\varepsilon_j}q(z_1)+\frac{1}{\varepsilon_j}(q(z_1)-1)\frac{1}{z_1}\sum_{k=2}^{N_1}(1-\varepsilon_k)P_k(z_k)\Big]\Big\}+$$

$$\Delta_3\Big\{|w_1|^2 q(w_1)+|w_1|^2[q(w_1)-\lambda]\frac{1}{w_1}\cdot\sum_{j=2}^{N_2}(1-\eta_j)Q_j(w_j)+$$

$$\sum_{j=2}^{N_2}|w_j|^2\Big[1-\frac{1}{\eta_j}+\frac{1}{\eta_j}q(w_1)+\frac{1}{\eta_j}(q(w_1)-1)\frac{1}{w_1}\sum_{k=2}^{N_2}(1-\eta_k)Q_k(w_k)\Big]\Big\}$$

$$=\Delta_1\Big[1-\delta_i-\gamma_i+\delta_i q(z_1)+\gamma_i q(w_1)+\delta_i(q(z_1)-1)\frac{1}{z_1}\sum_{j=2}^{N_1}(1-\varepsilon_j)P_j(z_j)+$$

$$\gamma_i(q(w_1)-1)\frac{1}{w_1}\cdot\sum_{j=2}^{N_2}(1-\eta_j)Q_j(w_j)\Big]+$$

$$\Delta_2\Big\{|z_1|^2 q(z_1)+|z_1|^2[(q(z_1)-1)+(1-\lambda)]\frac{1}{z_1}\sum_{j=2}^{N_1}(1-\varepsilon_j)P_j(z_j)+$$

$$\sum_{j=2}^{N_1}|z_j|^2\Big[1-\frac{1}{\varepsilon_j}+\frac{1}{\varepsilon_j}q(z_1)+\frac{1}{\varepsilon_j}(q(z_1)-1)\frac{1}{z_1}\sum_{k=2}^{N_1}(1-\varepsilon_k)P_k(z_k)\Big]\Big\}+$$

$$\Delta_3\Big\{|w_1|^2 q(w_1)+|w_1|^2[(q(w_1)-1)+(1-\lambda)]\frac{1}{w_1}\sum_{j=2}^{N_2}(1-\eta_j)Q_j(w_j)+$$

$$\sum_{j=2}^{N_2}|w_j|^2\Big[1-\frac{1}{\eta_j}+\frac{1}{\eta_j}q(w_1)+\frac{1}{\eta_j}(q(w_1)-1)\frac{1}{w_1}\sum_{k=2}^{N_2}(1-\eta_k)Q_k(w_k)\Big]\Big\}。$$

由于 ε_j 及 $\eta_j\geqslant 4$，则

$$\begin{cases}\dfrac{s_i\delta_i}{l}(1-\|z\|^2)+|z_1|^2+\sum_{j=2}^{N_1}\dfrac{|z_j|^2}{\varepsilon_j}\leqslant\dfrac{s_i\delta_i}{l}+\Big(1-\dfrac{s_i\delta_i}{l}\Big)\|z\|^2\leqslant a,\\ \dfrac{s_i\gamma_i}{t}(1-\|w\|^2)+|w_1|^2+\sum_{j=2}^{N_2}\dfrac{|w_j|^2}{\eta_j}\leqslant\dfrac{s_i\gamma_i}{t}+\Big(1-\dfrac{s_i\gamma_i}{t}\Big)\|w\|^2\leqslant b,\end{cases}$$

(3.3.4)

其中，

$$a=\max_{1\leqslant i\leqslant r}\Big\{1,\frac{s_i\delta_i}{l}\Big\},\ b=\max_{1\leqslant i\leqslant r}\Big\{1,\frac{s_i\gamma_i}{t}\Big\}。$$

另外，由 $(\boldsymbol{\xi},z,w)\in\partial\Omega_N$ 知 $\sum_{i=1}^{r}\|\boldsymbol{\xi}_{(i)}\|^{2s_i}=(1-\|z\|^2)^l(1-\|w\|^2)^t$，则

$$\Delta_2 = \frac{l}{1-\|z\|^2}\sum_{i=1}^{r}\|\boldsymbol{\xi}_{(i)}\|^{2s_i}, \Delta_3 = \frac{t}{1-\|w\|^2}\sum_{i=1}^{r}\|\boldsymbol{\xi}_{(i)}\|^{2s_i}\,。 \quad (3.3.5)$$

由 $\delta_i + \gamma_i \in [0,1]$，$\varepsilon_j, \eta_j \geq 4$ 及式 (3.3.3) 至式 (3.3.5) 得

$(\Delta_1 + \|z\|^2 \Delta_2 + \|w\|^2 \Delta_3)$

$\mathrm{Re}\left[(1-\lambda)\dfrac{2}{\rho(\boldsymbol{\xi},z,w)}\dfrac{\partial \rho(\boldsymbol{\xi},z,w)}{\partial(\boldsymbol{\xi},z,w)}(DF(\boldsymbol{\xi},z,w))^{-1}F(\boldsymbol{\xi},z,w)+\lambda\right]$

$\geq \Delta_1\Big[1-\delta_i-\gamma_i-\delta_i\dfrac{2}{1-|z_1|}\sum_{j=2}^{N_1}(\varepsilon_j-1)|P_j(z_j)|-$

$\gamma_i\dfrac{2}{1-|w_1|}\sum_{j=2}^{N_2}(\eta_j-1)|Q_j(w_j)|\Big]+$

$\Delta_2\bigg\{-|z_1|\Big(\dfrac{2|z_1|}{1-|z_1|}+|1-\lambda|\Big)\sum_{j=2}^{N_1}(\varepsilon_j-1)|P_j(z_j)|+$

$\sum_{j=2}^{N_1}|z_j|^2\Big[1-\dfrac{1}{\varepsilon_j}-\dfrac{1}{\varepsilon_j}\dfrac{2}{1-|z_1|}\sum_{k=2}^{N_1}(\varepsilon_k-1)|P_k(z_k)|\Big]\bigg\}+$

$\Delta_3\bigg\{-|w_1|\Big(\dfrac{2|w_1|}{1-|w_1|}+|1-\lambda|\Big)\sum_{j=2}^{N_2}(\eta_j-1)|Q_j(w_j)|+$

$\sum_{j=2}^{N_2}|w_j|^2\Big[1-\dfrac{1}{\eta_j}-\dfrac{1}{\eta_j}\dfrac{2}{1-|w_1|}\sum_{k=2}^{N_2}(\eta_k-1)|Q_k(w_k)|\Big]\bigg\}$

$=\sum_{i=1}^{r}\|\boldsymbol{\xi}_{(i)}\|^{2s_i}\bigg\{s_i(1-\delta_i-\gamma_i)+\dfrac{l}{1-\|z\|^2}\bigg\{\sum_{j=2}^{N_1}(\varepsilon_j-1)\dfrac{|z_j|^2}{\varepsilon_j}-$

$\dfrac{2}{1-|z_1|}\sum_{j=2}^{N_1}(\varepsilon_j-1)|P_j(z_j)|\cdot\Big[\dfrac{s_i\delta_i}{l}(1-\|z\|^2)+$

$|z_1|^2+\dfrac{|1-\lambda|}{2}|z_1|(1-|z_1|)+\sum_{j=2}^{N_1}\dfrac{|z_j|^2}{\varepsilon_j}\Big]\bigg\}+$

$\dfrac{t}{1-\|w\|^2}\bigg\{\sum_{j=2}^{N_2}(\eta_j-1)\dfrac{|w_j|^2}{\eta_j}-\dfrac{2}{1-|w_1|}\sum_{j=2}^{N_2}(\eta_j-1)|Q_j(w_j)|\cdot$

$\Big[\dfrac{s_i\gamma_i}{t}(1-\|w\|^2)+|w_1|^2+\dfrac{|1-\lambda|}{2}|w_1|(1-|w_1|)+\sum_{j=2}^{N_2}\dfrac{|w_j|^2}{\eta_j}\Big]\bigg\}\bigg\}$

$$\geqslant \sum_{i=1}^{r} \|\boldsymbol{\xi}_{(i)}\|^{2s_i} \Big\{ s_i(1 - \delta_i - \gamma_i) +$$

$$\frac{l}{1 - \|z\|^2} \sum_{j=2}^{N_1} (\varepsilon_j - 1) |z_j|^2 \Big(\frac{1}{\varepsilon_j} - \frac{2|z_j|^2}{1 - |z_1|} \|P_j\| \frac{8a + |1 - \lambda|}{8} \Big) +$$

$$\frac{t}{1 - \|w\|^2} \sum_{j=2}^{N_2} (\eta_j - 1) |w_j|^2 \Big(\frac{1}{\eta_j} - \frac{2|w_j|^2}{1 - |w_1|} \|Q_j\| \frac{8b + |1 - \lambda|}{8} \Big) \Big\}$$

$$\geqslant \sum_{i=1}^{r} \|\boldsymbol{\xi}_{(i)}\|^{2s_i} \Big\{ s_i(1 - \delta_i - \gamma_i) + \frac{l}{1 - \|z\|^2} \sum_{j=2}^{N_1} (\varepsilon_j - 1) |z_j|^2 \Big(\frac{1}{\varepsilon_j} - \frac{8a + |1 - \lambda|}{2} \|P_j\| \Big) +$$

$$\frac{t}{1 - \|w\|^2} \sum_{j=2}^{N_2} (\eta_j - 1) |w_j|^2 \Big(\frac{1}{\eta_j} - \frac{8b + |1 - \lambda|}{2} \|Q_j\| \Big) \Big\}$$

$$\geqslant 0,$$

上式中最后一个不等式是由于

$$\|P_j\| \leqslant \frac{2}{(8a + |1 - \lambda|)\varepsilon_j}, \quad \|Q_j\| \leqslant \frac{2}{(8b + |1 - \lambda|)\eta_j},$$

于是定理 3.3.1 得证。

由定理 3.3.1 可得以下关于 $\mathbb{C}^n$ 中单位球 B^n 上的结论。

推论 3.3.2 令 $f(z_1)$ 是 D 上的复数 λ 阶殆星形函数，$\lambda \in \mathbb{C}$ 且 $\mathrm{Re}\,\lambda \leqslant 0$。令

$$F(z) = \Big(f(z_1) + \frac{f(z_1)}{z_1} \sum_{j=2}^{n} P_j(z_j), \Big(\frac{f(z_1)}{z_1} \Big)^{\frac{1}{\varepsilon_2}} z_2, \cdots, \Big(\frac{f(z_1)}{z_1} \Big)^{\frac{1}{\varepsilon_n}} z_n \Big)',$$

其中，$\varepsilon_j \geqslant 4 (j = 2, 3, \cdots, n)$ 且幂函数选取主值支。若

$$\|P_j\| \leqslant \frac{2}{(8 + |1 - \lambda|)\varepsilon_j},$$

则 $F(z)$ 是 B^n 上的复数 λ 阶殆星形映照。

注 在定理 3.3.1 和推论 3.3.2 中令 $\lambda = \dfrac{\alpha}{\alpha - 1}$ ($\alpha \in [0,1)$)，则得到相应的关于 α 阶殆星形映照的结论。

3.3.2 α 次殆 β 型螺形映照的不变性

定理 3.3.3 令 $f(z_1)$ 是 D 上的 α 次殆 β 型螺形函数，$\alpha \in [0,1)$，$\beta \in \left(-\dfrac{\pi}{2}, \dfrac{\pi}{2}\right)$。令 $F(\boldsymbol{\xi}, z, w)$ 是由式（3.2.1）所定义的函数且

$$\delta_i, \gamma_i, \delta_i + \gamma_i \in [0,1] \, (i = 1,2,\cdots,r),$$
$$\varepsilon_j \geqslant 4 \, (j = 2,3,\cdots,N_1), \eta_j \geqslant 4 \, (j = 2,3,\cdots,N_2),$$

其中，幂函数选取主值支。若

$$\|P_j\| \leqslant \frac{2(1-\alpha)\cos\beta}{[1+8a(1-\alpha)\cos\beta]\varepsilon_j}, \quad \|Q_j\| \leqslant \frac{2(1-\alpha)\cos\beta}{[1+8b(1-\alpha)\cos\beta]\eta_j},$$

其中，

$$a = \max_{1 \leqslant i \leqslant r}\left\{1, \frac{s_i\delta_i}{l}\right\}, \quad b = \max_{1 \leqslant i \leqslant r}\left\{1, \frac{s_i\gamma_i}{t}\right\},$$

则 $F(\boldsymbol{\xi}, z, w)$ 是 Ω_N 上的 α 次殆 β 型螺形映照。

证明 由定义 3.2.2，只需证

$$\mathrm{Re}\left[\mathrm{e}^{-\mathrm{i}\beta}\frac{2}{\rho(\boldsymbol{\xi},z,w)}\frac{\partial\rho(\boldsymbol{\xi},z,w)}{\partial(\boldsymbol{\xi},z,w)}(DF(\boldsymbol{\xi},z,w))^{-1}F(\boldsymbol{\xi},z,w) - \alpha\cos\beta\right] \geqslant 0 \text{。}$$

$$(3.3.6)$$

类似于定理 3.3.1 的证明，由调和函数的最小值原理只需证式（3.3.6）在 $(\boldsymbol{\xi}, z, w) \in \partial\Omega_N$ 时成立，此时 $\rho(\boldsymbol{\xi}, z, w) = 1$。

令

$$q(z_1) = \mathrm{e}^{-\mathrm{i}\beta}\frac{f(z_1)}{z_1 f'(z_1)} - \alpha\cos\beta \text{。} \quad (3.3.7)$$

由于 $f(z_1)$ 是 D 上的 α 次殆 β 型螺形函数，则

$$\mathrm{Re}\, q(z_1) \geqslant 0, \quad q(0) = (1-\alpha)\cos\beta - \mathrm{i}\sin\beta \text{。}$$

于是

$$\left|\frac{q(z_1) - [(1-\alpha)\cos\beta - \mathrm{i}\sin\beta]}{q(z_1) + [(1-\alpha)\cos\beta - \mathrm{i}\sin\beta]}\right| < 1 \text{。}$$

由 Schwarz 引理得

$$\left|\frac{q(z_1) - [(1-\alpha)\cos\beta - i\sin\beta]}{q(z_1) + [(1-\alpha)\cos\beta - i\sin\beta]}\right| < |z_1|,$$

从而

$$|q(z_1) - [(1-\alpha)\cos\beta - i\sin\beta]| \leq \frac{2(1-\alpha)\cos\beta |z_1|}{1-|z_1|},$$

即

$$|q(z_1) - (e^{-i\beta} - \alpha\cos\beta)| \leq \frac{2(1-\alpha)\cos\beta |z_1|}{1-|z_1|}. \tag{3.3.8}$$

应用引理 3.2.2 和式 (3.3.7) 得

$$(\Delta_1 + \|z\|^2 \Delta_2 + \|w\|^2 \Delta_3) \cdot$$

$$\left[e^{-i\beta} \frac{2}{\rho(\boldsymbol{\xi},z,w)} \frac{\partial \rho(\boldsymbol{\xi},z,w)}{\partial(\boldsymbol{\xi},z,w)} (DF(\boldsymbol{\xi},z,w))^{-1} F(\boldsymbol{\xi},z,w) - \alpha\cos\beta \right]$$

$$= e^{-i\beta} H - \alpha\cos\beta (\Delta_1 + \|z\|^2 \Delta_2 + \|w\|^2 \Delta_3)$$

$$= \Delta_1 \left\{ e^{-i\beta} - \alpha\cos\beta + \delta_i [q(z_1) - (e^{-i\beta} - \alpha\cos\beta)] \left[1 + \frac{1}{z_1}\sum_{j=2}^{N_1}(1-\varepsilon_j)P_j(z_j)\right] + \right.$$

$$\left. \gamma_i [q(w_1) - (e^{-i\beta} - \alpha\cos\beta)] \left[1 + \frac{1}{w_1}\sum_{j=2}^{N_2}(1-\eta_j)Q_j(w_j)\right] \right\} +$$

$$\Delta_2 \left\{ |z_1|^2 q(z_1) + |z_1|^2 [q(z_1) + \alpha\cos\beta] \frac{1}{z_1} \sum_{j=2}^{N_1}(1-\varepsilon_j)P_j(z_j) + \right.$$

$$\sum_{j=2}^{N_1} |z_j|^2 \left[e^{-i\beta} - \alpha\cos\beta + \frac{1}{\varepsilon_j}(q(z_1) - (e^{-i\beta} - \alpha\cos\beta)) \right] \cdot$$

$$\left. \left(1 + \frac{1}{z_1}\sum_{j=2}^{N_1}(1-\varepsilon_j)P_j(z_j)\right) \right] \right\} +$$

$$\Delta_3 \left\{ |w_1|^2 q(w_1) + |w_1|^2 [q(w_1) + \alpha\cos\beta] \frac{1}{w_1} \sum_{j=2}^{N_2}(1-\eta_j)Q_j(w_j) + \right.$$

$$\left. \sum_{j=2}^{N_2} |w_j|^2 \left[e^{-i\beta} - \alpha\cos\beta + \frac{1}{\eta_j}(q(w_1) - (e^{-i\beta} - \alpha\cos\beta)) \right] \left(1 + \frac{1}{w_1}\sum_{j=2}^{N_2}(1-\eta_j)Q_j(w_j)\right) \right] \right\}$$

$$= \Delta_1 \left\{ (e^{-i\beta} - \alpha\cos\beta)(1 - \delta_i - \gamma_i) + \delta_i q(z_1) + \gamma_i q(w_1) + \right.$$

$$\delta_i [q(z_1) - (e^{-i\beta} - \alpha\cos\beta)] \frac{1}{z_1} \sum_{j=2}^{N_1} (1 - \varepsilon_j) P_j(z_j) +$$

$$\left. \gamma_i [q(w_1) - (e^{-i\beta} - \alpha\cos\beta)] \frac{1}{w_1} \sum_{j=2}^{N_2} (1 - \eta_j) Q_j(w_j) \right\} +$$

$$\Delta_2 \left\{ |z_1|^2 q(z_1) + [(q(z_1) - (e^{-i\beta} - \alpha\cos\beta)) + e^{-i\beta}] \frac{|z_1|^2}{z_1} \sum_{j=2}^{N_1} (1 - \varepsilon_j) P_j(z_j) + \right.$$

$$\sum_{j=2}^{N_1} |z_j|^2 \cdot \left[\frac{1}{\varepsilon_j} q(z_1) + (e^{-i\beta} - \alpha\cos\beta)\left(1 - \frac{1}{\varepsilon_j}\right) + \right.$$

$$\left. \left. \frac{1}{\varepsilon_j} (q(z_1) - (e^{-i\beta} - \alpha\cos\beta)) \frac{1}{z_1} \sum_{j=2}^{N_1} (1 - \varepsilon_j) P_j(z_j) \right] \right\} +$$

$$\Delta_3 \left\{ |w_1|^2 q(w_1) + [(q(w_1) - (e^{-i\beta} - \alpha\cos\beta)) + e^{-i\beta}] \frac{|w_1|^2}{w_1} \sum_{j=2}^{N_2} (1 - \eta_j) Q_j(w_j) + \right.$$

$$\sum_{j=2}^{N_2} |w_j|^2 \cdot \left[\frac{q(w_1)}{\eta_j} + (e^{-i\beta} - \alpha\cos\beta)\left(1 - \frac{1}{\eta_j}\right) + \right.$$

$$\left. \left. \frac{1}{\eta_j} (q(w_1) - (e^{-i\beta} - \alpha\cos\beta)) \frac{1}{w_1} \sum_{j=2}^{N_2} (1 - \eta_j) Q_j(w_j) \right] \right\}.$$

由 $\delta_i + \gamma_i \in [0,1]$，$\varepsilon_j, \eta_j \geq 4$，以及式 (3.3.8)、式 (3.3.4) 和式 (3.3.5) 得

$$(\Delta_1 + \|z\|^2 \Delta_2 + \|w\|^2 \Delta_3) \mathrm{Re} \left[\frac{e^{-i\beta}}{\rho(\xi,z,w)} \frac{2\partial\rho(\xi,z,w)}{\partial(\xi,z,w)} (DF(\xi,z,w))^{-1} F(\xi,z,w) - \alpha\cos\beta \right]$$

$$\geq \Delta_1 \left\{ (1-\alpha)\cos\beta(1 - \delta_i - \gamma_i) - \delta_i \frac{2(1-\alpha)\cos\beta}{1 - |z_1|} \sum_{j=2}^{N_1} (\varepsilon_j - 1) |P_j(z_j)| - \right.$$

$$\left. \gamma_i \frac{2(1-\alpha)\cos\beta}{1 - |w_1|} \cdot \sum_{j=2}^{N_2} (\eta_j - 1) |Q_j(w_j)| \right\} +$$

$$\Delta_2 \left\{ - \left[|z_1|^2 \frac{2(1-\alpha)\cos\beta}{1 - |z_1|} + |z_1| \right] \sum_{j=2}^{N_1} (\varepsilon_j - 1) |P_j(z_j)| + \right.$$

$$\left. \sum_{j=2}^{N_1} |z_j|^2 \left[(1-\alpha) \cdot \cos\beta\left(1 - \frac{1}{\varepsilon_j}\right) - \frac{2(1-\alpha)\cos\beta}{\varepsilon_j(1-|z_1|)} \sum_{j=2}^{N_1} (\varepsilon_j - 1) |P_j(z_j)| \right] \right\} +$$

$$\Delta_3\left\{-\left[|w_1|^2\frac{2(1-\alpha)\cos\beta}{1-|w_1|}+|w_1|\right]\cdot\sum_{j=2}^{N_2}(\eta_j-1)|Q_j(w_j)|+\right.$$

$$\left.\sum_{j=2}^{N_2}|w_j|^2\left[(1-\alpha)\cos\beta\left(1-\frac{1}{\eta_j}\right)-\frac{2(1-\alpha)\cos\beta}{\eta_j(1-|w_1|)}\sum_{j=2}^{N_2}(\eta_j-1)|Q_j(w_j)|\right]\right\}$$

$$\geqslant(1-\alpha)\cos\beta\sum_{i=1}^{r}\|\boldsymbol{\xi}_{(i)}\|^{2s_i}\left\{s_i(1-\delta_i-\gamma_i)+\frac{l}{1-\|z\|^2}\sum_{j=2}^{N_1}(\varepsilon_j-1)|z_j|^2\left[\frac{1}{\varepsilon_j}-\right.\right.$$

$$\left(\frac{s_i\delta_i}{l}(1-\|z\|^2)+|z_1|^2+\frac{|z_1|(1-|z_1|)}{2(1-\alpha)\cos\beta}+\sum_{j=2}^{N_1}\frac{|z_j|^2}{\varepsilon_j}\right)\frac{2|z_j|^2}{1-|z_1|}\|P_j\|\Bigg]+$$

$$\frac{t}{1-\|w\|^2}\sum_{j=2}^{N_2}(\eta_j-1)|w_j|^2\cdot\left[\frac{1}{\eta_j}-\left(\frac{s_i\gamma_i}{t}(1-\|w\|^2)+|w_1|^2+\right.\right.$$

$$\left.\left.\frac{|w_1|(1-|w_1|)}{2(1-\alpha)\cos\beta}+\sum_{j=2}^{N_2}\frac{|w_j|^2}{\eta_j}\right)\frac{2|w_j|^2}{1-|w_1|}\|Q_j\|\Bigg]\right\}$$

$$\geqslant(1-\alpha)\cos\beta\sum_{i=1}^{r}\|\boldsymbol{\xi}_{(i)}\|^{2s_i}\left\{s_i(1-\delta_i-\gamma_i)+\right.$$

$$\frac{l}{1-\|z\|^2}\sum_{j=2}^{N_1}(\varepsilon_j-1)|z_j|^2\left[\frac{1}{\varepsilon_j}-\frac{1+8a(1-\alpha)\cos\beta}{2(1-\alpha)\cos\beta}\|P_j\|\right]+$$

$$\left.\frac{t}{1-\|w\|^2}\sum_{j=2}^{N_2}(\eta_j-1)|w_j|^2\left[\frac{1}{\eta_j}-\frac{1+8b(1-\alpha)\cos\beta}{2(1-\alpha)\cos\beta}\|Q_j\|\right]\right\}$$

$$\geqslant0,$$

其中,

$$\|P_j\|\leqslant\frac{2(1-\alpha)\cos\beta}{[1+8a(1-\alpha)\cos\beta]\varepsilon_j},\quad\|Q_j\|\leqslant\frac{2(1-\alpha)\cos\beta}{[1+8b(1-\alpha)\cos\beta]\eta_j},$$

因此 $F(\boldsymbol{\xi},z,w)$ 是 Ω_N 上的 α 次殆 β 型螺形映照。

由定理 3.3.3 可得以下关于 $\mathbb{C}^n$ 中单位球 B^n 上的结论。

推论 3.3.4 令 $f(z_1)$ 是 D 上的 α 次殆 β 型螺形函数,$\alpha\in[0,1)$,$\beta\in\left(-\frac{\pi}{2},\frac{\pi}{2}\right)$。令

$$F(z)=\left(f(z_1)+\frac{f(z_1)}{z_1}\sum_{j=2}^{n}P_j(z_j),\left(\frac{f(z_1)}{z_1}\right)^{\frac{1}{\varepsilon_2}}z_2,\cdots,\left(\frac{f(z_1)}{z_1}\right)^{\frac{1}{\varepsilon_n}}z_n\right)',$$

其中，$\varepsilon_j \geq 4(j=2,3,\cdots,n)$ 且 $\left(\frac{f(z_1)}{z_1}\right)^{\frac{1}{\varepsilon_j}}\bigg|_{z_1=0} = 1$。若

$$\|P_j\| \leq \frac{2(1-\alpha)\cos\beta}{[1+8(1-\alpha)\cos\beta]\varepsilon_j},$$

则 $F(z)$ 是 B^n 上的 α 次殆 β 型螺形映照。

注 在定理 3.3.3 和推论 3.3.4 中分别令 $\alpha=0$ 和 $\beta=0$，则得到相应的关于 β 型螺形映照和 α 阶殆星形映照的结论。

定理 3.3.5 令 $f(z_1)$ 是 D 上的 α 次殆 β 型螺形函数，$\alpha \in [0,1)$，$\beta \in \left(-\frac{\pi}{2},\frac{\pi}{2}\right)$。令 $F(w,z)$ 是由式（3.2.2）所定义的映照（记 $\Omega^{B^n}_{p_1,\cdots,p_s,q} = \Omega$）且

$$p_i > 1, \delta_i \in [0,1] (i=1,2,\cdots,s),$$
$$\gamma \in \left[0,\frac{1}{2}\right], (f'(z_1))^{\delta_i}\big|_{z_1=0} = 1, (f'(z_1))^\gamma\big|_{z_1=0} = 1。$$

令 $q > \frac{\delta}{(n+1)\gamma}$，其中 $\delta = \max\{p_1\delta_1,\cdots,p_s\delta_s\}$，并令

$$\frac{(1-\gamma)(1-\alpha)\cos\beta}{2\gamma+1} = C。$$

（1）当 $\alpha = \frac{1}{2}$ 时，若 $\gamma \in \left[0,\frac{1}{6}\right]$ 时

$$\sum_{j=2}^{I[4/(2\gamma+1)]} (j-1)\|P_j\| + \sum_{j=I[4/(2\gamma+1)]+1}^{\infty} (j-1)2^{\gamma j-2+\frac{j}{2}}\|P_j\| \leq C, \quad (3.3.9)$$

$\gamma \in \left(\frac{1}{6},\frac{1}{2}\right]$ 时 $P_j = 0\left(j > \frac{4}{6\gamma-1}\right)$ 且式（3.3.9）成立，则 $F(w,z)$ 是 Ω 上的 α 次殆 β 型螺形映照。

（2）当 $\alpha = 0$ 时，若 $\gamma \in \left[0,\frac{1}{6}\right]$ 时

$$\sum_{j=2}^{I[4/(2\gamma+1)]} (j-1)\|P_j\|(\cos\beta)^{1-\gamma j} +$$
$$\sum_{j=I[4/(2\gamma+1)]+1}^{\infty} (j-1)2^{\gamma j-2+\frac{j}{2}}\|P_j\|(\cos\beta)^{1-\gamma j} \leq C, \quad (3.3.10)$$

第3章 多复变数空间中的 Roper-Suffridge 算子

$\gamma \in \left(\frac{1}{6}, \frac{1}{2}\right]$ 时，$P_j = 0 \left(j > \frac{4}{6\gamma - 1}\right)$ 且式 (3.3.10) 成立，则 $F(w,z)$ 是 Ω 上的 β 型螺形映照。

(3) 当 $\alpha \in \left(0, \frac{3}{4}\right) \setminus \left\{\frac{1}{2}\right\}$ 时，若

$$\sum_{j=2}^{I[1/\gamma]} (j-1)\|P_j\| 2^{\frac{j}{2}-1}(\cos\beta)^{1-\gamma j} + $$

$$\sum_{j=I[1/\gamma]+1}^{\infty} (j-1)\|P_j\| 2^{\gamma j-2+\frac{j}{2}}(\cos\beta)^{1-\gamma j}(2\alpha)^{(\frac{2(\alpha-1)}{2\alpha-1}+1)(1-\gamma j)} \leqslant C,$$

则 $F(w,z)$ 是 Ω 上的 α 次殆 β 型螺形映照。

(4) 当 $\alpha \in \left[\frac{3}{4}, 1\right)$ 时，若

$$\sum_{j=2}^{I[1/\gamma]} (j-1)\|P_j\| 2^{\frac{j}{2}-1}(\cos\beta)^{1-\gamma j}(2\alpha)^{\left[\frac{2(\alpha-1)}{2\alpha-1}+1\right](1-\gamma j)} + $$

$$\sum_{j=I[1/\gamma]+1}^{\infty} (j-1)\|P_j\| 2^{\gamma j-2+\frac{j}{2}}(\cos\beta)^{1-\gamma j} \leqslant C,$$

则 $F(w,z)$ 是 Ω 上的 α 次殆 β 型螺形映照。

证明 由于 $f(z_1)$ 在 D 上全纯，则 $F(w,z)$ 在 Ω 上全纯。由 $|DF(w,z)| \neq 0$ 知 $F(w,z)$ 在 Ω 上局部双全纯。由定义 3.1.2，只需证

$$\mathrm{Re}\left[\mathrm{e}^{-\mathrm{i}\beta}\frac{2}{\rho(w,z)}\frac{\partial\rho(w,z)}{\partial(w,z)}(DF(w,z))^{-1}F(w,z) - \alpha\cos\beta\right] \geqslant 0 \text{。}$$

(3.3.11)

显然，当 $w = \mathbf{0}, z_0 = \mathbf{0}$ 时式 (3.3.11) 成立，否则，令 $(w,z) = \zeta(\boldsymbol{\xi},\boldsymbol{\eta}) = |\zeta|\mathrm{e}^{\mathrm{i}\theta}(\boldsymbol{\xi},\boldsymbol{\eta})$，其中 $(\boldsymbol{\xi},\boldsymbol{\eta}) \in \partial\Omega$，$\zeta \in \overline{D} \setminus \{0\}$，则由引理 3.2.7 得

$$\frac{2}{\rho(w,z)}\frac{\partial\rho(w,z)}{\partial(w,z)}(DF(w,z))^{-1}F(w,z)$$

$$= \frac{2}{\rho(|\zeta|\mathrm{e}^{\mathrm{i}\theta}(\boldsymbol{\xi},\boldsymbol{\eta}))}\frac{\partial\rho}{\partial(w,z)}(|\zeta|\mathrm{e}^{\mathrm{i}\theta}(\boldsymbol{\xi},\boldsymbol{\eta}))(DF(\zeta\boldsymbol{\xi},\zeta\boldsymbol{\eta}))^{-1}F(\zeta\boldsymbol{\xi},\zeta\boldsymbol{\eta})$$

$$= \frac{2}{|\zeta|}\frac{\mathrm{e}^{-\mathrm{i}\theta}\partial\rho}{\partial(w,z)}(\boldsymbol{\xi},\boldsymbol{\eta})(DF(\zeta\boldsymbol{\xi},\zeta\boldsymbol{\eta}))^{-1}F(\zeta\boldsymbol{\xi},\zeta\boldsymbol{\eta})$$

$$= \frac{2\partial\rho}{\partial(w,z)}(\boldsymbol{\xi},\boldsymbol{\eta})\frac{(DF(\zeta\boldsymbol{\xi},\zeta\boldsymbol{\eta}))^{-1}F(\zeta\boldsymbol{\xi},\zeta\boldsymbol{\eta})}{\zeta} \text{。}$$

如果 ξ,η 固定且 $\dfrac{2\partial\rho}{\partial(w,z)}(\xi,\eta)\dfrac{(DF(\zeta\xi,\zeta\eta))^{-1}F(\zeta\xi,\zeta\eta)}{\zeta}$ 关于 ζ 全纯，则式（3.3.11）的左边是一个调和函数。由调和函数的最小值原理，式（3.3.11）左边的最小值在 $|\zeta|=1$ 时达到。故只需证式（3.3.11）在 $(w,z)\in\partial\Omega$ 时成立，此时 $\rho(w,z)=1$。

令

$$\dfrac{\mathrm{e}^{-\mathrm{i}\beta}\dfrac{f(z_1)}{z_1 f'(z_1)}-\alpha\cos\beta+\mathrm{i}\sin\beta}{(1-\alpha)\cos\beta}=q(z_1)\text{。} \qquad (3.3.12)$$

由于 $f(z_1)$ 是 D 上的 α 次殆 β 型螺形函数，则 $q(z_1)\in H(D)$，$\mathrm{Re}\,q(z_1)>0$，$q(0)=1$ 且

$$\mathrm{e}^{-\mathrm{i}\beta}\dfrac{ff''}{(f')^2}=(1-\alpha)\cos\beta(1-q(z_1)-z_1 q'(z_1))\text{。} \qquad (3.3.13)$$

由引理 3.2.6 和式（3.3.12）、式（3.3.13）得

$(\nabla_1+\nabla_2)\left[\mathrm{e}^{-\mathrm{i}\beta}\dfrac{2\partial\rho(w,z)}{\partial(w,z)}(DF(w,z))^{-1}F(w,z)-\alpha\cos\beta\right]$

$=\mathrm{e}^{-\mathrm{i}\beta}G(w,z)-\alpha\cos\beta(\nabla_1+\nabla_2)$

$=\mathrm{e}^{-\mathrm{i}\beta}\nabla_2-\tilde{\nabla}_2(1-\alpha)\cos\beta(1-q(z_1)-z_1 q'(z_1))-\mathrm{e}^{-\mathrm{i}\beta}\tilde{\nabla}_2\dfrac{f''}{f'}\sum_{j=2}^{\infty}(1-j)(f')^{\gamma j-1}P_j(z_0)+$

$\dfrac{|z_1|^2\nabla_1}{\|z\|^2}\left[(1-\alpha)\cos\beta q(z_1)+\alpha\cos\beta-\mathrm{i}\sin\beta+\dfrac{\mathrm{e}^{-\mathrm{i}\beta}}{z_1}\sum_{j=2}^{\infty}(1-j)(f')^{\gamma j-1}P_j(z_0)\right]-$

$\alpha\cos\beta(\nabla_1+\nabla_2)+\dfrac{\|z_0\|^2\nabla_1}{\|z\|^2}\left[\mathrm{e}^{-\mathrm{i}\beta}-\gamma(1-\alpha)\cos\beta(1-q(z_1)-z_1 q'(z_1))-\right.$

$\left.\mathrm{e}^{-\mathrm{i}\beta}\dfrac{\gamma f''}{f'}\sum_{j=2}^{\infty}(1-j)(f')^{\gamma j-1}P_j(z_0)\right]$

$=\left[(1-\gamma)(1-\alpha)\cos\beta-\mathrm{i}\sin\beta\right]\dfrac{\|z_0\|^2\nabla_1}{\|z\|^2}+$

$(1-\alpha)\cos\beta(\nabla_2-\tilde{\nabla}_2)-\mathrm{i}\sin\beta\left(\nabla_2+\dfrac{|z_1|^2\nabla_1}{\|z\|^2}\right)+$

$$\mathrm{e}^{-\mathrm{i}\beta}\frac{\nabla_1}{\|z\|^2}\sum_{j=2}^{\infty}(1-j)(f')^{\gamma j-1}P_j(z_0)\Big[\overline{z_1}-\frac{f''}{f'}\Big(\gamma\|z_0\|^2+\frac{\widetilde{\nabla}_2}{\nabla_1}\|z\|^2\Big)\Big]+$$

$$(1-\alpha)\cos\beta\Big[\Big(\widetilde{\nabla}_2+\frac{\nabla_1}{\|z\|^2}(|z_1|^2+\gamma\|z_0\|^2)\Big)q(z_1)+$$

$$\Big(\widetilde{\nabla}_2+\frac{\gamma\|z_0\|^2}{\|z\|^2}\nabla_1\Big)z_1q'(z_1)\Big],$$

其中，$\widetilde{\nabla}_2=\sum_{k=1}^{s}\delta_k p_k\|w_{(k)}\|^{2p_k}$ 且

$$G(w,z)=\sum_{k=1}^{s}p_k\|w_{(k)}\|^{2p_k}\Big[1-\frac{\delta_k f''}{f'}\Big(\frac{f}{f'}+\sum_{j=2}^{\infty}(1-j)(f')^{\gamma j-1}P_j(z_0)\Big)\Big]+$$

$$\frac{|z_1|^2\nabla_1}{\|z\|^2}\Big[\frac{f}{z_1 f'}+\frac{1}{z_1}\sum_{j=2}^{\infty}(1-j)(f')^{\gamma j-1}P_j(z_0)\Big]+$$

$$\frac{\|z_0\|^2\nabla_1}{\|z\|^2}\Big[1-\frac{\gamma f''}{f'}\Big(\frac{f}{f'}+\sum_{j=2}^{\infty}(1-j)(f')^{\gamma j-1}P_j(z_0)\Big)\Big]。$$

令

$$(\nabla_1+\nabla_2)\mathrm{Re}\Big[\mathrm{e}^{-\mathrm{i}\beta}\frac{2\partial\rho(w,z)}{\partial(w,z)}(DF(w,z))^{-1}F(w,z)-\alpha\cos\beta\Big]=X,$$

则由引理 3.2.10 至引理 3.2.12 得

$$X=(1-\gamma)(1-\alpha)\cos\beta\frac{\|z_0\|^2\nabla_1}{\|z\|^2}+(1-\alpha)\cos\beta(\nabla_2-\widetilde{\nabla}_2)+$$

$$\mathrm{Re}\Big\{\mathrm{e}^{-\mathrm{i}\beta}\frac{\nabla_1}{\|z\|^2}\sum_{j=2}^{\infty}(1-j)(f')^{\gamma j-1}P_j(z_0)\Big[\overline{z_1}-\frac{f''}{f'}\Big(\gamma\|z_0\|^2+\frac{\widetilde{\nabla}_2}{\nabla_1}\|z\|^2\Big)\Big]\Big\}+$$

$$(1-\alpha)\cos\beta\Big[\Big(\widetilde{\nabla}_2+\frac{\nabla_1}{\|z\|^2}(|z_1|^2+\gamma\|z_0\|^2)\Big)\mathrm{Re}q(z_1)+$$

$$\Big(\widetilde{\nabla}_2+\frac{\gamma\|z_0\|^2}{\|z\|^2}\nabla_1\Big)\mathrm{Re}(z_1q'(z_1))\Big]$$

$$\geqslant(1-\gamma)(1-\alpha)\cos\beta\frac{\|z_0\|^2\nabla_1}{\|z\|^2}+(1-\alpha)\cos\beta(\nabla_2-\widetilde{\nabla}_2)-$$

$$\frac{\nabla_1}{\|z\|^2}\sum_{j=2}^{\infty}(j-1)|f'|^{\gamma j-1}\|P_j\|\|z_0\|^j\Big|\overline{z_1}-\frac{f''}{f'}\Big(\gamma\|z_0\|^2+\frac{\widetilde{\nabla}_2}{\nabla_1}\|z\|^2\Big)\Big|+$$

$$(1-\alpha)\cos\beta \mathrm{Re}q(z_1)\left[\left(\tilde{\nabla}_2 + \frac{\gamma\|z_0\|^2}{\|z\|^2}\nabla_1\right)\frac{1-2|z_1|-|z_1|^2}{1-|z_1|^2} + \frac{|z_1|^2}{\|z\|^2}\nabla_1\right]$$

$$\geq (2\gamma+1)\frac{\|z_0\|^2\nabla_1}{\|z\|^2}\left[\frac{(1-\gamma)(1-\alpha)\cos\beta}{2\gamma+1} - \sum_{j=2}^{\infty}(j-1)|f'|^{\gamma j-1}\|P_j\|(1-|z_1|^2)^{\frac{j}{2}-1}\right]。$$

$$(3.3.14)$$

(1) 当 $\alpha = \frac{1}{2}$ 时，对于式（3.3.14）应用引理 3.2.14 得

$$X \geq (2\gamma+1)\frac{\|z_0\|^2\nabla_1}{\|z\|^2}\left[\frac{(1-\gamma)(1-\alpha)\cos\beta}{2\gamma+1} - \right.$$

$$\left.\sum_{j=2}^{\infty}(j-1)\|P_j\|(1+|z_1|)^{\gamma j-2+\frac{j}{2}}(1-|z_1|)^{2-3\gamma j+\frac{j}{2}}\right]。$$

显然

$$\gamma j - 2 + \frac{j}{2} \geq 0 \Leftrightarrow j \geq \frac{4}{2\gamma+1},\ 2 - 3\gamma j + \frac{j}{2} \geq 0 \Leftrightarrow (6\gamma-1)j \leq 4。$$

当 $\gamma \in \left[0, \frac{1}{6}\right]$ 时 $2 - 3\gamma j + \frac{j}{2} \geq 0$，于是在式（3.3.9）的条件下 $X \geq 0$。

当 $\gamma \in \left(\frac{1}{6}, \frac{1}{2}\right]$ 时，由于 $\frac{4}{2\gamma+1} \leq \frac{4}{6\gamma-1}$，则当 $P_j = 0\left(j > \frac{4}{6\gamma-1}\right)$ 且式（3.3.9）成立时 $X \geq 0$。

(2) 当 $\alpha \neq \frac{1}{2}$ 时，对于式（3.3.14）应用引理 3.2.13 得

$$X \geq (2\gamma+1)\frac{\|z_0\|^2\nabla_1}{\|z\|^2}\left\{\frac{(1-\gamma)(1-\alpha)\cos\beta}{2\gamma+1} - \right.$$

$$\sum_{j=2}^{\infty}(j-1)\|P_j\|(1+|z_1|)^{\gamma j-2+\frac{j}{2}}(1-|z_1|)^{\frac{j}{2}-1}$$

$$\left.(\cos\beta)^{1-\gamma j}\left[1-(1-2\alpha)|z_1|\right]^{\left[\frac{2(\alpha-1)}{2\alpha-1}+1\right](1-\gamma j)}\right\}。\quad (3.3.15)$$

当 $\alpha = 0$ 时式（3.3.15）简化为：

$$X \geq (2\gamma+1)\frac{\|z_0\|^2\nabla_1}{\|z\|^2}\left[\frac{(1-\gamma)\cos\beta}{2\gamma+1} - \right.$$

$$\sum_{j=2}^{\infty}(j-1)\|P_j\|(1+|z_1|)^{\gamma j-2+\frac{j}{2}}(1-|z_1|)^{2-3\gamma j+\frac{j}{2}}(\cos\beta)^{1-\gamma j}\Big]。$$

与（1）同理可得结论成立。

(3) 当 $\alpha \in \left(0,\frac{3}{4}\right)\setminus\left\{\frac{1}{2}\right\}$ 时，式（3.3.15）简化为：

$$X \geqslant (2\gamma+1)\frac{\|z_0\|^2 \nabla_1}{\|z\|^2}\Big\{\frac{(1-\gamma)(1-\alpha)\cos\beta}{2\gamma+1} -$$

$$\Big[\sum_{j=2}^{I[1/\gamma]}(j-1)\|P_j\|2^{\frac{j}{2}-1}(\cos\beta)^{1-\gamma j} +$$

$$\sum_{j=I[1/\gamma]+1}^{\infty}(j-1)\|P_j\|2^{\gamma j-2+\frac{j}{2}}(\cos\beta)^{1-\gamma j}(2\alpha)^{\left(\frac{2(\alpha-1)}{2\alpha-1}+1\right)(1-\gamma j)}\Big]\Big\}。$$

(4) 当 $\alpha \in \left[\frac{3}{4},1\right)$ 时，式（3.3.15）简化为：

$$X \geqslant (2\gamma+1)\frac{\|z_0\|^2 \nabla_1}{\|z\|^2}\Big\{\frac{(1-\gamma)(1-\alpha)\cos\beta}{2\gamma+1} -$$

$$\Big[\sum_{j=2}^{I[1/\gamma]}(j-1)\|P_j\|2^{\frac{j}{2}-1}(\cos\beta)^{1-\gamma j}\cdot(2\alpha)^{\left[\frac{2(\alpha-1)}{2\alpha-1}+1\right](1-\gamma j)} +$$

$$\sum_{j=I[1/\gamma]+1}^{\infty}(j-1)\|P_j\|2^{\gamma j-2+\frac{j}{2}}(\cos\beta)^{1-\gamma j}\Big]\Big\}。$$

由上述（1）至（4）可知定理 3.3.5 得证。

注 在定理 3.3.5 中令 $\beta=0$，则得到相应的关于 α 阶殆星形映照的结论。如果只考虑式（3.2.2）中的后 n 个元素，则得到 Roper-Suffridge 延拓算子（3.2.3），该算子在参考文献 [25] 中被证明在单位球 B^n 上保持 α 次殆 β 型螺形性。由此可见延拓算子（3.2.2）和式（3.2.3）具有同样的保持 α 次殆 β 型螺形映照的性质。

3.3.3 ρ 次抛物型 β 型螺形映照的不变性

定理 3.3.6 令 $f(z_1)$ 是 D 上的 ρ 次抛物型 β 型螺形函数，$\rho \in [0,1)$，

$\beta \in \left(-\dfrac{\pi}{2}, \dfrac{\pi}{2}\right)$。令 $F(\boldsymbol{\xi}, z, \boldsymbol{w})$ 是由式（3.2.1）所定义的函数，且

$$\delta_i, \gamma_i, \delta_i + \gamma_i \in [0,1] (i=1,2,\cdots,r),$$

$$\varepsilon_j \geq 4 (j=2,3,\cdots,N_1), \eta_j \geq 4 (j=2,3,\cdots,N_2),$$

其中，幂函数选取主值支。若 $\rho < \cos\beta$ 且

$$\|P_j\| \leq \dfrac{2(\cos\beta - \rho)}{[1 + 8a(\cos\beta - \rho)]\varepsilon_j}, \quad \|Q_j\| \leq \dfrac{2(\cos\beta - \rho)}{[1 + 8b(\cos\beta - \rho)]\eta_j},$$

其中

$$a = \max_{1 \leq i \leq r}\left\{1, \dfrac{s_i \delta_i}{l}\right\}, \quad b = \max_{1 \leq i \leq r}\left\{1, \dfrac{s_i \gamma_i}{t}\right\},$$

则 $F(\boldsymbol{\xi}, z, \boldsymbol{w})$ 是 Ω_N 上的 ρ 次抛物型 β 型螺形映照。

证明 由定义 3.2.3 可知只需证

$$\left| \mathrm{e}^{-\mathrm{i}\beta} \dfrac{2}{\rho(\boldsymbol{\xi}, z, \boldsymbol{w})} \dfrac{\partial \rho(\boldsymbol{\xi}, z, \boldsymbol{w})}{\partial(\boldsymbol{\xi}, z, \boldsymbol{w})} (DF(\boldsymbol{\xi}, z, \boldsymbol{w}))^{-1} F(\boldsymbol{\xi}, z, \boldsymbol{w}) - (1 - \mathrm{i}\sin\beta) \right|$$

$$< (1 - 2\rho) + \mathrm{Re}\left[\mathrm{e}^{-\mathrm{i}\beta} \dfrac{2}{\rho(\boldsymbol{\xi}, z, \boldsymbol{w})} \dfrac{\partial \rho(\boldsymbol{\xi}, z, \boldsymbol{w})}{\partial(\boldsymbol{\xi}, z, \boldsymbol{w})} (DF(\boldsymbol{\xi}, z, \boldsymbol{w}))^{-1} F(\boldsymbol{\xi}, z, \boldsymbol{w}) \right]。$$

(3.3.16)

类似于定理 3.3.1 的证明，

$$\mathrm{e}^{-\mathrm{i}\beta} \dfrac{2}{\rho(\boldsymbol{\xi}, z, \boldsymbol{w})} \dfrac{\partial \rho(\boldsymbol{\xi}, z, \boldsymbol{w})}{\partial(\boldsymbol{\xi}, z, \boldsymbol{w})} (DF(\boldsymbol{\xi}, z, \boldsymbol{w}))^{-1} F(\boldsymbol{\xi}, z, \boldsymbol{w}) - (1 - \mathrm{i}\sin\beta)$$

是全纯函数，则

$$\mathrm{Re}\left[\mathrm{e}^{-\mathrm{i}\beta} \dfrac{2}{\rho(\boldsymbol{\xi}, z, \boldsymbol{w})} \dfrac{\partial \rho(\boldsymbol{\xi}, z, \boldsymbol{w})}{\partial(\boldsymbol{\xi}, z, \boldsymbol{w})} (DF(\boldsymbol{\xi}, z, \boldsymbol{w}))^{-1} F(\boldsymbol{\xi}, z, \boldsymbol{w}) \right]$$

是调和的。由全纯函数的最大模原理和调和函数的最小值原理，只需证式 (3.3.16) 在 $(\boldsymbol{\xi}, z, \boldsymbol{w}) \in \partial\Omega_N$ 时成立，此时 $\rho(\boldsymbol{\xi}, z, \boldsymbol{w}) = 1$。

令

$$q(z_1) = \mathrm{e}^{-\mathrm{i}\beta} \dfrac{f(z_1)}{z_1 f'(z_1)} - (1 - \mathrm{i}\sin\beta)。 \quad (3.3.17)$$

则

第3章 多复变数空间中的 Roper-Suffridge 算子

$$|q(z_1)| < 2(1-\rho) + \mathrm{Re}q(z_1)。 \quad (3.3.18)$$

由 $q(z_1)$ 的几何性质得 $\mathrm{Re}[q(z_1) + (1-\rho)] > 0$。令 $g(z_1) = q(z_1) + (1-\rho)$，则 $\mathrm{Re}g(z_1) > 0$ 且 $g(0) = \cos\beta - \rho$。于是

$$\left|\frac{g(z_1) - (\cos\beta - \rho)}{g(z_1) + (\cos\beta - \rho)}\right| < 1,$$

由 Schwarz 引理得

$$\left|\frac{g(z_1) - (\cos\beta - \rho)}{g(z_1) + (\cos\beta - \rho)}\right| < |z_1|,$$

则

$$|g(z_1) - (\cos\beta - \rho)| \leq 2(\cos\beta - \rho)\frac{|z_1|}{1-|z_1|},$$

即

$$|q(z_1) + 1 - \cos\beta| \leq 2(\cos\beta - \rho)\frac{|z_1|}{1-|z_1|}。 \quad (3.3.19)$$

应用引理 3.2.2 和式 (3.3.17) 得

$$(\Delta_1 + \|z\|^2\Delta_2 + \|w\|^2\Delta_3) \cdot$$

$$\left[\mathrm{e}^{-\mathrm{i}\beta}\frac{2\partial\rho(\boldsymbol{\xi},z,w)}{\partial(\boldsymbol{\xi},z,w)}(DF(\boldsymbol{\xi},z,w))^{-1}F(\boldsymbol{\xi},z,w) - (1-\mathrm{i}\sin\beta)\right]$$

$$= \mathrm{e}^{-\mathrm{i}\beta}H - (1-\mathrm{i}\sin\beta)(\Delta_1 + \|z\|^2\Delta_2 + \|w\|^2\Delta_3)$$

$$= \sum_{i=1}^{r} s_i \|\boldsymbol{\xi}_{(i)}\|^{2s_i}\left\{\mathrm{e}^{-\mathrm{i}\beta} + \delta_i[q(z_1) + 1 - \cos\beta]\left[1 + \frac{1}{z_1}\sum_{j=2}^{N_1}(\varepsilon_j - 1)P_j(z_j)\right] + \right.$$

$$\left. \gamma_i[q(w_1) + 1 - \cos\beta] \cdot \left[1 + \frac{1}{w_1}\sum_{j=2}^{N_2}(\eta_j - 1)Q_j(w_j)\right]\right\} +$$

$$\Delta_2 \left\{|z_1|^2[q(z_1) + 1 - \mathrm{i}\sin\beta]\left[1 + \frac{1}{z_1}\sum_{j=2}^{N_1}(\varepsilon_j - 1)P_j(z_j)\right] + \right.$$

$$\left. \sum_{j=2}^{N_1}|z_j|^2 \cdot \left[\mathrm{e}^{-\mathrm{i}\beta} + \frac{(q(z_1) + 1 - \cos\beta)}{\varepsilon_j}\left(1 + \frac{1}{z_1}\sum_{k=2}^{N_1}(1-\varepsilon_k)P_k(z_k)\right)\right]\right\} +$$

$$\Delta_3 \left\{|w_1|^2[q(w_1) + 1 - \mathrm{i}\sin\beta]\left[1 + \frac{1}{w_1} \cdot \sum_{j=2}^{N_2}(\eta_j - 1)Q_j(w_j)\right] + \right.$$

$$\sum_{j=2}^{N_2}|w_j|^2\Big[\mathrm{e}^{-i\beta}+\frac{1}{\eta_j}(q(w_1)+1-\cos\beta)\Big(1+\frac{1}{w_1}\sum_{k=2}^{N_2}(1-\eta_k)Q_k(w_k)\Big)\Big]\Big\}-$$

$$(1-\mathrm{i}\sin\beta)(\Delta_1+\|z\|^2\Delta_2+\|w\|^2\Delta_3)$$

$$=\sum_{i=1}^{r}s_i\|\boldsymbol{\xi}_{(i)}\|^{2s_i}\Big\{(\cos\beta-1)(1-\delta_i-\gamma_i)+\delta_i q(z_1)+\gamma_i q(w_1)+$$

$$\delta_i[q(z_1)+1-\cos\beta]\frac{1}{z_1}\sum_{j=2}^{N_1}(\varepsilon_j-1)\cdot P_j(z_j)+$$

$$\gamma_i\frac{[q(w_1)+1-\cos\beta]}{w_1}\sum_{j=2}^{N_2}(\eta_j-1)Q_j(w_j)\Big\}+\Delta_2\Big\{|z_1|^2q(z_1)+$$

$$\big[(q(z_1)+1-\cos\beta)+\mathrm{e}^{-i\beta}\big]\frac{|z_1|^2}{z_1}\sum_{j=2}^{N_1}(\varepsilon_j-1)P_j(z_j)+$$

$$\sum_{j=2}^{N_1}|z_j|^2\Big[(\cos\beta-1)\Big(1-\frac{1}{\varepsilon_j}\Big)+\frac{1}{\varepsilon_j}q(z_1)+$$

$$\frac{(q(z_1)+1-\cos\beta)}{\varepsilon_j z_1}\cdot\sum_{k=2}^{N_1}(1-\varepsilon_k)P_k(z_k)\Big]\Big\}+$$

$$\Delta_3\Big\{|w_1|^2q(w_1)+\big[(q(w_1)+1-\cos\beta)+\mathrm{e}^{-i\beta}\big]\frac{|w_1|^2}{w_1}\sum_{j=2}^{N_2}(\eta_j-1)Q_j(w_j)+$$

$$\sum_{j=2}^{N_2}|w_j|^2\Big[(\cos\beta-1)\Big(1-\frac{1}{\eta_j}\Big)+\frac{1}{\eta_j}q(w_1)+$$

$$\frac{1}{\eta_j}(q(w_1)+1-\cos\beta)\frac{1}{w_1}\sum_{k=2}^{N_2}(1-\eta_k)Q_k(w_k)\Big]\Big\}。$$

于是由式（3.3.18）、式（3.3.19）和式（3.3.5）得

$$(\Delta_1+\|z\|^2\Delta_2+\|w\|^2\Delta_3)\Big|\mathrm{e}^{-i\beta}\frac{2\partial\rho(\boldsymbol{\xi},z,w)}{\partial(\boldsymbol{\xi},z,w)}(DF(\boldsymbol{\xi},z,w))^{-1}F(\boldsymbol{\xi},z,w)-$$

$$(1-\mathrm{i}\sin\beta)\Big|<\sum_{i=1}^{r}\|\boldsymbol{\xi}_{(i)}\|^{2s_i}A,$$

其中，

$$A=(1-\cos\beta)\Big[s_i(1-\delta_i-\gamma_i)+\frac{l}{1-\|z\|^2}\sum_{j=2}^{N_1}|z_j|^2\Big(1-\frac{1}{\varepsilon_j}\Big)+$$

$$\frac{t}{1-\|w\|^2}\sum_{j=2}^{N_2}|w_j|^2\left(1-\frac{1}{\eta_j}\right)\Big]+$$

$$[2(1-\rho)+\mathrm{Re}q(z_1)]\Big[s_i\delta_i+\frac{l}{1-\|z\|^2}\Big(|z_1|^2+\sum_{j=2}^{N_1}\frac{|z_j|^2}{\varepsilon_j}\Big)\Big]+$$

$$[2(1-\rho)+\mathrm{Re}q(w_1)]\Big[s_i\gamma_i+\frac{t}{1-\|w\|^2}\Big(|w_1|^2+\sum_{j=2}^{N_2}\frac{|w_j|^2}{\eta_j}\Big)\Big]+$$

$$\frac{2(\cos\beta-\rho)}{1-|z_1|}\sum_{j=2}^{N_1}(\varepsilon_j-1)|P_j(z_j)|\Big[\frac{s_i\delta_i}{l}(1-\|z\|^2)+|z_1|^2+$$

$$\frac{|z_1|(1-|z_1|)}{2(\cos\beta-\rho)}+\sum_{j=2}^{N_1}\frac{|z_j|^2}{\varepsilon_j}\Big]\frac{l}{1-\|z\|^2}+$$

$$\frac{2(\cos\beta-\rho)}{1-|w_1|}\sum_{j=2}^{N_1}(\eta_j-1)|Q_j(w_j)|\Big[\frac{s_i\gamma_i}{t}(1-\|w\|^2)+|w_1|^2+$$

$$\frac{|w_1|(1-|w_1|)}{2(\cos\beta-\rho)}+\sum_{j=2}^{N_1}\frac{|w_j|^2}{\eta_j}\Big]\frac{t}{1-\|w\|^2}\,。$$

另外，由式（3.3.18）、式（3.3.19）和式（3.3.5）得

$$(\Delta_1+\|z\|^2\Delta_2+\|w\|^2\Delta_3)\Big\{(1-2\rho)+\mathrm{Re}\Big[\mathrm{e}^{-i\beta}\frac{2\partial\rho(\xi,z,w)}{\partial(\xi,z,w)}(DF(\xi,z,w))^{-1}F(\xi,z,w)\Big]\Big\}$$

$$=(1-2\rho)(\Delta_1+\|z\|^2\Delta_2+\|w\|^2\Delta_3)+\mathrm{Re}(\mathrm{e}^{-i\beta}H)$$

$$=\sum_{i=1}^{r}s_i\|\boldsymbol{\xi}_{(i)}\|^{2s_i}\Big\{\cos\beta+(\delta_i+\gamma_i)(1-\cos\beta)+(1-2\rho)+$$

$$\delta_i\mathrm{Re}q(z_1)+\gamma_i\mathrm{Re}q(w_1)+\delta_i\cdot\mathrm{Re}\Big[\frac{(q(z_1)+1-\cos\beta)}{z_1}\sum_{j=2}^{N_1}(\varepsilon_j-1)P_j(z_j)\Big]+$$

$$\gamma_i\mathrm{Re}\Big[\frac{(q(w_1)+1-\cos\beta)}{w_1}\sum_{j=2}^{N_2}(\eta_j-1)Q_j(w_j)\Big]\Big\}+$$

$$\Delta_2\Big\{|z_1|^2[\mathrm{Re}q(z_1)+2(1-\rho)]+$$

$$|z_1|^2\mathrm{Re}\Big[((q(z_1)+1-\cos\beta)+\mathrm{e}^{-i\beta})\frac{1}{z_1}\sum_{j=2}^{N_1}(\varepsilon_j-1)P_j(z_j)\Big]+$$

$$\sum_{j=2}^{N_1}|z_j|^2\Big[1-2\rho+\cos\beta+\frac{1}{\varepsilon_j}(1-\cos\beta)+\frac{1}{\varepsilon_j}\mathrm{Re}q(z_1)+$$

$$\frac{1}{\varepsilon_j}\mathrm{Re}\Big(\frac{q(z_1)+1-\cos\beta}{z_1}\cdot\sum_{k=2}^{N_1}(1-\varepsilon_k)P_k(z_k)\Big)\Big]\Big\}+$$

$$\Delta_3\big\{|w_1|^2[\mathrm{Re}q(w_1)+2(1-\rho)]+$$

$$|w_1|^2\mathrm{Re}\big[((q(w_1)+1-\cos\beta)+e^{-i\beta})\cdot\frac{1}{w_1}\sum_{j=2}^{N_2}(\eta_j-1)Q_j(w_j)\big]+$$

$$\sum_{j=2}^{N_2}|w_j|^2\Big[1-2\rho+\cos\beta+\frac{1}{\eta_j}(1-\cos\beta)+$$

$$\frac{1}{\eta_j}\mathrm{Re}q(w_1)+\frac{1}{\eta_j}\mathrm{Re}\Big(\frac{q(w_1)+1-\cos\beta}{w_1}\sum_{k=2}^{N_2}(1-\eta_k)Q_k(w_k)\Big)\Big]\Big\}$$

$$\geqslant \sum_{i=1}^{r}s_i\|\boldsymbol{\xi}_{(i)}\|^{2s_i}\Big\{(\cos\beta-1)(1-\delta_i-\gamma_i)+2(1-\rho)+\delta_i\mathrm{Re}q(z_1)+$$

$$\gamma_i\mathrm{Re}q(w_1)-\delta_i 2(\cos\beta-\rho)\sum_{j=2}^{N_1}\frac{(\varepsilon_j-1)}{1-|z_1|}|P_j(z_j)|-$$

$$\gamma_i\frac{2(\cos\beta-\rho)}{1-|w_1|}\sum_{j=2}^{N_2}(\eta_j-1)|Q_j(w_j)|\Big\}+\Delta_2\big\{|z_1|^2[\mathrm{Re}q(z_1)+2(1-\rho)]-$$

$$\Big(|z_1|^2\frac{2(\cos\beta-\rho)}{1-|z_1|}+|z_1|\Big)\sum_{j=2}^{N_1}(\varepsilon_j-1)|P_j(z_j)|+$$

$$\sum_{j=2}^{N_1}|z_j|^2\Big[(\cos\beta-1)\Big(1-\frac{1}{\varepsilon_j}\Big)+2(1-\rho)+\frac{1}{\varepsilon_j}\mathrm{Re}q(z_1)-$$

$$\frac{1}{\varepsilon_j}\frac{2(\cos\beta-\rho)}{1-|z_1|}\sum_{k=2}^{N_1}(\varepsilon_k-1)|P_k(z_k)|\Big]\Big\}+$$

$$\Delta_3\big\{|w_1|^2[\mathrm{Re}q(w_1)+2(1-\rho)]-$$

$$\Big(|w_1|^2\frac{2(\cos\beta-\rho)}{1-|w_1|}+|w_1|\Big)\sum_{j=2}^{N_2}(\eta_j-1)|Q_j(w_j)|+$$

$$\sum_{j=2}^{N_2}|w_j|^2\Big[(\cos\beta-1)\Big(1-\frac{1}{\eta_j}\Big)+2(1-\rho)+\frac{1}{\eta_j}\mathrm{Re}q(w_1)-$$

$$\frac{1}{\eta_j}\frac{2(\cos\beta-\rho)}{1-|w_1|}\sum_{k=2}^{N_2}(\eta_k-1)|Q_k(w_k)|\Big]\Big\}$$

$$= \sum_{i=1}^{r} \|\boldsymbol{\xi}_{(i)}\|^{2s_i} B,$$

其中,

$$B = (\cos\beta - 1)\left[s_i(1 - \delta_i - \gamma_i) + \frac{l}{1-\|z\|^2}\sum_{j=2}^{N_1}|z_j|^2\left(1 - \frac{1}{\varepsilon_j}\right) + \frac{t}{1-\|w\|^2}\sum_{j=2}^{N_2}|w_j|^2\left(1 - \frac{1}{\eta_j}\right)\right] +$$

$$\left[\operatorname{Re}q(z_1) + 2(1-\rho)\right]\left[s_i\delta_i + \frac{l}{1-\|z\|^2}\left(|z_1|^2 + \sum_{j=2}^{N_1}\frac{|z_j|^2}{\varepsilon_j}\right)\right] +$$

$$2(1-\rho)\left[s_i(1-\delta_i) + \frac{l}{1-\|z\|^2}\sum_{j=2}^{N_1}|z_j|^2\left(1 - \frac{1}{\varepsilon_j}\right)\right] +$$

$$\left[\operatorname{Re}q(w_1) + 2(1-\rho)\right]\left[s_i\gamma_i + \frac{t}{1-\|w\|^2}\left(|w_1|^2 + \sum_{j=2}^{N_2}\frac{|w_j|^2}{\eta_j}\right)\right] +$$

$$2(1-\rho)\left[-s_i\gamma_i + \frac{t}{1-\|w\|^2}\sum_{j=2}^{N_2}|w_j|^2\left(1 - \frac{1}{\eta_j}\right)\right] -$$

$$\frac{l}{1-\|z\|^2}\frac{2(\cos\beta-\rho)}{1-|z_1|}\sum_{j=2}^{N_1}(\varepsilon_j - 1)|P_j(z_j)|\left[\frac{s_i\delta_i}{l}(1 - \|z\|^2) + |z_1|^2 + \frac{|z_1|(1-|z_1|)}{2(\cos\beta-\rho)} + \sum_{j=2}^{N_1}\frac{|z_j|^2}{\varepsilon_j}\right] -$$

$$\frac{t}{1-\|w\|^2}\frac{2(\cos\beta-\rho)}{1-|w_1|}\sum_{j=2}^{N_2}(\eta_j - 1)|Q_j(w_j)|\left[\frac{s_i\gamma_i}{t}(1 - \|w\|^2) + |w_1|^2 + \frac{|w_1|(1-|w_1|)}{2(\cos\beta-\rho)} + \sum_{j=2}^{N_2}\frac{|w_j|^2}{\eta_j}\right]。$$

则由 $\varepsilon_j, \eta_j \geqslant 4$ 及式 (3.3.4),当

$$\|P_j\| \leqslant \frac{2(\cos\beta-\rho)}{[1 + 8a(\cos\beta-\rho)]\varepsilon_j}, \quad \|Q_j\| \leqslant \frac{2(\cos\beta-\rho)}{[1 + 8b(\cos\beta-\rho)]\eta_j}$$

时有

$$\frac{A - B}{2(\cos\beta-\rho)} = s_i(\delta_i + \gamma_i - 1) - \frac{l}{1-\|z\|^2}\sum_{j=2}^{N_1}|z_j|^2\left(1 - \frac{1}{\varepsilon_j}\right) -$$

$$\frac{t}{1-\|w\|^2}\sum_{j=2}^{N_2}|w_j|^2\left(1-\frac{1}{\eta_j}\right)+\frac{2}{1-|z_1|}\sum_{j=2}^{N_1}(\varepsilon_j-1)|P_j(z_j)|\left[\frac{s_i\delta_i}{l}(1-\|z\|^2)+\right.$$

$$\left.|z_1|^2+\frac{|z_1|(1-|z_1|)}{2(\cos\beta-\rho)}+\sum_{j=2}^{N_1}\frac{|z_j|^2}{\varepsilon_j}\right]\frac{l}{1-\|z\|^2}+$$

$$\frac{2}{1-|w_1|}\sum_{j=2}^{N_2}(\eta_j-1)|Q_j(w_j)|\left[\frac{s_i\gamma_i}{t}(1-\|w\|^2)+|w_1|^2+\right.$$

$$\left.\frac{|w_1|(1-|w_1|)}{2(\cos\beta-\rho)}+\sum_{j=2}^{N_2}\frac{|w_j|^2}{\eta_j}\right]\frac{t}{1-\|w\|^2}$$

$$\leq s_i(\delta_i+\gamma_i-1)-\frac{l}{1-\|z\|^2}\sum_{j=2}^{N_1}|z_j|^2\left(1-\frac{1}{\varepsilon_j}\right)-\frac{t}{1-\|w\|^2}\sum_{j=2}^{N_2}|w_j|^2\left(1-\frac{1}{\eta_j}\right)+$$

$$\frac{l}{1-\|z\|^2}\frac{1+8a(\cos\beta-\rho)}{4(\cos\beta-\rho)}\frac{1}{1-|z_1|}\sum_{j=2}^{N_1}(\varepsilon_j-1)\|P_j\||z_j|^4+$$

$$\frac{t}{1-\|w\|^2}\frac{1+8b(\cos\beta-\rho)}{4(\cos\beta-\rho)}\frac{1}{1-|w_1|}\sum_{j=2}^{N_2}(\eta_j-1)\|Q_j\||w_j|^4$$

$$\leq s_i(\delta_i+\gamma_i-1)+\frac{l}{1-\|z\|^2}\sum_{j=2}^{N_1}(\varepsilon_j-1)|z_j|^2\left[\frac{-1}{\varepsilon_j}+\frac{1+8a(\cos\beta-\rho)}{2(\cos\beta-\rho)}\|P_j\|\right]+$$

$$\frac{t}{1-\|w\|^2}\sum_{j=2}^{N_2}(\eta_j-1)|w_j|^2\left[\frac{-1}{\eta_j}+\frac{1+8b(\cos\beta-\rho)}{2(\cos\beta-\rho)}\|Q_j\|\right]$$

$$\leq 0,$$

从而式(3.3.9)成立,因此 $F(\xi,z,w)$ 是 Ω_N 上的 ρ 次抛物型 β 型螺形映照。

由定理3.3.6可得以下 $\mathbb{C}^n$ 中单位球 B^n 上的结论。

推论3.3.7 令 $f(z_1)$ 是 D 上的 ρ 次抛物型 β 型螺形函数,$\rho\in[0,1)$,$\beta\in\left(-\frac{\pi}{2},\frac{\pi}{2}\right)$。令

$$F(z)=\left(f(z_1)+\frac{f(z_1)}{z_1}\sum_{j=2}^n P_j(z_j),\left(\frac{f(z_1)}{z_1}\right)^{\frac{1}{\varepsilon_2}}z_2,\cdots,\left(\frac{f(z_1)}{z_1}\right)^{\frac{1}{\varepsilon_n}}z_n\right)',$$

其中,$\varepsilon_j\geq 4(j=2,3,\cdots,n)$ 且 $\left(\frac{f(z_1)}{z_1}\right)^{\frac{1}{\varepsilon_j}}\bigg|_{z_1=0}=1$。若 $\rho<\cos\beta$ 且

$$\|P_j\| \leqslant \frac{2(\cos\beta - \rho)}{[1 + 8(\cos\beta - \rho)]\varepsilon_j},$$

则 $F(z)$ 是 B^n 上的 ρ 次抛物型 β 型螺形映照。

注 在定理 3.3.6 和推论 3.3.7 中分别令 $\rho = 0$ 和 $\beta = 0$，则得到相应的关于抛物型 β 型螺形映照和 ρ 次抛物星形映照的结论。

3.3.4 $S_\Omega^*(\beta, A, B)$ 的不变性

定理 3.3.8 令 $f(z_1) \in S_D^*(\beta, A, B)$，$-1 \leqslant A < B < 1$，$\beta \in \left(-\frac{\pi}{2}, \frac{\pi}{2}\right)$。令 $F(w, z)$ 是由式 (3.2.2) 所定义的映照（记 $\Omega_{p_1,\cdots,p_s,q}^{B^n} \doteq \Omega$）且

$$p_i > 1, \delta_i \in [0, 1](i = 1, 2, \cdots, s), \gamma \in \left[0, \frac{1}{2}\right],$$

$$(f'(z_1))^{\delta_i}\big|_{z_1=0} = 1, (f'(z_1))^{\gamma}\big|_{z_1=0} = 1。$$

令 $q > \dfrac{\delta}{(n+1)\gamma}$，其中 $\delta = \max\{p_1\delta_1, p_2\delta_2, \cdots, p_s\delta_s\}$。

(1) 当 $\gamma \in \left[0, \dfrac{1}{6}\right]$ 时，若

$$\sum_{j=2}^{I[4/(2\gamma+1)]} (j-1)\|P_j\| + \sum_{j=I[4/(2\gamma+1)]+1}^{\infty} (j-1)2^{\gamma j - 2 + \frac{j}{2}}\|P_j\|$$
$$\leqslant \frac{(1-\gamma)(1-|B|)(B-A)\cos\beta}{(1-B^2)(2\gamma+1)}。$$

则 $F(w, z) \in S_\Omega^*(\beta, A, B)$。

(2) 当 $\gamma \in \left(\dfrac{1}{6}, \dfrac{1}{2}\right]$ 时，若 $P_j = 0\left(j > \dfrac{4}{6\gamma - 1}\right)$ 且 (1) 中的条件成立，则 $F(w, z) \in S_\Omega^*(\beta, A, B)$。

证明 由定理 3.3.5 知 $F(w, z)$ 在 Ω 上是局部双全纯的。由定义 3.1.11 只需证

$$\left| \frac{1-B^2}{B-A} \left[\mathrm{i}\tan\beta + (1 - \mathrm{i}\tan\beta) \frac{2}{\rho(w,z)} \frac{\partial \rho(w,z)}{\partial(w,z)} \right. \right.$$

$$\left[DF(w,z)\right]^{-1}F(w,z)\right] - \frac{1-AB}{B-A}\right| < 1 \text{。} \quad (3.3.20)$$

类似于定理 3.3.5 的证明，由全纯函数的最大模原理，只需证式 (3.3.20) 在 $(w,z) \in \partial\Omega$ 时成立即可，此时 $\rho(w,z) = 1$。

由于 $f(z_1) \in S_D^*(\beta, A, B)$，则由定义 3.1.11 有

$$\left| \text{itan}\beta + (1 - \text{itan}\beta)\frac{f(z_1)}{z_1 f'(z_1)} - \frac{1-AB}{1-B^2}\right| < \frac{B-A}{1-B^2}\text{。}$$

令

$$\frac{1-B^2}{B-A}\left[\text{itan}\beta + (1 - \text{itan}\beta)\frac{f(z_1)}{z_1 f'(z_1)}\right] - \frac{1-AB}{B-A} = q(z_1), \quad (3.3.21)$$

则

$$\frac{ff''}{(f')^2} = \frac{B(A-B) - (B-A)q(z_1) - (B-A)z_1 q'(z_1)}{(1-B^2)(1-\text{itan}\beta)}, \quad (3.3.22)$$

$q(z_1) \in H(D)$ 且 $|q(z_1)| < 1$，从而

$$|q'(z_1)| \leq \frac{1 - |q(z_1)|^2}{1 - |z_1|^2}\text{。} \quad (3.3.23)$$

令

$$\frac{1-B^2}{B-A}\left[\text{itan}\beta + (1 - \text{itan}\beta)\frac{2\partial\rho(w,z)}{\partial(w,z)}[DF(w,z)]^{-1}F(w,z)\right] - \frac{1-AB}{B-A} = T\text{。}$$

由引理 3.2.6 和式 (3.3.21)、式 (3.3.22) 得

$$(\nabla_1 + \nabla_2)T = \frac{1-B^2}{B-A}(1-\text{itan}\beta)G(w,z) + \left(\frac{1-B^2}{B-A}\text{itan}\beta - \frac{1-AB}{B-A}\right)(\nabla_1 + \nabla_2)$$

$$= \frac{1-B^2}{B-A}(1-\text{itan}\beta)\nabla_2 + \widetilde{\nabla}_2(B + q(z_1) + z_1 q'(z_1)) -$$

$$\frac{1-B^2}{B-A}(1-\text{itan}\beta)\widetilde{\nabla}_2 \frac{f''}{f'}\sum_{j=2}^{\infty}(1-j)(f')^{\gamma j-1}P_j(z_0) +$$

$$\frac{|z_1|^2 \nabla_1}{\|z\|^2}\left[q(z_1) + \frac{1-AB}{B-A} - \frac{1-B^2}{B-A}\text{itan}\beta +\right.$$

$$\left.\frac{1-B^2}{B-A}(1-\text{itan}\beta)\frac{1}{z_1}\sum_{j=2}^{\infty}(1-j)(f')^{\gamma j-1}P_j(z_0)\right] +$$

$$\frac{\|z_0\|^2 \nabla_1}{\|z\|^2}\Big[\frac{1-B^2}{B-A}(1-\mathrm{i}\tan\beta) + \gamma(B + q(z_1) + z_1 q'(z_1)) -$$

$$\frac{1-B^2}{B-A}(1-\mathrm{i}\tan\beta)\frac{\gamma f''}{f'}\sum_{j=2}^{\infty}(1-j)(f')^{\gamma j-1}P_j(z_0)\Big] +$$

$$\Big(\frac{1-B^2}{B-A}\mathrm{i}\tan\beta - \frac{1-AB}{B-A}\Big)(\nabla_1 + \nabla_2)$$

$$= (\gamma - 1)B\frac{\|z_0\|^2 \nabla_1}{\|z\|^2} + B(\tilde{\nabla}_2 - \nabla_2) + \frac{1-B^2}{B-A}(1-\mathrm{i}\tan\beta)\frac{\nabla_1}{\|z\|^2} \times$$

$$\sum_{j=2}^{\infty}(1-j)(f')^{\gamma j-1}P_j(z_0)\Big[\overline{z_1} - \frac{f''}{f'}\Big(\gamma\|z_0\|^2 + \frac{\tilde{\nabla}_2}{\nabla_1}\|z\|^2\Big)\Big] +$$

$$\Big(\tilde{\nabla}_2 + \frac{\nabla_1}{\|z\|^2}(|z_1|^2 + \gamma\|z_0\|^2)\Big)q(z_1) + \Big(\tilde{\nabla}_2 + \frac{\gamma\|z_0\|^2 \nabla_1}{\|z\|^2}\Big)z_1 q'(z_1),$$

其中，$\tilde{\nabla}_2 = \sum_{k=1}^{s}\delta_k p_k \|w_{(k)}\|^{2p_k}$ 且

$$G(w,z) = \sum_{k=1}^{s} p_k \|w_{(k)}\|^{2p_k}\Big[1 - \frac{\delta_k f''}{f'}\Big(\frac{f}{f'} + \sum_{j=2}^{\infty}(1-j)(f')^{\gamma j-1}P_j(z_0)\Big)\Big] +$$

$$\frac{|z_1|^2 \nabla_1}{\|z\|^2}\Big[\frac{f}{z_1 f'} + \frac{1}{z_1}\sum_{j=2}^{\infty}(1-j)(f')^{\gamma j-1}P_j(z_0)\Big] +$$

$$\frac{\|z_0\|^2 \nabla_1}{\|z\|^2}\Big[1 - \frac{\gamma f''}{f'}\Big(\frac{f}{f'} + \sum_{j=2}^{\infty}(1-j)(f')^{\gamma j-1}P_j(z_0)\Big)\Big]。$$

由于 $|q(z_1)| < 1$，由式（3.3.23）和引理 3.2.10、引理 3.2.11 及引理 3.2.14 得

$$(\nabla_1 + \nabla_2)(|T|-1)$$

$$\leq (1-\gamma)|B|\frac{\|z_0\|^2 \nabla_1}{\|z\|^2} + |B|(\nabla_2 - \tilde{\nabla}_2) - (\nabla_1 + \nabla_2) +$$

$$\frac{1-B^2}{(B-A)\cos\beta}\frac{\nabla_1}{\|z\|^2}\sum_{j=2}^{\infty}(j-1)|f'|^{\gamma j-1}|P_j(z_0)|\Big|\overline{z_1} - \frac{f''}{f'}\Big(\gamma\|z_0\|^2 + \frac{\tilde{\nabla}_2}{\nabla_1}\|z\|^2\Big)\Big| +$$

$$\Big(\tilde{\nabla}_2 + \frac{\nabla_1}{\|z\|^2}(|z_1|^2 + \gamma\|z_0\|^2)\Big)|q(z_1)| + \Big(\tilde{\nabla}_2 + \frac{\gamma\|z_0\|^2 \nabla_1}{\|z\|^2}\Big)\frac{2|z_1|(1-|q(z_1)|)}{1-|z_1|^2}$$

$$\leqslant (1-\gamma)(|B|-1)\frac{\|z_0\|^2 \nabla_1}{\|z\|^2} + (|B|-1)(\nabla_2 - \tilde{\nabla}_2) +$$

$$\frac{(1-B^2)(2\gamma+1)}{(B-A)\cos\beta}\frac{\nabla_1}{\|z\|^2}\sum_{j=2}^{\infty}(j-1)|f'|^{\gamma j-1}\|P_j\|\|z_0\|^j +$$

$$\left[\left(\tilde{\nabla}_2 + \frac{\gamma\|z_0\|^2 \nabla_1}{\|z\|^2}\right)\frac{1-2|z_1|-|z_1|^2}{1-|z_1|^2} + \frac{|z_1|^2}{\|z\|^2}\nabla_1\right](|q(z_1)|-1)$$

$$< (1-\gamma)(|B|-1)\frac{\|z_0\|^2 \nabla_1}{\|z\|^2} + \frac{(1-B^2)(2\gamma+1)}{(B-A)\cos\beta}\frac{\nabla_1}{\|z\|^2} \times$$

$$\sum_{j=2}^{\infty}(j-1)(1+|z_1|)^{\gamma j-1}(1-|z_1|)^{3(1-\gamma j)}\|P_j\|\|z_0\|^{j-2}$$

$$\leqslant \frac{\|z_0\|^2 \nabla_1}{\|z\|^2}\left[\sum_{j=2}^{\infty}(j-1)\|P_j\|(1+|z_1|)^{\gamma j-2+\frac{j}{2}}(1-|z_1|)^{2-3\gamma j+\frac{j}{2}} - \frac{(1-\gamma)(1-|B|)(B-A)\cos\beta}{(1-B^2)(2\gamma+1)}\right]。$$

与定理 3.3.5 中（1）的证明同理可得结论成立。

注 在定理 3.3.8 中分别令 $A=-1=-B-2\alpha$ 和 $A=-B=-\alpha$，则得到相应的关于 α 次 β 型螺形映照和 α 次强 β 型螺形映照的结论。如果只考虑式（3.2.2）中的后 n 个元素，则得到定理 3.3.8 中的结论对于延拓算子（3.2.3）同样成立，即在单位球 B^n 上保持 $S_{B^n}^*(\beta,A,B)$ 的几何不变性[26]。

3.3.5 强 α 次殆 β 型螺形映照的不变性

定理 3.3.9 设 $f(z_1)$ 是 D 上的强 α 次殆 β 型螺形函数，$\beta \in \left(-\frac{\pi}{2},\frac{\pi}{2}\right)$，$\alpha \in [0,1)$，$c \in (0,1)$。令 $F(w,z)$ 是由式（3.2.2）所定义的映照（记 $\Omega_{p_1,\cdots,p_s,q}^{B^n} \doteq \Omega$）且

$$p_i > 1, \delta_i \in [0,1](i=1,2,\cdots,s),$$

$$\gamma \in \left[0,\frac{1}{2}\right], (f'(z_1))^{\delta_i}\big|_{z_1=0} = 1, (f'(z_1))^{\gamma}\big|_{z_1=0} = 1。$$

第 3 章 多复变数空间中的 Roper-Suffridge 算子

令 $q > \dfrac{\delta}{(n+1)\gamma}$，其中 $\delta = \max\{p_1\delta_1, p_2\delta_2, \cdots, p_s\delta_s\}$。

(1) 当 $\gamma \in \left[0, \dfrac{1}{6}\right]$ 时，若

$$\sum_{j=2}^{I[4/(2\gamma+1)]} (j-1)\|P_j\| + \sum_{j=I[4/(2\gamma+1)]+1}^{\infty} (j-1)2^{\gamma j - 2 + \frac{j}{2}} \|P_j\|$$
$$\leq \dfrac{2c(1-\gamma)(1-\alpha)\cos\beta}{(1+c)(1+2\gamma)},$$

则 $F(w,z)$ 是 Ω 上的强 α 次殆 β 型螺形映照。

(2) 当 $\gamma \in \left(\dfrac{1}{6}, \dfrac{1}{2}\right]$ 时，若 $P_j = 0 \left(j > \dfrac{4}{6\gamma - 1}\right)$ 且

$$\sum_{j=2}^{I[4/(2\gamma+1)]} (j-1)\|P_j\| + \sum_{j=I[4/(2\gamma+1)]+1}^{I[4/(6\gamma-1)]} (j-1)2^{\gamma j - 2 + \frac{j}{2}} \|P_j\|$$
$$\leq \dfrac{2c(1-\gamma)(1-\alpha)\cos\beta}{(1+c)(1+2\gamma)},$$

则 $F(w,z)$ 是 Ω 上的强 α 次殆 β 型螺形映照。

证明 由定理 3.3.5 知 $F(w,z)$ 在 Ω 上是局部双全纯的。由定义 3.1.7 只需证

$$\left| \dfrac{1-c^2}{2c} \dfrac{1 - i\tan\beta}{1-\alpha} \dfrac{2}{\rho(w,z)} \dfrac{\partial \rho(w,z)}{\partial(w,z)} [DF(w,z)]^{-1} F(w,z) + \dfrac{1-c^2}{2c} \dfrac{-\alpha + i\tan\beta}{1-\alpha} - \dfrac{1+c^2}{2c} \right| < 1, \quad (3.3.24)$$

与定理 3.3.5 同理，由全纯函数的最大模原理，只需证式 (3.3.24) 在 $(w,z) \in \partial\Omega$ 时成立即可，此时 $\rho(w,z) = 1$。

令

$$\dfrac{1-c^2}{2c} \dfrac{1 - i\tan\beta}{1-\alpha} \dfrac{f(z_1)}{z_1 f'(z_1)} + \dfrac{1-c^2}{2c} \dfrac{-\alpha + i\tan\beta}{1-\alpha} - \dfrac{1+c^2}{2c} = p(z_1)。$$
$$(3.3.25)$$

则 $p(z_1) \in H(D)$，$|p(z_1)| < 1$ 且

$$\dfrac{f f''}{(f')^2} = -(c + p(z_1) + z_1 p'(z_1)) \dfrac{1-\alpha}{1 - i\tan\beta} \dfrac{2c}{1-c^2}, \quad (3.3.26)$$

令

$$\frac{1-c^2}{2c}\frac{1-i\tan\beta}{1-\alpha}\frac{2\partial\rho(w,z)}{\partial(w,z)}[DF(w,z)]^{-1}F(w,z) +$$

$$\frac{1-c^2}{2c}\frac{-\alpha+i\tan\beta}{1-\alpha} - \frac{1+c^2}{2c} = Y_\circ$$

由引理 3.2.6 和式（3.3.25）、式（3.3.26）得

$$(\nabla_1 + \nabla_2)Y$$

$$= \frac{1-c^2}{2c}\frac{1-i\tan\beta}{1-\alpha}\Big\{\sum_{k=1}^{s}p_k\|w_{(k)}\|^{2p_k}\Big[1 - \frac{\delta_k f''}{f'}\Big(\frac{f}{f'} + \sum_{j=2}^{\infty}(1-j)(f')^{\gamma j-1}P_j(z_0)\Big)\Big] +$$

$$\frac{|z_1|^2\nabla_1}{\|z\|^2}\Big[\frac{f}{z_1 f'} + \frac{1}{z_1}\sum_{j=2}^{\infty}(1-j)(f')^{\gamma j-1}P_j(z_0)\Big] +$$

$$\frac{\|z_0\|^2\nabla_1}{\|z\|^2}\Big[1 - \frac{\gamma f''}{f'}\Big(\frac{f}{f'} + \sum_{j=2}^{\infty}(1-j)(f')^{\gamma j-1}P_j(z_0)\Big)\Big]\Big\} +$$

$$\Big(\frac{1-c^2}{2c}\frac{-\alpha+i\tan\beta}{1-\alpha} - \frac{1+c^2}{2c}\Big)(\nabla_1 + \nabla_2)$$

$$= \sum_{k=1}^{s}p_k\|w_{(k)}\|^{2p_k}\Big[\frac{1-c^2}{2c}\frac{1-i\tan\beta}{1-\alpha} + \delta_k(c + p(z_1) + z_1 p'(z_1)) -$$

$$\frac{1-c^2}{2c}\frac{1-i\tan\beta}{1-\alpha}\frac{\delta_k f''}{f'}\sum_{j=2}^{\infty}(1-j)(f')^{\gamma j-1}P_j(z_0)\Big] +$$

$$\frac{|z_1|^2\nabla_1}{\|z\|^2}\Big[p(z_1) - \frac{1-c^2}{2c}\frac{-\alpha+i\tan\beta}{1-\alpha} + \frac{1+c^2}{2c} +$$

$$\frac{1-c^2}{2c}\frac{1-i\tan\beta}{1-\alpha}\frac{1}{z_1}\sum_{j=2}^{\infty}(1-j)(f')^{\gamma j-1}P_j(z_0)\Big] +$$

$$\frac{\|z_0\|^2\nabla_1}{\|z\|^2}\Big[\frac{1-c^2}{2c}\frac{1-i\tan\beta}{1-\alpha} + \gamma(c + p(z_1) + z_1 p'(z_1)) -$$

$$\frac{1-c^2}{2c}\frac{1-i\tan\beta}{1-\alpha}\frac{\gamma f''}{f'}\sum_{j=2}^{\infty}(1-j)(f')^{\gamma j-1}P_j(z_0)\Big] +$$

$$\Big(\frac{1-c^2}{2c}\frac{-\alpha+i\tan\beta}{1-\alpha} - \frac{1+c^2}{2c}\Big)(\nabla_1 + \nabla_2)$$

$$= -c\nabla_2 + \Big[c + p(z_1) + z_1 p'(z_1) - \frac{1-c^2}{2c}\frac{1-i\tan\beta}{1-\alpha}\frac{f''}{f'}\sum_{j=2}^{\infty}(1-j)(f')^{\gamma j-1}P_j(z_0)\Big]\widetilde{\nabla}_2 +$$

$$\frac{|z_1|^2 \nabla_1}{\|z\|^2}\Big[p(z_1) + \frac{1-c^2}{2c}\frac{1-\mathrm{i}\tan\beta}{1-\alpha}\frac{1}{z_1}\sum_{j=2}^{\infty}(1-j)(f')^{\gamma j-1}P_j(z_0)\Big] +$$

$$\frac{\|z_0\|^2 \nabla_1}{\|z\|^2}\Big[-c + \gamma(c + p(z_1) + z_1 p'(z_1)) -$$

$$\frac{1-c^2}{2c}\frac{1-\mathrm{i}\tan\beta}{1-\alpha}\frac{\gamma f''}{f'}\sum_{j=2}^{\infty}(1-j)(f')^{\gamma j-1}P_j(z_0)\Big]$$

$$= -c\Big(\nabla_2 + \frac{\|z_0\|^2 \nabla_1}{\|z\|^2}\Big) + c\Big(\widetilde{\nabla}_2 + \gamma\frac{\|z_0\|^2 \nabla_1}{\|z\|^2}\Big) +$$

$$\frac{1-c^2}{2c}\frac{1-\mathrm{i}\tan\beta}{1-\alpha}\Big[\frac{\nabla_1 \overline{z_1}}{\|z\|^2} - \frac{f''}{f'}\Big(\gamma\frac{\|z_0\|^2 \nabla_1}{\|z\|^2} + \widetilde{\nabla}_2\Big)\Big]\sum_{j=2}^{\infty}(1-j)(f')^{\gamma j-1}P_j(z_0) +$$

$$p(z_1)\Big(\widetilde{\nabla}_2 + \frac{|z_1|^2 \nabla_1}{\|z\|^2} + \gamma\frac{\|z_0\|^2 \nabla_1}{\|z\|^2}\Big) + z_1 p'(z_1)\Big(\widetilde{\nabla}_2 + \gamma\frac{\|z_0\|^2 \nabla_1}{\|z\|^2}\Big)$$

$$= c(\gamma-1)\frac{\|z_0\|^2 \nabla_1}{\|z\|^2} + c\sum_{k=1}^{s}(\delta_k - 1)p_k\|w_{(k)}\|^{2p_k} +$$

$$\frac{1-c^2}{2c}\frac{1-\mathrm{i}\tan\beta}{1-\alpha}\frac{\nabla_1}{\|z\|^2}\Big[\overline{z_1} - \frac{f''}{f'}\Big(\gamma\|z_0\|^2 + \frac{\widetilde{\nabla}_2}{\nabla_1}\|z\|^2\Big)\Big]\sum_{j=2}^{\infty}(1-j)(f')^{\gamma j-1}P_j(z_0) +$$

$$p(z_1)\Big(\widetilde{\nabla}_2 + \frac{\nabla_1}{\|z\|^2}(|z_1|^2 + \gamma\|z_0\|^2)\Big) + z_1 p'(z_1)\Big(\widetilde{\nabla}_2 + \frac{\gamma\|z_0\|^2 \nabla_1}{\|z\|^2}\Big),$$

其中，$\widetilde{\nabla}_2 = \sum_{k=1}^{s}\delta_k p_k \|w_{(k)}\|^{2p_k}$。由于 $|p(z_1)| < 1$，由引理 3.2.10、引理 3.2.11、引理 3.2.14 及引理 3.2.15 得

$$(\nabla_1 + \nabla_2)(|Y| - 1)$$

$$< c(1-\gamma)\frac{\|z_0\|^2 \nabla_1}{\|z\|^2} + c\sum_{k=1}^{s}(1-\delta_k)p_k\|w_{(k)}\|^{2p_k} - (\nabla_1 + \nabla_2) +$$

$$\frac{1-c^2}{2c}\frac{1}{(1-\alpha)\cos\beta}\frac{\nabla_1}{\|z\|^2}\Big|\overline{z_1} - \frac{f''}{f'}\Big(\gamma\|z_0\|^2 + \frac{\widetilde{\nabla}_2}{\nabla_1}\|z\|^2\Big)\Big|\sum_{j=2}^{\infty}(j-1)|f'|^{\gamma j-1}\|P_j\|\|z_0\|^j +$$

$$|p(z_1)|\Big(\widetilde{\nabla}_2 + \frac{\nabla_1}{\|z\|^2}(|z_1|^2 + \gamma\|z_0\|^2)\Big) +$$

$$\frac{2|z_1|(1-|p(z_1)|)}{1-|z_1|^2}\Big(\widetilde{\nabla}_2 + \frac{\gamma\|z_0\|^2 \nabla_1}{\|z\|^2}\Big)$$

$$< c(1-\gamma)\frac{\|z_0\|^2 \nabla_1}{\|z\|^2} + c\sum_{k=1}^{s}(1-\delta_k)p_k\|w_{(k)}\|^{2p_k} - (\nabla_1 + \nabla_2) +$$

$$\frac{1-c^2}{2c}\frac{1}{(1-\alpha)\cos\beta}\frac{\nabla_1}{\|z\|^2}(2\gamma+1)\sum_{j=2}^{\infty}(j-1)|f'|^{\gamma j-1}\|P_j\|\|z_0\|^j +$$

$$|p(z_1)|\left(\tilde{\nabla}_2 + \frac{\nabla_1}{\|z\|^2}(|z_1|^2 + \gamma\|z_0\|^2)\right) + \frac{2|z_1|(1-|p(z_1)|)}{1-|z_1|^2}\left(\tilde{\nabla}_2 + \frac{\gamma\|z_0\|^2\nabla_1}{\|z\|^2}\right)$$

$$= (1-\gamma)(c-1)\frac{\|z_0\|^2\nabla_1}{\|z\|^2} + (c-1)(\nabla_2 - \tilde{\nabla}_2) +$$

$$\frac{1-c^2}{2c}\frac{1}{(1-\alpha)\cos\beta}\frac{\nabla_1}{\|z\|^2}(2\gamma+1)\sum_{j=2}^{\infty}(j-1)|f'|^{\gamma j-1}\|P_j\|\|z_0\|^j +$$

$$\left[\left(\tilde{\nabla}_2 + \frac{\gamma\|z_0\|^2\nabla_1}{\|z\|^2}\right)\frac{1-2|z_1|-|z_1|^2}{1-|z_1|^2} + \frac{|z_1|^2\nabla_1}{\|z\|^2}\right](|p(z_1)|-1)$$

$$< (1-\gamma)(c-1)\frac{\|z_0\|^2\nabla_1}{\|z\|^2} + \frac{1-c^2}{2c}\frac{2\gamma+1}{(1-\alpha)\cos\beta}\frac{\nabla_1}{\|z\|^2}\sum_{j=2}^{\infty}(j-1)|f'|^{\gamma j-1}\|P_j\|\|z_0\|^j$$

$$\leqslant \frac{\|z_0\|^2\nabla_1}{\|z\|^2}\left[(1-\gamma)(c-1) + \frac{1-c^2}{2c}\frac{2\gamma+1}{(1-\alpha)\cos\beta}\times\right.$$

$$\sum_{j=2}^{\infty}(j-1)(1+|z_1|)^{\gamma j-1}(1-|z_1|)^{3(1-\gamma j)}\|P_j\|\|z_0\|^{j-2}\bigg]$$

$$\leqslant \frac{\|z_0\|^2\nabla_1}{\|z\|^2}\left[\frac{1-c^2}{2c}\frac{2\gamma+1}{(1-\alpha)\cos\beta}\sum_{j=2}^{\infty}(j-1)\|P_j\|(1+|z_1|)^{\gamma j-2+\frac{j}{2}}(1-|z_1|)^{2-3\gamma j+\frac{j}{2}} - \right.$$

$$(1-\gamma)(1-c)\bigg]\text{。} \tag{3.3.27}$$

与定理 3.3.5 中（1）的证明同理可得结论成立。

注 在定理 3.3.9 中分别令 $\alpha = 0$ 和 $\beta = 0$，则得到相应的关于强 β 型螺形映照和强 α 阶殆星形映照的结论。如果只考虑算子（3.2.2）中的后 n 个元素，则得到定理 3.3.9 中的结论对于延拓算子（3.2.3）同样成立，即在单位球 B^n 上保持强 α 次殆 β 型螺形映照的几何不变性[27]。

应用 D 上强 β 型螺形函数的增长定理，可以得到以下更精确的结论：

定理3.3.10 设$f(z_1)$是D上的强β型螺形函数，$\beta \in \left(-\frac{\pi}{2}, \frac{\pi}{2}\right)$，$c \in (0,1)$。令$F(w,z)$是由式（3.2.2）所定义的映照（记$\Omega_{p_1,\cdots,p_s,q}^{B^n} \doteq \Omega$）且

$$p_i > 1, \delta_i \in [0,1](i=1,2,\cdots,s), \gamma \in \left[0, \frac{1}{2}\right],$$

$$(f'(z_1))^{\delta_i}|_{z_1=0} = 1, (f'(z_1))^{\gamma}|_{z_1=0} = 1 \text{。}$$

令$q > \dfrac{\delta}{(n+1)\gamma}$，其中$\delta = \max\{p_1\delta_1, p_2\delta_2, \cdots, p_s\delta_s\}$。若

$$\sum_{j=2}^{I[1/\gamma]} (j-1)\|P_j\|(\cos\beta)^{1-\gamma j} + \sum_{j=I[1/\gamma]+1}^{\infty} (j-1)\|P_j\|\left(\frac{1+c}{1-c}\right)^{\gamma j-1}(\cos\beta)^{1-\gamma j}$$

$$\leq \frac{2c(1-\gamma)\cos\beta}{(1+c)(1+2\gamma)},$$

则$F(w,z)$是Ω上的强β型螺形映照。

证明 在定理3.3.9的证明中令$\alpha=0$，由式（3.3.27）和引理3.2.18可得

$$(\nabla_1 + \nabla_2)(|Y|-1)$$

$$< (1-\gamma)(c-1)\frac{\|z_0\|^2 \nabla_1}{\|z\|^2} + \frac{1-c^2}{2c}\frac{2\gamma+1}{\cos\beta}\frac{\nabla_1}{\|z\|^2}\sum_{j=2}^{\infty}(j-1)|f'|^{\gamma j-1}\|P_j\|\|z_0\|^j$$

$$\leq \frac{\|z_0\|^2 \nabla_1}{\|z\|^2}\Bigg[(1-\gamma)(c-1) +$$

$$\frac{1-c^2}{2c}\frac{2\gamma+1}{\cos\beta}\sum_{j=2}^{\infty}(j-1)(1+c|z_1|)^{\gamma j-1}(1-c|z_1|)^{3(1-\gamma j)}\|P_j\|\|z_0\|^{j-2}\Bigg]$$

$$\leq \frac{\|z_0\|^2 \nabla_1}{\|z\|^2}\Bigg[\frac{1-c^2}{2c}\frac{2\gamma+1}{\cos\beta}\sum_{j=2}^{\infty}(j-1)\|P_j\|\left(\frac{1+c|z_1|}{(1-c|z_1|)^3}\right)^{\gamma j-1}(\cos\beta)^{1-\gamma j} -$$

$$(1-\gamma)(1-c)\Bigg]\text{。}$$

显然$\dfrac{1+c|z_1|}{(1-c|z_1|)^3}$关于$|z_1|$递增，于是

$$(\nabla_1+\nabla_2)(|Y|-1) \leqslant \frac{\|z_0\|^2 \nabla_1}{\|z\|^2}\left\{\frac{1-c^2}{2c}\frac{2\gamma+1}{\cos\beta}\left[\sum_{j=2}^{I[1/\gamma]}(j-1)\|P_j\|(\cos\beta)^{1-\gamma j}+\right.\right.$$

$$\sum_{j=I[1/\gamma]+1}^{\infty}(j-1)\|P_j\|\left(\frac{1+c}{1-c}\right)^{\gamma j-1}(\cos\beta)^{1-\gamma j}\bigg]-$$

$$(1-\gamma)(1-c)\bigg\}$$

$$\leqslant 0,$$

其中,

$$\sum_{j=2}^{I[1/\gamma]}(j-1)\|P_j\|(\cos\beta)^{1-\gamma j}+\sum_{j=I[1/\gamma]+1}^{\infty}(j-1)\|P_j\|\left(\frac{1+c}{1-c}\right)^{\gamma j-1}(\cos\beta)^{1-\gamma j}$$

$$\leqslant \frac{2c(1-\gamma)\cos\beta}{(1+c)(1+2\gamma)}。$$

于是定理得证。

3.4 复 Banach 空间单位球上 Roper-Suffridge 延拓算子的性质

Liu 等在参考文献 [28] 中将 Roper-Suffridge 算子在复 Banach 空间中进行了推广,朱玉灿等在参考文献 [29] 中引入以下延拓算子

$$\phi_p(f)(x) = f(T_{x_1}(x))x_1 + (f'(T_{x_1}(x)))^{\frac{1}{p}}(x - T_{x_1}(x)x_1),$$

并证明了该算子在

$$\Omega_p = \{x \in X \mid |T_{x_1}(x)|^2 + \|x - T_{x_1}(x)x_1\|^p < 1\}, p \geqslant 1$$

上保持 ε 星形性。

2010 年,邹娟在参考文献 [30] 中引入算子

$$\phi_{\beta,\gamma}(f)(x) = f(T_{x_1}(x))x_1 + \left(\frac{f(T_{x_1}(x))}{T_{x_1}(x)}\right)^{\beta}(f'(T_{x_1}(x)))^{\gamma}(x - T_{x_1}(x)x_1),$$

并证明了该算子在 Ω_p 上保持 β 型螺形性以及当 $\gamma = 0$ 时保持 α 次星形性$\left(-\frac{\pi}{2} < \alpha < \frac{\pi}{2}\right)$。

第3章 多复变数空间中的 Roper-Suffridge 算子

本节将参考文献 [30] 中的算子进行了进一步的推广, 使其能够保持更多的双全纯映照子族 (如 α 次殆 β 型螺形映照、α 次 β 型螺形映照、α 次强 β 型螺形映照、强 α 次殆 β 型螺形映照、ρ 次抛物型 β 型螺形映照等) 的性质。

以下令 D 表示 $\mathbb{C}$ 中的单位圆盘, B^n 表示 $\mathbb{C}^n$ 中的单位球。令 $B = \{x \in X \mid \|x\| < 1\}$ 表示 Banach 空间 X 中的单位球, X^* 是 X 的对偶空间。对于任意的 $x \in X \setminus \{0\}$, 令

$$T_x = \{T_x \in X^* \mid \|T_x\| = 1, T_x(x) = \|x\|\}$$

是一个连续线性泛函, 由 Hahn-Banach 定理知该集合非空。

为得到本节主要结论, 需要以下引理 3.4.1。

引理 3.4.1 设 f 是 D 上的正规化双全纯函数,

$$F(x) = \phi_{\beta_2,\cdots,\beta_{n-1},0}(f)(x) = \sum_{j=1}^{n-1}\left[\frac{f(T_{x_1}(x))}{T_{x_1}(x)}\right]^{\beta_j} T_{x_j}(x) x_j + x - \sum_{j=1}^{n-1} T_{x_j}(x) x_j,$$

则 $F(x)$ 是 B 上正规化的双全纯映照, 其中 $n \in \mathbb{N}(n \geq 2), \beta_1 = 1, 0 \leq \beta_j \leq 1 (j = 2,3,\cdots,n-1)$,

$$\left(\frac{f(z)}{z}\right)^{\beta_j}\bigg|_{z=0} = 1 \quad (j = 1,\cdots,n-1),$$

$x_1 \in \overline{B}, \|x_1\| = 1$ 且 $x_1, x_2, \cdots, x_n \in X$ 是线性无关的。对于任意的 x_i, 选取 $T_{x_i} \in X^*$ 使得 $\|T_{x_i}\| = 1$, 且 $T_{x_i}(x_i) = 1, T_{x_i}(x_j) = 0 (i \neq j)$。

证明 令

$$w = F(x) = \phi_{\beta_2,\cdots,\beta_{n-1},0}(f)(x)。$$

显然 w 关于 x 是全纯的, 且

$$T_{x_1}(w) = \frac{f(T_{x_1}(x))}{T_{x_1}(x)} T_{x_1}(x) T_{x_1}(x_1) + T_{x_1}(x) - T_{x_1}(x) = f(T_{x_1}(x)),$$

(3.4.1)

以及

$$T_{x_j}(w) = \left[\frac{f(T_{x_1}(x))}{T_{x_1}(x)}\right]^{\beta_j} T_{x_j}(x) \, \text{。} \qquad (3.4.2)$$

由于 f 是 D 上正规化的双全纯函数，由式（3.4.1）和式（3.4.2）得

$$T_{x_1}(x) = f^{-1}(T_{x_1}(w)) \, , \qquad (3.4.3)$$

$$T_{x_j}(x) = \left(\frac{T_{x_1}(w)}{f^{-1}(T_{x_1}(w))}\right)^{-\beta_j} T_{x_j}(w) \, \text{。} \qquad (3.4.4)$$

由式（3.4.3）和式（3.4.4）得

$$w = \sum_{j=1}^{n-1} T_{x_j}(w) x_j + \left[x - \sum_{j=1}^{n-1} \left(\frac{T_{x_1}(w)}{f^{-1}(T_{x_1}(w))}\right)^{-\beta_j} T_{x_j}(w) x_j\right] ,$$

从而

$$x = \left(w - \sum_{j=1}^{n-1} T_{x_j}(w) x_j\right) + \sum_{j=1}^{n-1} \left(\frac{T_{x_1}(w)}{f^{-1}(T_{x_1}(w))}\right)^{-\beta_j} T_{x_j}(w) x_j \, \text{。} \qquad (3.4.5)$$

则 x 关于 w 是双全纯的，于是 $F(x)$ 是 B 上的双全纯映照。

另外，由 $F(x)$ 的表达式得 $F(0) = 0$。对于任意的 $\boldsymbol{\eta} \in X$ 有

$$DF(x)\boldsymbol{\eta} = \boldsymbol{\eta} - \sum_{j=1}^{n-1} T_{x_j}(\boldsymbol{\eta}) x_j + \sum_{j=1}^{n-1} \left\{\beta_j \left(\frac{f(T_{x_1}(x))}{T_{x_1}(x)}\right)^{\beta_j - 1} \cdot \right.$$

$$\frac{f'(T_{x_1}(x)) T_{x_1}(\boldsymbol{\eta}) T_{x_1}(x) - f(T_{x_1}(x)) T_{x_1}(\boldsymbol{\eta})}{(T_{x_1}(x))^2} T_{x_j}(x) x_j +$$

$$\left.\left(\frac{f(T_{x_1}(x))}{T_{x_1}(x)}\right)^{\beta_j} T_{x_j}(\boldsymbol{\eta}) x_j\right\} \text{。}$$

由于 f 是正规化的且

$$T_{x_1}(0) = 0 \, , \left.\left(\frac{f(z)}{z}\right)^{\beta_j}\right|_{z=0} = 1 \, ,$$

则 $DF(0)\boldsymbol{\eta} = \boldsymbol{\eta}$，即 $DF(0) = I$，从而 F 是正规化的。

综上可得 $F(x)$ 是 B 上的正规化的双全纯映照。

引理 3.4.2[30]　令 $x_1 \in \bar{B}, \|x_1\| = 1$，则存在 $T_{x_1} \in T(x_1)$ 和 $T_x \in T(x)$ 使得

$$\|x\|T_x(x_1) = \overline{T_{x_1}(x)}.$$

引理 3.4.3 设 f 是 D 上正规化的双全纯函数，$F(x)$ 是引理 3.4.1 中所定义的函数，则

$$\|x\|T_x[(DF(x))^{-1}F(x)] = \|x\|^2 + \sum_{j=1}^{n-1}\beta_j|T_{x_j}(x)|^2\left[\frac{f(T_{x_1}(x))}{T_{x_1}(x)f'(T_{x_1}(x))} - 1\right].$$

证明 令 $w = F(x)$。由式 (3.4.5) 得

$$x = F^{-1}(w) = \left(w - \sum_{j=1}^{n-1}T_{x_j}(w)x_j\right) + \sum_{j=1}^{n-1}\left(\frac{T_{x_1}(w)}{f^{-1}(T_{x_1}(w))}\right)^{-\beta_j}T_{x_j}(w)x_j,$$

则

$$(DF(x))^{-1}\boldsymbol{\eta} = DF^{-1}(w)\boldsymbol{\eta} = \left(\boldsymbol{\eta} - \sum_{j=1}^{n-1}T_{x_j}(\boldsymbol{\eta})x_j\right) +$$

$$\sum_{j=1}^{n-1}\left\{(-\beta_j)\left(\frac{T_{x_1}(w)}{f^{-1}(T_{x_1}(w))}\right)^{-\beta_j-1}\cdot\right.$$

$$\frac{T_{x_1}(\boldsymbol{\eta})f^{-1}(T_{x_1}(w)) - T_{x_1}(w)(f^{-1})'(T_{x_1}(w))T_{x_1}(\boldsymbol{\eta})}{[f^{-1}(T_{x_1}(w))]^2}\cdot$$

$$\left.T_{x_j}(w)x_j + \left(\frac{T_{x_1}(w)}{f^{-1}(T_{x_1}(w))}\right)^{-\beta_j}T_{x_j}(\boldsymbol{\eta})x_j\right\}.$$

又由式 (3.4.4) 和式 (3.4.5) 得

$$w - \sum_{j=1}^{n-1}T_{x_j}(w)x_j = x - \sum_{j=1}^{n-1}\left(\frac{T_{x_1}(w)}{f^{-1}(T_{x_1}(w))}\right)^{-\beta_j}T_{x_j}(w)x_j = x - \sum_{j=1}^{n-1}T_{x_j}(x)x_j.$$

(3.4.6)

由式 (3.4.3) 得

$$(f^{-1})'(T_{x_1}(w)) = \frac{1}{f'(T_{x_1}(x))}.$$
(3.4.7)

则由式 (3.4.1)、式 (3.4.3)、式 (3.4.4)、式 (3.4.6) 及式 (3.4.7) 得

$$(DF(x))^{-1}F(x) = x - \sum_{j=1}^{n-1}T_{x_j}(x)x_j +$$

$$\sum_{j=1}^{n-1}\left\{(-\beta_j)\left(\frac{T_{x_1}(w)}{f^{-1}(T_{x_1}(w))}\right)^{-\beta_j}\frac{f^{-1}(T_{x_1}(w))-(f^{-1})'(T_{x_1}(w))T_{x_1}(w)}{f^{-1}(T_{x_1}(w))}\cdot\right.$$

$$\left.T_{x_j}(w)x_j+\left(\frac{T_{x_1}(w)}{f^{-1}(T_{x_1}(w))}\right)^{-\beta_j}T_{x_j}(w)x_j\right\}$$

$$=x-\sum_{j=1}^{n-1}T_{x_j}(x)x_j+\sum_{j=1}^{n-1}\left\{\left(\frac{T_{x_1}(w)}{f^{-1}(T_{x_1}(w))}\right)^{-\beta_j}T_{x_j}(w)x_j\left[1+\beta_j\left(\frac{f(T_{x_1}(x))}{T_{x_1}(x)f'(T_{x_1}(x))}-1\right)\right]\right\}$$

$$=x-\sum_{j=1}^{n-1}T_{x_j}(x)x_j+\sum_{j=1}^{n-1}\left\{T_{x_j}(x)x_j\left[1+\beta_j\left(\frac{f(T_{x_1}(x))}{T_{x_1}(x)f'(T_{x_1}(x))}-1\right)\right]\right\}$$

$$=x+\sum_{j=1}^{n-1}\beta_jT_{x_j}(x)x_j\left[\frac{f(T_{x_1}(x))}{T_{x_1}(x)f'(T_{x_1}(x))}-1\right]。$$

由引理 3.4.2 得

$$\|x\|T_x[(DF(x))^{-1}F(x)]$$

$$=\|x\|^2+\sum_{j=1}^{n-1}\beta_jT_{x_j}(x)\|x\|T_x(x_j)\left[\frac{f(T_{x_1}(x))}{T_{x_1}(x)f'(T_{x_1}(x))}-1\right]$$

$$=\|x\|^2+\sum_{j=1}^{n-1}\beta_j|T_{x_j}(x)|^2\left[\frac{f(T_{x_1}(x))}{T_{x_1}(x)f'(T_{x_1}(x))}-1\right]。$$

下面讨论引理 3.4.1 中所定义的延拓算子的性质。

定理 3.4.4 令 f 是 D 上的 α 次殆 β 型螺形函数，$\alpha\in[0,1)$，$\beta\in\left(-\frac{\pi}{2},\frac{\pi}{2}\right)$，且 $F(x)$ 是引理 3.4.1 中所定义的函数，则 $F(x)$ 是 B 上的 α 次殆 β 型螺形映照。

证明 由引理 3.4.3 得

$$\mathrm{Re}\left\{\mathrm{e}^{-\mathrm{i}\beta}\frac{1}{\|x\|}T_x[(Df(x))^{-1}f(x)]\right\}$$

$$=\mathrm{Re}\left\{\mathrm{e}^{-\mathrm{i}\beta}\frac{1}{\|x\|^2}\|x\|T_x[(Df(x))^{-1}f(x)]\right\}$$

$$=\mathrm{Re}\left\{\mathrm{e}^{-\mathrm{i}\beta}+\mathrm{e}^{-\mathrm{i}\beta}\frac{\sum_{j=1}^{n-1}\beta_j|T_{x_j}(x)|^2}{\|x\|^2}\left[\frac{f(T_{x_1}(x))}{T_{x_1}(x)f'(T_{x_1}(x))}-1\right]\right\}$$

第 3 章　多复变数空间中的 Roper-Suffridge 算子

$$= \operatorname{Re}\left\{\frac{\sum_{j=1}^{n-1}\beta_j|T_{x_j}(x)|^2}{\|x\|^2}\left[\mathrm{e}^{-\mathrm{i}\beta}\frac{f(T_{x_1}(x))}{T_{x_1}(x)f'(T_{x_1}(x))} - \mathrm{e}^{-\mathrm{i}\beta}\right] + \mathrm{e}^{-\mathrm{i}\beta}\right\}$$

$$= \frac{\sum_{j=1}^{n-1}\beta_j|T_{x_j}(x)|^2}{\|x\|^2}\operatorname{Re}\left[\mathrm{e}^{-\mathrm{i}\beta}\frac{f(T_{x_1}(x))}{T_{x_1}(x)f'(T_{x_1}(x))}\right] + \left[1 - \frac{\sum_{j=1}^{n-1}\beta_j|T_{x_j}(x)|^2}{\|x\|^2}\right]\operatorname{Re}(\mathrm{e}^{-\mathrm{i}\beta})。$$

由于 f 是 D 上的 α 次殆 β 型螺形函数，则

$$\operatorname{Re}\left[\mathrm{e}^{-\mathrm{i}\beta}\frac{f(T_{x_1}(x))}{T_{x_1}(x)f'(T_{x_1}(x))}\right] \geqslant \alpha\cos\beta。$$

又由 $\alpha \in [0,1)$ 知 $\operatorname{Re}\mathrm{e}^{-\mathrm{i}\beta} = \cos\beta > \alpha\cos\beta$，于是

$$\operatorname{Re}\left\{\mathrm{e}^{-\mathrm{i}\beta}\frac{1}{\|x\|}T_x[(\boldsymbol{D}f(x))^{-1}f(x)]\right\}$$

$$\geqslant \left\{\frac{\sum_{j=1}^{n-1}\beta_j|T_{x_j}(x)|^2}{\|x\|^2} + \left[1 - \frac{\sum_{j=1}^{n-1}\beta_j|T_{x_j}(x)|^2}{\|x\|^2}\right]\right\}\alpha\cos\beta = \alpha\cos\beta。$$

由引理 3.4.1 和定义 3.1.4 知 F 是 B 上的 α 次殆 β 型螺形映照。

在定理 3.4.4 中分别令 $\alpha = 0$ 和 $\beta = 0$，则得到相应的关于 β 型螺形映照和 α 阶殆星形映照的结论。

推论 3.4.5　令 f 是 D 上的 β 型螺形函数（α 次殆星形函数），$\alpha \in [0,1)$ 且 $\beta \in \left(-\frac{\pi}{2}, \frac{\pi}{2}\right)$，且 $F(x)$ 是引理 3.4.1 中所定义的函数，则 $F(x)$ 是 B 上的 β 型螺形映照（α 阶殆星形映照）。

定理 3.4.6　令 f 是 D 上的 α 次 β 型螺形函数，$\alpha \in (0,1)$，$\beta \in \left(-\frac{\pi}{2}, \frac{\pi}{2}\right)$，且 $F(x)$ 是引理 3.4.1 中所定义的函数，则 $F(x)$ 是 B 上的 α 次 β 型螺形映照。

证明　由引理 3.4.3 得

$$\left|2\alpha(1 - \mathrm{i}\tan\beta)\frac{1}{\|x\|}T_x[(\boldsymbol{D}f(x))^{-1}f(x)] - 1 + \mathrm{i}2\alpha\tan\beta\right|$$

$$= \left| 2\alpha(1 - \mathrm{i}\tan\beta) \frac{1}{\|x\|^2} \|x\| T_x [(Df(x))^{-1} f(x)] - 1 + \mathrm{i}2\alpha\tan\beta \right|$$

$$= \left| 2\alpha(1 - \mathrm{i}\tan\beta) \left\{ 1 + \frac{\sum_{j=1}^{n-1} \beta_j |T_{x_j}(x)|^2}{\|x\|^2} \left[\frac{f(T_{x_1}(x))}{T_{x_1}(x) f'(T_{x_1}(x))} - 1 \right] \right\} - 1 + \mathrm{i}2\alpha\tan\beta \right|$$

$$= \left| \frac{\sum_{j=1}^{n-1} \beta_j |T_{x_j}(x)|^2}{\|x\|^2} \left\{ \left[2\alpha(1 - \mathrm{i}\tan\beta) \frac{f(T_{x_1}(x))}{T_{x_1}(x) f'(T_{x_1}(x))} - 1 + \mathrm{i}2\alpha\tan\beta \right] + (1 - 2\alpha) \right\} + 2\alpha - 1 \right|$$

$$= \left| \frac{\sum_{j=1}^{n-1} \beta_j |T_{x_j}(x)|^2}{\|x\|^2} \left[2\alpha(1 - \mathrm{i}\tan\beta) \frac{f(T_{x_1}(x))}{T_{x_1}(x) f'(T_{x_1}(x))} - 1 + \mathrm{i}2\alpha\tan\beta \right] + (2\alpha - 1) \left[1 - \frac{\sum_{j=1}^{n-1} \beta_j |T_{x_j}(x)|^2}{\|x\|^2} \right] \right| \circ$$

由于 f 是 D 上的 α 次 β 型螺形函数，则

$$\left| 2\alpha(1 - \mathrm{i}\tan\beta) \frac{f(T_{x_1}(x))}{T_{x_1}(x) f'(T_{x_1}(x))} - 1 + \mathrm{i}2\alpha\tan\beta \right| < 1 \circ$$

又由 $\alpha \in [0,1)$ 得 $|2\alpha - 1| < 1$，则

$$\left| 2\alpha(1 - \mathrm{i}\tan\beta) \frac{1}{\|x\|} T_x [(Df(x))^{-1} f(x)] - 1 + \mathrm{i}2\alpha\tan\beta \right|$$

$$< \left\{ \frac{\sum_{j=1}^{n-1} \beta_j |T_{x_j}(x)|^2}{\|x\|^2} + \left[1 - \frac{\sum_{j=1}^{n-1} \beta_j |T_{x_j}(x)|^2}{\|x\|^2} \right] \right\} = 1 \circ$$

由引理 3.4.1 和定义 3.1.5 得 $F(x)$ 是 B 上的 α 次 β 型螺形映照。

在定理 3.4.6 中令 $\beta = 0$ 则得到相应的关于 α 次星形映照的结论。

推论 3.4.7 令 f 是 D 上的 α 次星形函数，$\alpha \in (0,1)$，且 $F(x)$ 是引理

3.4.1 中所定义的函数，则 $F(x)$ 是 B 上的 α 次星形映照。

定理 3.4.8 令 f 是 D 上的 α 次强 β 型螺形函数，$\alpha \in (0,1]$，$\beta \in \left(-\frac{\pi}{2}, \frac{\pi}{2}\right)$，且 $F(x)$ 是引理 3.4.1 中所定义的函数，则 $F(x)$ 是 B 上的 α 次强 β 型螺形映照。

证明 由引理 3.4.3 得

$$\left| \arg \left\{ e^{-i\beta} \frac{1}{\|x\|} T_x \left[(\boldsymbol{D}f(x))^{-1} f(x) \right] + i\sin\beta \right\} \right|$$

$$= \left| \arg \left\{ e^{-i\beta} \left[1 + \frac{\sum_{j=1}^{n-1} \beta_j |T_{x_j}(x)|^2}{\|x\|^2} \left(\frac{f(T_{x_1}(x))}{T_{x_1}(x) f'(T_{x_1}(x))} - 1 \right) \right] + i\sin\beta \right\} \right|$$

$$= \left| \arg \left\{ \frac{\sum_{j=1}^{n-1} \beta_j |T_{x_j}(x)|^2}{\|x\|^2} \left[e^{-i\beta} \frac{f(T_{x_1}(x))}{T_{x_1}(x) f'(T_{x_1}(x))} - e^{-i\beta} \right] + e^{-i\beta} + i\sin\beta \right\} \right|$$

$$= \left| \arg \left\{ \frac{\sum_{j=1}^{n-1} \beta_j |T_{x_j}(x)|^2}{\|x\|^2} \left[e^{-i\beta} \frac{f(T_{x_1}(x))}{T_{x_1}(x) f'(T_{x_1}(x))} + i\sin\beta \right] + \cos\beta \left[1 - \frac{\sum_{j=1}^{n-1} \beta_j |T_{x_j}(x)|^2}{\|x\|^2} \right] \right\} \right|$$

$$= \left| \arg \left\{ \left[e^{-i\beta} \frac{f(T_{x_1}(x))}{T_{x_1}(x) f'(T_{x_1}(x))} + i\sin\beta \right] + \frac{\|x\|^2 - \sum_{j=1}^{n-1} \beta_j |T_{x_j}(x)|^2}{\sum_{j=1}^{n-1} \beta_j |T_{x_j}(x)|^2} \right\} \right|$$

$$= \left| \arg \left\{ \left[e^{-i\beta} \frac{f(T_{x_1}(x))}{T_{x_1}(x) f'(T_{x_1}(x))} + i\sin\beta \right] + C \right\} \right|,$$

其中，

$$C = \frac{\|x\|^2 - \sum_{j=1}^{n-1} \beta_j |T_{x_j}(x)|^2}{\sum_{j=1}^{n-1} \beta_j |T_{x_j}(x)|^2} > 0。$$

由于 f 是 D 上的 α 次强 β 型螺形函数，则

$$\left| \arg \left\{ e^{-i\beta} \frac{f(T_{x_1}(x))}{T_{x_1}(x)f'(T_{x_1}(x))} + i\sin\beta \right\} \right| < \frac{\pi}{2}\alpha。$$

令

$$e^{-i\beta} \frac{f(T_{x_1}(x))}{T_{x_1}(x)f'(T_{x_1}(x))} + i\sin\beta = a + bi,$$

由 $\alpha \in (0,1]$ 得 $a + bi$ 在右半平面，则 $a > 0$ 且

$$\left| \arg \left\{ e^{-i\beta} \frac{f(T_{x_1}(x))}{T_{x_1}(x)f'(T_{x_1}(x))} + i\sin\beta \right\} \right| = \arctan \frac{|b|}{a} < \frac{\pi}{2}\alpha。$$

于是

$$\left| \arg \left\{ e^{-i\beta} \frac{1}{\|x\|} T_x [(\boldsymbol{D}f(x))^{-1}f(x)] + i\sin\beta \right\} \right|$$

$$= |\arg(a + bi + C)| = \left| \arctan \frac{b}{a + C} \right|$$

$$= \arctan \frac{|b|}{a + C} < \arctan \frac{|b|}{a} < \frac{\pi}{2}\alpha。$$

由引理 3.4.1 和定义 3.1.6 得 $F(x)$ 是 B 上的 α 次强 β 型螺形映照。

在定理 3.4.8 中令 $\beta = 0$，则得到相应的关于 α 次强星形映照的结论。

推论 3.4.9 令 f 是 D 上的 α 次强星形函数，$\alpha \in (0,1]$，且 $F(x)$ 是引理 3.4.1 中所定义的函数，则 $F(x)$ 是 B 上的 α 次强星形映照。

定理 3.4.10 令 f 是 D 上的强 α 次殆 β 型螺形函数，$\alpha \in [0,1)$，$\beta \in \left(-\frac{\pi}{2}, \frac{\pi}{2}\right)$ 且 $c \in (0,1)$，且 $F(x)$ 是引理 3.4.1 中所定义的函数，则 $F(x)$ 是 B 上的强 α 次殆 β 型螺形映照。

证明 由引理 3.4.3 得

$$\left| \frac{-\alpha + i\tan\beta}{1 - \alpha} + \frac{1 - i\tan\beta}{1 - \alpha} \frac{1}{\|x\|} T_x [(\boldsymbol{D}f(x))^{-1}f(x)] - \frac{1 + c^2}{1 - c^2} \right|$$

$$= \left| \frac{-\alpha + i\tan\beta}{1 - \alpha} + \frac{1 - i\tan\beta}{1 - \alpha} \left\{ 1 + \frac{\sum_{j=1}^{n-1} \beta_j |T_{x_j}(x)|^2}{\|x\|^2} \left[\frac{f(T_{x_1}(x))}{T_{x_1}(x)f'(T_{x_1}(x))} - 1 \right] \right\} - \frac{1 + c^2}{1 - c^2} \right|$$

$$= \left| \frac{1-\mathrm{i}\tan\beta}{1-\alpha} \frac{\sum_{j=1}^{n-1}\beta_j|T_{x_j}(x)|^2}{\|x\|^2} \left[\frac{f(T_{x_1}(x))}{T_{x_1}(x)f'(T_{x_1}(x))} - 1 \right] + 1 - \frac{1+c^2}{1-c^2} \right|$$

$$= \left| \frac{\sum_{j=1}^{n-1}\beta_j|T_{x_j}(x)|^2}{\|x\|^2} \left[\frac{-\alpha+\mathrm{i}\tan\beta}{1-\alpha} + \frac{1-\mathrm{i}\tan\beta}{1-\alpha} \frac{f(T_{x_1}(x))}{T_{x_1}(x)f'(T_{x_1}(x))} - \frac{1+c^2}{1-c^2} \right] + \right.$$

$$\left. \frac{\sum_{j=1}^{n-1}\beta_j|T_{x_j}(x)|^2}{\|x\|^2} \left(\frac{1+c^2}{1-c^2} - \frac{-\alpha+\mathrm{i}\tan\beta}{1-\alpha} \right) - \frac{1-\mathrm{i}\tan\beta}{1-\alpha} \frac{\sum_{j=1}^{n-1}\beta_j|T_{x_j}(x)|^2}{\|x\|^2} + \frac{-2c^2}{1-c^2} \right|$$

$$= \left| \frac{\sum_{j=1}^{n-1}\beta_j|T_{x_j}(x)|^2}{\|x\|^2} \left[\frac{-\alpha+\mathrm{i}\tan\beta}{1-\alpha} + \frac{1-\mathrm{i}\tan\beta}{1-\alpha} \frac{f(T_{x_1}(x))}{T_{x_1}(x)f'(T_{x_1}(x))} - \frac{1+c^2}{1-c^2} \right] + \right.$$

$$\left. \frac{-2c^2}{1-c^2} \left(1 - \frac{\sum_{j=1}^{n-1}\beta_j|T_{x_j}(x)|^2}{\|x\|^2} \right) \right|$$

$$\leq \frac{\sum_{j=1}^{n-1}\beta_j|T_{x_j}(x)|^2}{\|x\|^2} \left| \frac{-\alpha+\mathrm{i}\tan\beta}{1-\alpha} + \frac{1-\mathrm{i}\tan\beta}{1-\alpha} \frac{f(T_{x_1}(x))}{T_{x_1}(x)f'(T_{x_1}(x))} - \frac{1+c^2}{1-c^2} \right| +$$

$$\left(1 - \frac{\sum_{j=1}^{n-1}\beta_j|T_{x_j}(x)|^2}{\|x\|^2} \right) \frac{2c^2}{1-c^2} \circ$$

由于 f 是 D 上的强 α 次殆 β 型螺形函数，则

$$\left| \frac{-\alpha+\mathrm{i}\tan\beta}{1-\alpha} + \frac{1-\mathrm{i}\tan\beta}{1-\alpha} \frac{f(T_{x_1}(x))}{T_{x_1}(x)f'(T_{x_1}(x))} - \frac{1+c^2}{1-c^2} \right| < \frac{2c}{1-c^2} \circ$$

又由 $c \in (0,1)$ 知 $\frac{2c^2}{1-c^2} < \frac{2c}{1-c^2}$，则

$$\left| \frac{-\alpha+\mathrm{i}\tan\beta}{1-\alpha} + \frac{1-\mathrm{i}\tan\beta}{1-\alpha} \frac{1}{\|x\|} T_x[(Df(x))^{-1}f(x)] - \frac{1+c^2}{1-c^2} \right|$$

$$< \left[\frac{\sum_{j=1}^{n-1}\beta_j|T_{x_j}(x)|^2}{\|x\|^2} + \left(1 - \frac{\sum_{j=1}^{n-1}\beta_j|T_{x_j}(x)|^2}{\|x\|^2} \right) \right] \frac{2c}{1-c^2} = \frac{2c}{1-c^2} \circ$$

由引理 3.4.1 和定义 3.1.8 得 $F(x)$ 是 B 上的强 α 次殆 β 型螺形映照。在定理 3.4.10 中分别令 $\alpha = 0$，$\beta = 0$，$\alpha = \beta = 0$，则有以下结论。

推论 3.4.11 令 f 是 D 上的强 β 型螺形函数，$\beta \in \left(-\dfrac{\pi}{2}, \dfrac{\pi}{2}\right), c \in (0, 1)$，且 $F(x)$ 是引理 3.4.1 中所定义的函数，则 $F(x)$ 是 B 上的强 β 型螺形映照。

推论 3.4.12 令 f 是 D 上的强 α 次殆星形函数，$\alpha \in [0, 1), c \in (0, 1)$，且 $F(x)$ 是引理 3.4.1 中所定义的函数，则 $F(x)$ 是 B 上的强 α 阶殆星形映照。

推论 3.4.13 令 f 是 D 上的强星形函数，$c \in (0, 1)$，且 $F(x)$ 是引理 3.4.1 中所定义的函数，则 $F(x)$ 是 B 上的强星形映照。

定理 3.4.14 令 f 是 D 上的 ρ 次抛物型 β 型螺形函数，$\beta \in \left(-\dfrac{\pi}{2}, \dfrac{\pi}{2}\right)$，$\rho \in [0, 1)$，且 $F(x)$ 是引理 3.4.1 中所定义的函数，若 $\cos\beta > \rho$，则 $F(x)$ 是 B 上的 ρ 次抛物型 β 型螺形映照。

证明 由于 f 是 D 上的 ρ 次抛物型 β 型螺形函数，则

$$\left| e^{-i\beta} \frac{f(T_{x_1}(x))}{T_{x_1}(x) f'(T_{x_1}(x))} - (1 - i\sin\beta) \right|$$
$$< (1 - 2\rho) + \mathrm{Re}\left[e^{-i\beta} \frac{f(T_{x_1}(x))}{T_{x_1}(x) f'(T_{x_1}(x))} \right]。$$

由引理 3.4.3 得

$$\left| \frac{e^{-i\beta}}{\|x\|} T_x \left[(Df(x))^{-1} f(x) \right] - (1 - i\sin\beta) \right|$$

$$= \left| e^{-i\beta} \left\{ 1 + \frac{\sum_{j=1}^{n-1} \beta_j |T_{x_j}(x)|^2}{\|x\|^2} \left[\frac{f(T_{x_1}(x))}{T_{x_1}(x) f'(T_{x_1}(x))} - 1 \right] \right\} - (1 - i\sin\beta) \right|$$

$$= \left| e^{-i\beta} \left(1 - \frac{\sum_{j=1}^{n-1} \beta_j |T_{x_j}(x)|^2}{\|x\|^2} \right) + \frac{\sum_{j=1}^{n-1} \beta_j |T_{x_j}(x)|^2}{\|x\|^2} \left[e^{-i\beta} \frac{f(T_{x_1}(x))}{T_{x_1}(x) f'(T_{x_1}(x))} - \right. \right.$$

$$(1 - \mathrm{i}\sin\beta)\Big] + \left(\frac{\sum_{j=1}^{n-1}\beta_j |T_{x_j}(x)|^2}{\|x\|^2} - 1\right)(1 - \mathrm{i}\sin\beta)\Bigg|$$

$$= \Bigg|\left(1 - \frac{\sum_{j=1}^{n-1}\beta_j |T_{x_j}(x)|^2}{\|x\|^2}\right)(\cos\beta - 1) +$$

$$\frac{\sum_{j=1}^{n-1}\beta_j |T_{x_j}(x)|^2}{\|x\|^2}\left[\mathrm{e}^{-\mathrm{i}\beta}\frac{f(T_{x_1}(x))}{T_{x_1}(x)f'(T_{x_1}(x))} - (1 - \mathrm{i}\sin\beta)\right]\Bigg|$$

$$\leqslant \left(1 - \frac{\sum_{j=1}^{n-1}\beta_j |T_{x_j}(x)|^2}{\|x\|^2}\right)(1 - \cos\beta) +$$

$$\frac{\sum_{j=1}^{n-1}\beta_j |T_{x_j}(x)|^2}{\|x\|^2}\left|\mathrm{e}^{-\mathrm{i}\beta}\frac{f(T_{x_1}(x))}{T_{x_1}(x)f'(T_{x_1}(x))} - (1 - \mathrm{i}\sin\beta)\right|$$

$$< \left(1 - \frac{\sum_{j=1}^{n-1}\beta_j |T_{x_j}(x)|^2}{\|x\|^2}\right)(1 - \cos\beta) +$$

$$\frac{\sum_{j=1}^{n-1}\beta_j |T_{x_j}(x)|^2}{\|x\|^2}\left[(1 - 2\rho) + \mathrm{Re}\left(\mathrm{e}^{-\mathrm{i}\beta}\frac{f(T_{x_1}(x))}{T_{x_1}(x)f'(T_{x_1}(x))}\right)\right]$$

$$= \left(1 - \frac{\sum_{j=1}^{n-1}\beta_j |T_{x_j}(x)|^2}{\|x\|^2}\right)(1 - 2\cos\beta) + \frac{\sum_{j=1}^{n-1}\beta_j |T_{x_j}(x)|^2}{\|x\|^2}(1 - 2\rho) +$$

$$\mathrm{Re}\left\{\mathrm{e}^{-\mathrm{i}\beta}\left[1 + \frac{\sum_{j=1}^{n-1}\beta_j |T_{x_j}(x)|^2}{\|x\|^2}\left(\frac{f(T_{x_1}(x))}{T_{x_1}(x)f'(T_{x_1}(x))} - 1\right)\right]\right\}$$

$$< \left(1 - \frac{\sum_{j=1}^{n-1}\beta_j |T_{x_j}(x)|^2}{\|x\|^2}\right)(1 - 2\rho) + \frac{\sum_{j=1}^{n-1}\beta_j |T_{x_j}(x)|^2}{\|x\|^2}(1 - 2\rho) +$$

$$\mathrm{Re}\left\{\mathrm{e}^{-\mathrm{i}\beta}\left[1+\frac{\sum_{j=1}^{n-1}\beta_j|T_{x_j}(x)|^2}{\|x\|^2}\left(\frac{f(T_{x_1}(x))}{T_{x_1}(x)f'(T_{x_1}(x))}-1\right)\right]\right\}$$

$$=(1-2\rho)+\mathrm{Re}\left\{\frac{\mathrm{e}^{-\mathrm{i}\beta}}{\|x\|}T_x\left[(\boldsymbol{D}f(x))^{-1}f(x)\right]\right\}。$$

由定义 3.1.10 知 $F(x)$ 是 B 上的 ρ 次抛物型 β 型螺形映照。

在定理 3.4.14 中当 $\beta=0$ 时有以下结论。

推论 3.4.15 令 f 是 D 上的 ρ 次抛物星形函数,$\rho\in[0,1)$,且 $F(x)$ 是引理 3.4.1 中所定义的函数,若 $\cos\beta>\rho$,则 $F(x)$ 是 B 上的 ρ 次抛物星形映照。

如果 X 是一个 n 维复 Hilbert 空间。由 Riesz 表示定理得 $T_{x_1}(\boldsymbol{x})=\langle\boldsymbol{x},\boldsymbol{x}_1\rangle$。另外,选取 $\boldsymbol{x}_1=(1,\cdots,0)'$,$\|\boldsymbol{x}\|=1$($\boldsymbol{x}=(z_1,z_2,\cdots,z_n)'=(z_1,z_0)'$),则 $T_{x_1}(\boldsymbol{x})=z_1$,此时引理 3.4.1 中所定义的函数为

$$F(\boldsymbol{z})=\left(f(z_1),\left(\frac{f(z_1)}{z_1}\right)^{\beta_2}z_2,\cdots,\left(\frac{f(z_1)}{z_1}\right)^{\beta_{n-1}}z_{n-1},z_n\right)',$$

特别地,当 $n=2$ 时 $F(\boldsymbol{z})=(f(z_1),z_2)'$。

推论 3.4.16 设 f 是 D 上的正规化双全纯函数,令

$$F(\boldsymbol{z})=\left(f(z_1),\left(\frac{f(z_1)}{z_1}\right)^{\beta_2}z_2,\cdots,\left(\frac{f(z_1)}{z_1}\right)^{\beta_{n-1}}z_{n-1},z_n\right)',$$

其中,$n\in\mathbb{N}(n\geq2)$,$\beta_1=1$ 且

$$0\leq\beta_j\leq1(j=2,3,\cdots,n-1),\left.\left(\frac{f(z)}{z}\right)^{\beta_j}\right|_{z=0}=1(j=1,2,\cdots,n-1),$$

则 $F(\boldsymbol{z})$ 在复 Hilbert 空间单位球上保持 α 次殆 β 型螺形映照、α 次 β 型螺形映照、α 次强 β 型螺形映照、强 α 次殆 β 型螺形映照和 ρ 次抛物型 β 型螺形映照的性质。

定理 3.4.17 设 f 是 D 上的正规化双全纯函数,令

$$F(x)=\phi_\beta(f)(x)=f(T_{x_1}(x))x_1+\left[\frac{f(T_{x_1}(x))}{T_{x_1}(x)}\right]^\beta(x-T_{x_1}(x)x_1),$$

则 $F(x)$ 保持 α 次殆 β 型螺形映照、α 次 β 型螺形映照、α 次强 β 型螺形映照、强 α 次殆 β 型螺形映照和 ρ 次抛物型 β 型螺形映照的性质，其中 $0 \leq \beta \leq 1$，$x_1 \in \overline{B}, \|x_1\| = 1$ 且

$$f(z_1) \neq 0, \left.\left(\frac{f(z_1)}{z_1}\right)^{\beta}\right|_{z_1=0} = 1 \, (z_1 \neq 0)。$$

证明 类似于引理 3.4.3 可得

$$\|x\| T_x[(DF(x))^{-1}F(x)] = \|x\|^2 + [|T_{x_1}(x)|^2 + \beta(\|x\|^2 - |T_{x_1}(x)|^2)]\left[\frac{f(T_{x_1}(x))}{T_{x_1}(x)f'(T_{x_1}(x))} - 1\right]。$$

与定理 3.4.4、定理 3.4.6、定理 3.4.8、定理 3.4.10 及定理 3.4.14 同理可得结论成立，且所得结论推广了参考文献 [30] 中的结果。

如果 X 是一个 n 维复 Hilbert 空间。选取 $\boldsymbol{x}_1 = (1,\cdots,0)'$，$\|\boldsymbol{x}\| = 1$（$\boldsymbol{x} = (z_1,\cdots,z_n)' = (z_1,z_0)'$），则 $T_{x_1}(\boldsymbol{x}) = z_1$，此时定理 3.4.17 中所定义的函数为

$$F(z) = \left(f(z_1), \left(\frac{f(z_1)}{z_1}\right)^{\beta} z_0\right)',$$

则有以下结论。

推论 3.4.18 设 f 是 D 上的正规化双全纯函数，令

$$F(z) = \left(f(z_1), \left(\frac{f(z_1)}{z_1}\right)^{\beta} z_0\right)',$$

则 $F(z)$ 在复 Hilbert 空间单位球上保持 α 次殆 β 型螺形映照、α 次 β 型螺形映照、α 次强 β 型螺形映照、强 α 次殆 β 型螺形映照和 ρ 次抛物型 β 型螺形映照的性质，其中 $0 \leq \beta \leq 1$，且

$$f(z_1) \neq 0, \left.\left(\frac{f(z_1)}{z_1}\right)^{\beta}\right|_{z_1=0} = 1 \, (z_1 \neq 0)。$$

参 考 文 献

[1] 赵燕红. 复 Banach 空间单位球上的复数 λ 阶殆星映射 [D]. 金华：浙江师范大学，2013.

[2] ZHU Y C, LIU M S. The generalized Roper-Suffridge extension operator on Reinhardt domain D_p [J]. Taiwanese journal of mathematics, 2010, 14 (2)：359 – 372.

[3] 冯淑霞，张晓飞，陈慧勇. 多复变数的抛物星形映射 [J]. 数学学报，2011, 54 (3)：467 – 482.

[4] FENG S X, LIU T S, REN G B. The growth and covering theorems for several classes of mappings on the unit ball in complex Banach spaces [J]. Chinese annals of mathematics, 2007, 28A (2)：215 – 230.

[5] 蔡荣华，刘小松. 强螺形函数子族的第三项和第四项系数估计 [J]. 湛江师范学院学报，2010, 31 (6)：38 – 43.

[6] XU Q H, LIU T S. On the growth and covering theorem for normalized biholomorphic mappings [J]. Chinese annals of mathematics, 2009, 30A (2)：213 – 220.

[7] HAMADA H, KOHR G. The growth theorem and quasiconformal extension of strongly spirallike mappings of type α [J]. Complex variables theory and application, 2001, 44 (4)：281 – 297.

[8] 刘小松. 多复变数中两类双全纯映照子族之间的关系式 [J]. 河南大学学报（自然科学版），2010, 4 (6)：556 – 559.

[9] CHUAQUI M. Applications of subordination chains to starlike mappings in $\mathbb{C}^n$ [J]. Pacific journal of mathematics, 1995, 168：33 – 48.

[10] 高彩玲. Reinhardt 域上推广的 Roper-Suffridge 算子 [D]. 金华：浙江师范大学，2012.

[11] LIU X S, FENG S X. A remark on the generalized Roper-Suffridge extension operator for spirallike mappings of type β and order α [J]. Chinese quarterly journal of mathematics, 2009, 24 (2)：310 – 316.

[12] ZHAO X, ZHANG L, YIN W. Einstein-Kähler metric on Cartan-Hartogs domain of the

second type [J]. Progress in natural science, 2004, 14 (3): 201 – 212.

[13] WANG A, AHN H, PARK J. The minimal circumscribed Hermite ellipsoids of a kind of Hartogs domain and the applications on the extreme value problems [J]. Science China mathematics, 2024, 67 (8): 1 – 12.

[14] WANG A, LIU Y L. Zeroes of the bergman kernels on some new Hartogs domains [J]. Chinese quarterly journal of mathematics, 2011, 26 (3): 325 – 334.

[15] 潘利双, 王安. Bergman-Hartogs 型域的全纯自同构群 [J]. 中国科学, 2015, 45 (1): 31 – 42.

[16] 唐言言. Bergman-Hartogs 型域上的 Roper-Suffridge 算子 [D]. 开封: 河南大学, 2016.

[17] CUI Y Y, WANG C J, LIU H. Biholomorphic mappings and the extension operators on new hartogs domains [J]. Acta mathematica sinica, 2019, 35 (5): 671 – 689.

[18] LIU T S, REN G B. The growth theorem for starlike mappings on bounded starlike circular domains [J]. Chinese annals of mathematics series b, 1998, 19 (4): 401 – 408.

[19] MUIR J R. A class of Loewner chain preserving extension operators [J]. Journal of mathematical analysis and applications, 2008, 337 (2): 862 – 879.

[20] GRAHAM I, KOHR G. Geometric function theory in one and higher dimensions [M]. New York: Marcel Dekker, 2003.

[21] 张洁, 卢金. 单位多圆柱上 α 次的殆 β 型螺形映射的偏差定理 [J]. 湖州师范学院学报, 2011, 33 (2): 46 – 50.

[22] DUREN P L. Univalent functions [M]. New York: Springer-Verlag, 1983.

[23] AHLFORS L V. Complex analysis [M]. 3rd ed. New York: Mc Graw-Hill Book Co, 1979.

[24] CUI Y, WANG C, LIU H, et al. The distortion upper bounds for strongly spirallike mappings of type α [J]. Mathematics in practice and theory, 2015, 45 (13): 258 – 262.

[25] WANG C, CUI Y, LIU H. Property of the modified Roper-Suffridge extension operators on B^n [J]. Acta mathematica scientia, 2016, 59 (6): 729 – 744.

[26] WANG C J, CUI Y Y, LIU H. Properties of the modified Roper-Suffridge extension oper-

ators on Reinhardt domains [J]. Acta mathematica scientia, 2016, 36 (6): 1767-1779.

[27] 王朝君, 刘爱超, 崔艳艳, 等. Bn 上螺形映照的子族与推广的 Roper-Suffridge 算子 [J]. 四川师范大学学报 (自然科学版), 2016, 39 (2): 231-235.

[28] LIU M S, ZHU Y C. On the extension operator in Banach spaces [J]. Advances in mathematics, 2005, 34 (4): 506-508.

[29] 朱玉灿, 刘名生. 在 Banach 空间中推广的 Roper-Suffridge 算子 (I) [J]. 数学学报 (中文版), 2007, 50 (1): 189-196.

[30] 邹娟. 复 Banach 空间中的 Roper-Suffridge 算子 [J]. 数学物理学报, 2010, 30A (6): 1582-1591.

第4章 多复变数空间中的 k 全纯函数

4.1 k 全纯函数的定义及其简单性质

全纯函数是复变函数论主要的研究对象，全纯函数理论除了应用于数学的其他领域之外，还被广泛地应用于力学、物理学、空气动力学等学科。在应用的过程中人们发现有些情况下需要讨论更为广泛的函数类，如多全纯函数，它是全纯函数的一类推广，在单复变函数论中多全纯函数的研究成果已经非常丰富。Abkar[1]在开单位圆盘和上半平面引入了多全纯函数的 Besov 空间，并证明了每个 q 阶的多全纯函数都可以用至多 q 次的多项式在范数上逼近。Benahmadi 等[2]讨论了核函数是 n 阶多全纯 Intissar-Hermite 多项式的有界积分变换，得到其界的具体表示是一个再生核 Hilbert 空间。Alpay 等[3]对有限阶多全纯函数 Hilbert 空间的再生核进行了研究。Benahmadi 等[4]讨论了一类新的多全纯 Hermite 多项式。Keller 等[5]讨论了基于多全纯函数的 Toeplitz 量子化的一个推广，导出了多全纯 Toeplitz 算子在多全纯函数的加权 Sobolev-Fock 空间之间的同构定理，并根据多全纯 Toeplitz 算子给出了复 Weyl 算子的渐近展开式。Vasilevski[6]借助单位圆盘或复平面上加权空间中的解析型子空间的研究讨论了 (m, n)- 全纯函数的性质。另外，关于多全纯函数还有许多很好的结论[7-15]。

以上结论都是在复平面上的结果，而对于 $\mathbb{C}^n$ 中多全纯函数的研究结果却很少，因此笔者希望单复变中的多全纯函数理论能够被推广到多复变数空间中。另外，单复变与多复变本质上的不同使得高维复空间中多全纯函数的研究具有重要意义和相当大的困难。于是本书定义了多复变量的 k 全纯函数，详细研究 $\mathbb{C}^n$ 中 k 全纯函数的性质，并得到了一些与全纯函数相平行的结论。所得结论为研究 $\mathbb{C}^n$ 中 k 全纯函数的应用奠定了必要的基础。

以下令 $H(G)$ 表示 $G \in \mathbb{C}^n$ 上的全纯函数。

定义 4.1.1 令 G 是 $\mathbb{C}^n$ 中的域，$W(z) \in C^k(G), k = 1, 2, \cdots$。如果

$$\frac{\partial^k W(z)}{\partial \bar{z}_j^k} = 0, z = (z_1, z_2, \cdots, z_n), j = 1, 2, \cdots, n。$$

则称 $W(z)$ 是 G 上的 k 全纯函数。

G 上的 k 全纯函数集合记为 $H_k(G)$。

注 （i）若 $f(z)$ 是 $G \subset \mathbb{C}^n$ 上的 k 全纯函数，则 $f(z)$ 必是 G 上的 $k_1 (k_1 > k)$ 全纯函数，即 $H_{k_1}(G) \supset H_k(G)$ 且为真包含关系（如 $f(z) = \bar{z}^{k_1 - 1}$ 时，显然 $f(z) \in H_{k_1}(G)$，但是 $f(z) \notin H_k(G)$）。另外，当 $k = 1$ 时，1 全纯函数即为全纯函数。由此可见

$$H(G) = H_1(G) \subset \cdots \subset H_k(G) \subset H_{k+1}(G) \subset \cdots 。$$

（ii）若 $f(z) \in H_{k_1}(G)$ 和 $g(z) \in H_{k_2}(G)$，其中 $G \subset \mathbb{C}^n$，则 $\lambda_1 f(z) + \lambda_2 g(z) \in H_k(G)$，其中 $\lambda_1, \lambda_2 \in \mathbb{C}$ 且 $k = \max\{k_1, k_2\}$；但是 $f(z)g(z)$ 却不一定是 G 上的 k 全纯函数（这里 $k = \max\{k_1, k_2\}$），例如 $f(z) = g(z) = \bar{z}$ 是 $\mathbb{C}$ 上的 2 全纯函数，但 $f(z)g(z) = \bar{z}^2$ 却不是 $\mathbb{C}$ 上的 2 全纯函数，而是 $\mathbb{C}$ 上的 3 全纯函数。

（iii）若 $g(z) \in H_{k_1}(G)$，其中 $G \subset \mathbb{C}^n, f(w) \in H_{k_2}(g(G))$，则 $(f \circ g)(z)$ 却不一定是 G 上的 k 全纯函数（这里 $k = \max\{k_1, k_2\}$ 或 $k = k_1 + k_2$），例如 $g(z) = \bar{z}_1^4 \bar{z}_2^4 \cdots \bar{z}_n^4$ 是 $\mathbb{C}^n$ 上的 5 全纯函数，$f(w) = w^2 + \bar{w}^2$ 是 $\mathbb{C}$ 上的 3 全纯函数，则

$$(f \circ g)(z) = f(g(z)) = \bar{z}_1^8 \bar{z}_2^8 \cdots \bar{z}_n^8 + z_1^8 z_2^8 \cdots z_n^8,$$

显然 $(f \circ g)(z)$ 是 G 上的 9 全纯函数，而不是 $\mathbb{C}$ 上的 5 全纯或 3 + 5 全纯

函数。

然而，对于 n 元 k 全纯函数却有以下结论。

定理 4.1.2 令 $G \subset \mathbb{C}^n$，$f(z) \in H_k(G)$ 且 $g(z) \in H(G)$，则 $h(z) = f(z)g(z) \in H_k(G)$。

证明 对于 $i = 1, 2, \cdots, n$。由于 $f(z) \in H_k(G)$，则 $\dfrac{\partial^k f(z)}{\partial \bar{z}_i^k} = 0$。由于 $g(z) \in H(G)$，则 $\dfrac{\partial g(z)}{\partial \bar{z}_i} = 0$。于是

$$\frac{\partial h(z)}{\partial \bar{z}_i} = \frac{\partial f(z)}{\partial \bar{z}_i} g(z) + f(z) \frac{\partial g(z)}{\partial \bar{z}_i} = \frac{\partial f(z)}{\partial \bar{z}_i} g(z),$$

从而

$$\frac{\partial^2 h(z)}{\partial \bar{z}_i^2} = \frac{\partial}{\partial \bar{z}_i}\left(\frac{\partial f(z)}{\partial \bar{z}_i} g(z)\right) = \frac{\partial^2 f(z)}{\partial \bar{z}_i^2} g(z) + \frac{\partial f(z)}{\partial \bar{z}_i} \frac{\partial g(z)}{\partial \bar{z}_i} = \frac{\partial^2 f(z)}{\partial \bar{z}_i^2} g(z)。$$

依次进行下去得

$$\frac{\partial^k h(z)}{\partial \bar{z}_i^k} = \frac{\partial^k f(z)}{\partial \bar{z}_i^k} g(z),$$

由此得到 $\dfrac{\partial^k h(z)}{\partial \bar{z}_i^k} = 0$，于是 $h(z) \in H_k(G)$。

以下结论是显然的。

定理 4.1.3 令 $G \subset \mathbb{C}^n$ 且 $f(z) \in H_k(G)$，则

(i) $\dfrac{\partial^{n(k-1)} f(z)}{\partial \bar{z}_1^{k-1} \cdots \partial \bar{z}_n^{k-1}} \in H(G)$； (ii) $\dfrac{\partial^{n(k-2)} f(z)}{\partial \bar{z}_1^{k-2} \cdots \partial \bar{z}_n^{k-2}} \in H_2(G)$。

定义 4.1.4 设 $G \subset \mathbb{C}^n$，$W(z) = (W_1(z), W_2(z), \cdots, W_m(z))(z \in G)$。若 $W_i(z) \in H_k(G)$，且 $i = 1, 2, \cdots, m$，则称 $W(z): G \to \mathbb{C}^m$ 为 G 上的 k 全纯映射。

定理 4.1.5 令 $f(z) \in H_k(\mathbb{C}^n)$，则 $W(z) = (\bar{z}_1^n f(z), \cdots, \bar{z}_n^n f(z)) \in H_{k+n}(\mathbb{C}^n)$。

证明 令 $W_i(z) = \bar{z}_i^n f(z)$，$i = 1, 2, \cdots, n$。对于 $j = 1, 2, \cdots, n$ 从以下 2

个方面讨论：

当 $j \neq i$ 时，由于 $f(z)$ 是 $\mathbb{C}^n$ 上的 k 全纯函数，则 $\dfrac{\partial^k f(z)}{\partial \bar{z}_j^k} = 0$，于是 $\dfrac{\partial^k W_i(z)}{\partial \bar{z}_j^k} = \bar{z}_i^{\,n} \dfrac{\partial^k f(z)}{\partial \bar{z}_j^k} = 0$，从而 $\dfrac{\partial^{k+n} W_i(z)}{\partial \bar{z}_j^{k+n}} = 0$。

当 $j = i$ 时，显然有

$$\frac{\partial W_i(z)}{\partial \bar{z}_i} = n\bar{z}_i^{\,n-1} f(z) + \bar{z}_i^{\,n} \frac{\partial f(z)}{\partial \bar{z}_i}.$$

以下用数学归纳法证明：

$$\frac{\partial^k W_i(z)}{\partial \bar{z}_i^k} = C_k^0 \frac{n!}{(n-k)!} \bar{z}_i^{\,n-k} f(z) + C_k^1 \frac{n!}{(n-k+1)!} \bar{z}_i^{\,n-k+1} \frac{\partial f(z)}{\partial \bar{z}_i} + \cdots +$$

$$C_k^{k-1} \frac{n!}{(n-1)!} \bar{z}_i^{\,n-1} \frac{\partial^{k-1} f(z)}{\partial \bar{z}_i^{k-1}} + C_k^k \bar{z}_i^{\,n} \frac{\partial^k f(z)}{\partial \bar{z}_i^k}.$$

(4.1.1)

假设当 $k = s\,(s = 0,1,2,\cdots)$ 时式（4.1.1）成立。由于 $C_s^{m-1} + C_s^m = C_{s+1}^m$，则

$$\frac{\partial^{s+1} W_i(z)}{\partial \bar{z}_i^{s+1}} = \frac{\partial}{\partial \bar{z}_i}\left[\frac{\partial^s W_i(z)}{\partial \bar{z}_i^s}\right] = \left[C_s^0 \frac{n!}{(n-s-1)!} \bar{z}_i^{\,n-s-1} f(z) + \right.$$

$$C_s^0 \frac{n!}{(n-s)!} \bar{z}_i^{\,n-s} \frac{\partial f(z)}{\partial \bar{z}_i} \Big] + \Big[C_s^1 \frac{n!}{(n-s)!} \bar{z}_i^{\,n-s} \frac{\partial f(z)}{\partial \bar{z}_i} +$$

$$C_s^1 \frac{n!}{(n-s+1)!} \bar{z}_i^{\,n-s+1} \frac{\partial^2 f(z)}{\partial \bar{z}_i^2}\Big] + \cdots +$$

$$\Big[C_s^{s-1} \frac{n!}{(n-2)!} \bar{z}_i^{\,n-2} \frac{\partial^{s-1} f(z)}{\partial \bar{z}_i^{s-1}} + C_s^{s-1} \frac{n!}{(n-1)!} \bar{z}_i^{\,n-1} \frac{\partial^s f(z)}{\partial \bar{z}_i^s}\Big] +$$

$$\Big[C_s^s \frac{n!}{(n-1)!} \bar{z}_i^{\,n-1} \frac{\partial^s f(z)}{\partial \bar{z}_i^s} + C_s^s \bar{z}_i^{\,n} \frac{\partial^{s+1} f(z)}{\partial \bar{z}_i^{s+1}}\Big]$$

$$= C_{s+1}^0 \frac{n!}{(n-s-1)!} \bar{z}_i^{\,n-s-1} f(z) + C_{s+1}^1 \frac{n!}{(n-s)!} \bar{z}_i^{\,n-s} \frac{\partial f(z)}{\partial \bar{z}_i} + \cdots +$$

$$C_{s+1}^s \frac{n!}{(n-1)!} \bar{z}_i^{\,n-1} \frac{\partial^s f(z)}{\partial \bar{z}_i^s} + C_{s+1}^{s+1} \bar{z}_i^{\,n} \frac{\partial^{s+1} f(z)}{\partial \bar{z}_i^{s+1}}.$$

可见式（4.1.1）对于 $k = s + 1$ 也成立，故式（4.1.1）对于 $\forall k = 0, 1, 2, \cdots$ 均成立。由式（4.1.1）经简单计算得

$$\frac{\partial^{k+n} W_i(z)}{\partial \bar{z}_i^{k+n}} = C_{k+n}^k \frac{n!}{0!} \bar{z}_i^0 \frac{\partial^k f(z)}{\partial \bar{z}_i^k} + C_{k+n}^{k+1} \frac{n!}{1!} \bar{z}_i \frac{\partial^{k+1} f(z)}{\partial \bar{z}_i^{k+1}} + \cdots +$$

$$C_{k+n}^{k+n-1} \frac{n!}{(n-1)!} \bar{z}_i^{n-1} \frac{\partial^{k+n-1} f(z)}{\partial \bar{z}_i^{k+n-1}} + C_{k+n}^{k+n} \bar{z}_i^n \frac{\partial^{k+n} f(z)}{\partial \bar{z}_i^{k+n}}。$$

又由于 $\frac{\partial^k f(z)}{\partial \bar{z}_j^k} = 0$，则 $\frac{\partial^{k+n} W_i(z)}{\partial \bar{z}_i^{k+n}} = 0$。

综上所述，得 $\frac{\partial^{k+n} W_i(z)}{\partial \bar{z}_j^{k+n}} = 0$（$i,j = 1, 2, \cdots, n$），于是 $W_i(z)$ 是 $\mathbb{C}^n$ 上的 $k + n$ 全纯函数，故 $W(z)$ 是 $\mathbb{C}^n$ 上的 $k + n$ 全纯映射。

4.2 k 全纯函数的柯西积分定理

若 $G = G_1 \times G_2 \times \cdots \times G_n$ 表示 $\mathbb{C}^n$ 空间中的有界域，记其特征边界 $\partial_0 G = \partial G_1 \times \partial G_2 \times \cdots \times \partial G_n$。

定理 4.2.1 令 $G = G_1 \times G_2 \times \cdots \times G_n$ 表示 $\mathbb{C}^n$ 中的有界域且 $W(z) \in H_k(G)$。令 ∂G_j（$j = 1, 2, \cdots, n$）逐段光滑且 $\frac{\partial^{k_1 + \cdots + k_n} W(\tau_1, \cdots, \tau_n)}{\partial \bar{\tau}_1^{k_1} \cdots \partial \bar{\tau}_n^{k_n}}$（$k_1, \cdots, k_n = 0, 1, \cdots, k - 1$）在 $\bar{G}$ 上连续。则

$$\int_{\partial_0 G} \sum_{k_1, \cdots, k_n = 0}^{k-1} \prod_{j=1}^n \frac{\overline{a_j - \tau_j}^{k_j}}{k_j!} \frac{\partial^{k_1 + \cdots + k_n} W(\tau_1, \cdots, \tau_n)}{\partial \bar{\tau}_1^{k_1} \cdots \partial \bar{\tau}_n^{k_n}} \mathrm{d}\tau_1 \cdots \mathrm{d}\tau_n = 0,$$

其中，$a = (a_1, \cdots, a_j, \cdots, a_n)$ 是 $\mathbb{C}^n$ 中的任意点，$\partial_0 G = \partial G_1 \times \partial G_2 \times \cdots \times \partial G_n$ 表示 G 的特征边界。

证明 令

$$F(z) = \sum_{k_1, \cdots, k_n = 0}^{k-1} \prod_{j=1}^n \frac{\overline{a_j - z_j}^{k_j}}{k_j!} \frac{\partial^{k_1 + \cdots + k_n} W(z)}{\partial \bar{z}_1^{k_1} \cdots \partial \bar{z}_n^{k_n}},$$

则

$$\frac{\partial F(z)}{\partial \bar{z}_1} = \sum_{k_1=1}^{k-1}\sum_{k_2,\cdots,k_n=0}^{k-1} \frac{(-1)\overline{a_1-z_1}^{k_1-1}}{(k_1-1)!}\prod_{j=2}^{n}\frac{\overline{a_j-z_j}^{k_j}}{k_j!}\frac{\partial^{k_1+\cdots+k_n}W(z)}{\partial \bar{z}_1^{k_1}\cdots\partial \bar{z}_n^{k_n}} +$$

$$\sum_{k_1,\cdots,k_n=0}^{k-1}\prod_{j=1}^{n}\frac{\overline{a_j-z_j}^{k_j}}{k_j!}\frac{\partial^{k_1+\cdots+k_n+1}W(z)}{\partial \bar{z}_1^{k_1+1}\partial \bar{z}_2^{k_2}\cdots\partial \bar{z}_n^{k_n}}$$

$$= \left[0 + \sum_{k_2,\cdots,k_n=0}^{k-1}\prod_{j=2}^{n}\frac{\overline{a_j-z_j}^{k_j}}{k_j!}\frac{\partial^{k_2+\cdots+k_n+1}W(z)}{\partial \bar{z}_1\partial \bar{z}_2^{k_2}\cdots\partial \bar{z}_n^{k_n}}\right] +$$

$$\left[(-1)\sum_{k_2,\cdots,k_n=0}^{k-1}\prod_{j=2}^{n}\frac{\overline{a_j-z_j}^{k_j}}{k_j!}\frac{\partial^{1+k_2+\cdots+k_n}W(z)}{\partial \bar{z}_1\partial \bar{z}_2^{k_2}\cdots\partial \bar{z}_n^{k_n}} + \right.$$

$$\left.\sum_{k_2,\cdots,k_n=0}^{k-1}\frac{\overline{a_1-z_1}}{1!}\prod_{j=2}^{n}\frac{\overline{a_j-z_j}^{k_j}}{k_j!}\frac{\partial^{2+k_2+\cdots+k_n}W(z)}{\partial \bar{z}_1^{2}\partial \bar{z}_2^{k_2}\cdots\partial \bar{z}_n^{k_n}}\right] +$$

$$\left[(-1)\sum_{k_2,\cdots,k_n=0}^{k-1}\frac{\overline{a_1-z_1}}{1!}\prod_{j=2}^{n}\frac{\overline{a_j-z_j}^{k_j}}{k_j!}\frac{\partial^{2+k_2+\cdots+k_n}W(z)}{\partial \bar{z}_1^{2}\partial \bar{z}_2^{k_2}\cdots\partial \bar{z}_n^{k_n}} + \right.$$

$$\left.\sum_{k_2,\cdots,k_n=0}^{k-1}\frac{\overline{a_1-z_1}^{2}}{2!}\prod_{j=2}^{n}\frac{\overline{a_j-z_j}^{k_j}}{k_j!}\frac{\partial^{3+k_2+\cdots+k_n}W(z)}{\partial \bar{z}_1^{3}\partial \bar{z}_2^{k_2}\cdots\partial \bar{z}_n^{k_n}}\right] + \cdots +$$

$$\left[(-1)\sum_{k_2,\cdots,k_n=0}^{k-1}\frac{\overline{a_1-z_1}^{k-2}}{(k-2)!}\prod_{j=2}^{n}\frac{\overline{a_j-z_j}^{k_j}}{k_j!}\frac{\partial^{(k-1)+k_2+\cdots+k_n}W(z)}{\partial \bar{z}_1^{k-1}\partial \bar{z}_2^{k_2}\cdots\partial \bar{z}_n^{k_n}} + \right.$$

$$\left.\sum_{k_2,\cdots,k_n=0}^{k-1}\frac{\overline{a_1-z_1}^{k-1}}{(k-1)!}\prod_{j=2}^{n}\frac{\overline{a_j-z_j}^{k_j}}{k_j!}\frac{\partial^{k+k_2+\cdots+k_n}W(z)}{\partial \bar{z}_1^{k}\partial \bar{z}_2^{k_2}\cdots\partial \bar{z}_n^{k_n}}\right]。 \quad (4.2.1)$$

显然,在式(4.2.1)右端,前一项的第二项与后一项的第一项相抵消,又由 $\frac{\partial^{k}W(z)}{\partial \bar{z}_1^{k}} = 0$(由于 $W(z) \in H_k(G)$)得

$$\frac{\partial F(z)}{\partial \bar{z}_1} = \sum_{k_2,\cdots,k_n=0}^{k-1}\frac{\overline{a_1-z_1}^{k-1}}{(k-1)!}\prod_{j=2}^{n}\frac{\overline{a_j-z_j}^{k_j}}{k_j!}\frac{\partial^{k+k_2+\cdots+k_n}W(z)}{\partial \bar{z}_1^{k}\partial \bar{z}_2^{k_2}\cdots\partial \bar{z}_n^{k_n}} = 0。$$

同理有 $\frac{\partial F(z)}{\partial \bar{z}_2} = \cdots = \frac{\partial F(z)}{\partial \bar{z}_n} = 0$,因此 $F(z)$ 在 G 内解析,则有

$$\int_{\partial_0 G} F(\tau)\mathrm{d}\tau = \int_{\partial G_2}\cdots\int_{\partial G_n}\left[\int_{\partial G_1} F(\tau)\mathrm{d}\tau_1\right]\mathrm{d}\tau_2\cdots\mathrm{d}\tau_n = 0,$$

则定理得证。

4.3 k 全纯函数的柯西积分公式及其推论

引理 4.3.1[16]　设 G 是复平面内的一个有界区域,其边界 ∂G 逐段光滑,若 $u(z) \in H_k(G)$ 且 $u(z) \in C^{k-1}(\overline{G})$,则

$$\frac{(-1)^{k-1}}{2\pi i} \int_{\partial G} \sum_{j=0}^{k-1} \frac{(-1)^j \overline{\zeta-z}^{k-j-1}}{(k-j-1)!(\zeta-z)} \frac{\partial^{k-j-1} u}{\partial \overline{\zeta}^{k-j-1}} d\zeta = \begin{cases} 0, & z \notin \overline{G}, \\ u(z), & z \in G_{\circ} \end{cases}$$

引理 4.3.2[17]　令 $\varphi(\tau_1, \tau_2)$ 是 $L = L_1 \times L_2$ 上的连续函数,则柯西型积分

$$\Phi(z_1, z_2) = \frac{1}{(2\pi i)^2} \int_L \frac{\varphi(\tau_1, \tau_2)}{(\tau_1 - z_1)(\tau_2 - z_2)} d\tau_1 d\tau_2$$

是 L 外的解析函数,且 $\Phi(z_1, \infty) = \Phi(\infty, z_2) = \Phi(\infty, \infty) = 0$。

定理 4.3.3（柯西积分公式）　设 $G = G_1 \times G_2 \times \cdots \times G_n$ 是 $\mathbb{C}^n$ 中的有界域且 $W(z) \in H_k(G)$。令 ∂G_j ($j=1,2,\cdots,n$) 逐段光滑且 $\frac{\partial^{k_1+\cdots+k_n} W(\tau_1,\cdots,\tau_n)}{\partial \overline{\tau}_1^{k_1} \cdots \partial \overline{\tau}_n^{k_n}}$ ($k_1,\cdots,k_n = 0,1,\cdots,k-1$) 在 $\overline{G}$ 上连续。则

$$W(z) = \frac{1}{(2\pi i)^n} \int_{\partial_0 G} \sum_{k_1,\cdots,k_n=0}^{k-1} \prod_{j=1}^n \frac{\overline{z_j - \tau_j}^{k_j}}{k_j!(\tau_j - z_j)} \frac{\partial^{k_1+\cdots+k_n} W(\tau_1,\cdots,\tau_n)}{\partial \overline{\tau}_1^{k_1} \cdots \partial \overline{\tau}_n^{k_n}} d\tau_1 \cdots d\tau_{n \circ}$$

证明　当 $n=1$ 时,由引理 4.3.1 知结论成立。下面应用数学归纳法证明定理成立。

假设定理结论对于 $n-1$ 个变数成立,即

$$W(z) = \frac{1}{(2\pi i)^{n-1}} \int_{\partial G_1} \cdots \int_{\partial G_{n-1}} \sum_{k_1,\cdots,k_{n-1}=0}^{k-1} \prod_{j=1}^{n-1} \frac{\overline{z_j - \tau_j}^{k_j}}{k_j!(\tau_j - z_j)} \cdot \quad (4.3.1)$$

$$\frac{\partial^{k_1+\cdots+k_{n-1}} W(\tau_1,\cdots,\tau_{n-1},z_n)}{\partial \overline{\tau}_1^{k_1} \cdots \partial \overline{\tau}_{n-1}^{k_{n-1}}} d\tau_1 \cdots d\tau_{n-1 \circ}$$

分别在 $\partial G_1, \cdots, \partial G_{n-1}$ 上固定 $\tau_1, \cdots, \tau_{n-1}$,由 $W(z) \in H_k(G)$ 知 $W(\tau_1, \cdots, \tau_{n-1}, z_n)$ 是 G_n 上的 k 全纯函数。于是由引理 4.3.1 得

$$W(\tau_1,\cdots\tau_{n-1},z_n) = \frac{1}{2\pi i}\int_{\partial G_n}\sum_{k_n=0}^{k-1}\frac{\overline{z_n-\tau_n}^{k_n}}{k_n!(\tau_n-z_n)}\frac{\partial^{k_n}W(\tau_1,\cdots,\tau_{n-1},\tau_n)}{\partial\bar\tau_n^{k_n}}d\tau_n。$$

(4.3.2)

由式 (4.3.1) 及式 (4.3.2) 得

$$W(z) = \frac{1}{(2\pi i)^n}\int_{\partial G_1}\cdots\int_{\partial G_{n-1}}\sum_{k_1,\cdots,k_{n-1}=0}^{k-1}\prod_{j=1}^{n-1}\frac{\overline{z_j-\tau_j}^{k_j}}{k_j!(\tau_j-z_j)}\frac{\partial^{k_1+\cdots+k_{n-1}}}{\partial\bar\tau_1^{k_1}\cdots\partial\bar\tau_{n-1}^{k_{n-1}}}\cdot$$

$$\left[\int_{\partial G_n}\sum_{k_n=0}^{k-1}\frac{\overline{z_n-\tau_n}^{k_n}}{k_n!(\tau_n-z_n)}\frac{\partial^{k_n}W(\tau_1,\cdots,\tau_n)}{\partial\bar\tau_n^{k_n}}d\tau_n\right]d\tau_1\cdots d\tau_{n-1}$$

$$= \frac{1}{(2\pi i)^n}\int_{\partial_0 G}\sum_{k_1,\cdots,k_n=0}^{k-1}\prod_{j=1}^{n}\frac{\overline{z_j-\tau_j}^{k_j}}{k_j!(\tau_j-z_j)}\frac{\partial^{k_1+\cdots+k_n}W(\tau_1,\cdots,\tau_n)}{\partial\bar\tau_1^{k_1}\cdots\partial\bar\tau_n^{k_n}}d\tau_1\cdots d\tau_n。$$

定理 4.3.4 设 $G = G_1\times G_2\times\cdots\times G_n$ 是 $\mathbb{C}^n$ 中的有界域。令 $\partial G_j(j=1,2,\cdots,n)$ 逐段光滑且 $\dfrac{\partial^{k_1+\cdots+k_n}W(\tau_1,\cdots,\tau_n)}{\partial\bar\tau_1^{k_1}\cdots\partial\bar\tau_n^{k_n}}(k_1,\cdots,k_n=0,1,\cdots,k-1)$ 在 $\partial_0 G$ 上连续。则

$$W(z) = \frac{1}{(2\pi i)^n}\int_{\partial_0 G}\sum_{k_1,\cdots,k_n=0}^{k-1}\prod_{j=1}^{n}\frac{\overline{z_j-\tau_j}^{k_j}}{k_j!(\tau_j-z_j)}\frac{\partial^{k_1+\cdots+k_n}W(\tau_1,\cdots,\tau_n)}{\partial\bar\tau_1^{k_1}\cdots\partial\bar\tau_n^{k_n}}d\tau_1\cdots d\tau_n$$

是 $\partial_0 G$ 外的 k 全纯函数。

证明 由于 $W(z)$ 的表达式中 $\bar z_j$ 的次数最高为 $k-1$，于是

$$\frac{\partial^k W(z)}{\partial\bar z_j^k} = 0(j=1,2,\cdots,n),$$

则定理得证。

若在多圆柱域上进行讨论，则有以下结论。

推论 4.3.5（平均值定理） 设 $W(z)$ 在多圆柱域

$$P(a,r) = \{(z_1,z_2,\cdots,z_n)\mid|z_j-a_j|<r_j,j=1,2,\cdots,n\}$$

内 k 全纯，且 $W(z)\in C^{k-1}(P)$，则

$$W(a) = \frac{1}{(2\pi)^n}\int_0^{2\pi}\cdots\int_0^{2\pi}\sum_{k_1,\cdots,k_n=0}^{k-1}\prod_{j=1}^{n}\frac{(-r_j e^{i\theta_j})^{k_j}}{k_j!}\frac{\partial^{k_1+\cdots+k_n}W}{\partial\bar\tau_1^{k_1}\cdots\partial\bar\tau_n^{k_n}}(a_1+r_1 e^{i\theta_1},\cdots,a_n+r_n e^{i\theta_n})d\theta。$$

证明 令 $\tau_j - a_j = r_j e^{i\theta_j}$，则 $d\tau_j = ir_j e^{i\theta_j} d\theta_j$。由定理 4.3.3 得

$$W(a) = \frac{1}{(2\pi i)^n} \int_{\partial_0 G} \sum_{k_1,\cdots,k_n=0}^{k-1} \prod_{j=1}^{n} \frac{\overline{a_j - \tau_j}^{k_j}}{k_j!(\tau_j - a_j)} \frac{\partial^{k_1+\cdots+k_n} W(\tau)}{\partial \overline{\tau}_1^{k_1}\cdots\partial \overline{\tau}_n^{k_n}} d\tau$$

$$= \frac{1}{(2\pi i)^n} \int_0^{2\pi}\cdots\int_0^{2\pi} \sum_{k_1,\cdots,k_n=0}^{k-1} \prod_{j=1}^{n} \frac{(-r_j e^{i\theta_j})^{k_j}}{k_j! r_j e^{i\theta_j}} \cdot$$

$$\frac{\partial^{k_1+\cdots+k_n} W(a_1+r_1 e^{i\theta_1},\cdots,a_n+r_n e^{i\theta_n})}{\partial \overline{\tau}_1^{k_1}\cdots\partial \overline{\tau}_n^{k_n}} i^n r_j e^{i\theta_j} d\theta$$

$$= \frac{1}{(2\pi)^n} \int_0^{2\pi}\cdots\int_0^{2\pi} \sum_{k_1,\cdots,k_n=0}^{k-1} \prod_{j=1}^{n} \frac{(-r_j e^{i\theta_j})^{k_j}}{k_j!} \frac{\partial^{k_1+\cdots+k_n} W}{\partial \overline{\tau}_1^{k_1}\cdots\partial \overline{\tau}_n^{k_n}} \cdot$$

$$(a_1+r_1 e^{i\theta_1},\cdots,a_n+r_n e^{i\theta_n}) d\theta。$$

推论 4.3.6（柯西不等式） 设 $W(z)$ 在多圆柱域

$$P(a,r) = \{(z_1,z_2,\cdots,z_n) \mid |z_j - a_j| < r_j, j=1,2,\cdots,n\}$$

内 k 全纯，且 $W(z) \in C^{k-1}(\overline{P})$，即存在 $M > 0$ 使得

$$\left|\frac{\partial^{k_1+\cdots+k_n} W(\tau)}{\partial \overline{\tau}_1^{k_1}\cdots\partial \overline{\tau}_n^{k_n}}\right| \leq M,$$

则

$$\left|\frac{\partial^{m_1+\cdots+m_n} W(a)}{\partial z_1^{m_1}\cdots\partial z_n^{m_n}}\right| \leq \sum_{k_1,\cdots,k_n=0}^{k-1} \prod_{j=1}^{n} \frac{m_j! M r_j^{k_j-m_j}}{k_j!},$$

其中，$m_j(j=1,2,\cdots,n)$ 为非负整数。

证明 由定理 4.3.3 经直接计算可得

$$\left|\frac{\partial^{m_1+\cdots+m_n} W(a)}{\partial z_1^{m_1}\cdots\partial z_n^{m_n}}\right| = \left|\frac{1}{(2\pi i)^n} \int_{\partial_0 G} \sum_{k_1,\cdots,k_n=0}^{k-1} \prod_{j=1}^{n} \frac{m_j! \overline{a_j - \tau_j}^{k_j}}{k_j!(\tau_j - a_j)^{m_j+1}} \frac{\partial^{k_1+\cdots+k_n} W(\tau)}{\partial \overline{\tau}_1^{k_1}\cdots\partial \overline{\tau}_n^{k_n}} d\tau\right|$$

$$\leq \frac{1}{(2\pi)^n} \int_{\partial_0 G} \sum_{k_1,\cdots,k_n=0}^{k-1} \prod_{j=1}^{n} \frac{m_j! |a_j - \tau_j|^{k_j}}{k_j! |\tau_j - a_j|^{m_j+1}} \left|\frac{\partial^{k_1+\cdots+k_n} W(\tau)}{\partial \overline{\tau}_1^{k_1}\cdots\partial \overline{\tau}_n^{k_n}}\right| |d\tau|$$

$$\leq \frac{1}{(2\pi)^n} \sum_{k_1,\cdots,k_n=0}^{k-1} \prod_{j=1}^{n} \frac{m_j! r_j^{k_j}}{k_j! r_j^{m_j+1}} M (2\pi)^n r_j = \sum_{k_1,\cdots,k_n=0}^{k-1} \prod_{j=1}^{n} \frac{m_j! M r_j^{k_j-m_j}}{k_j!}。$$

定理 4.3.7 设 $G = G_1 \times G_2 \times \cdots \times G_n$ 是 $\mathbb{C}^n$ 中的有界域。令 $\partial G_j (j=1,$

$2,\cdots,n$)逐段光滑且 $\dfrac{\partial^{k_1+\cdots+k_n}W(\tau_1,\cdots,\tau_n)}{\partial\bar\tau_1^{k_1}\cdots\partial\bar\tau_n^{k_n}}(k_1,k_2,\cdots,k_n=0,1,\cdots,k-1)$ 在 $\bar G$

上连续。则 $W(z)\in H_k(G)$ 的充分必要条件是:

$$W(z)=\sum_{k_1,\cdots,k_n=0}^{k-1}\sum_{l_1=0}^{k_1}\cdots\sum_{l_n=0}^{k_n}\bar z_1^{l_1}\cdots\bar z_n^{l_n}u_{k_1,\cdots,k_n;l_1,\cdots,l_n}(z),$$

其中,

$$u_{k_1,\cdots,k_n;l_1,\cdots,l_n}(z)=\dfrac{1}{(2\pi\mathrm{i})^n}\int_{\partial_0 G}\prod_{j=1}^n\dfrac{C_{k_j}^{l_j}(-\bar\tau_j)^{k_j-l_j}}{k_j!(\tau_j-z_j)}\dfrac{\partial^{k_1+\cdots+k_n}W(\tau)}{\partial\bar\tau_1^{k_1}\cdots\partial\bar\tau_n^{k_n}}\mathrm{d}\tau\in H(G)。$$

证明 (必要性) 由定理 4.3.3 得

$$W(z)=\dfrac{1}{(2\pi\mathrm{i})^n}\int_{\partial_0 G}\sum_{k_1,\cdots,k_n=0}^{k-1}\prod_{j=1}^n\dfrac{\overline{z_j-\tau_j}^{k_j}}{k_j!(\tau_j-z_j)}\dfrac{\partial^{k_1+\cdots+k_n}W(\tau_1,\cdots,\tau_n)}{\partial\bar\tau_1^{k_1}\cdots\partial\bar\tau_n^{k_n}}\mathrm{d}\tau_1\cdots\mathrm{d}\tau_n$$

$$=\dfrac{1}{(2\pi\mathrm{i})^n}\int_{\partial_0 G}\sum_{k_1,\cdots,k_n=0}^{k-1}\dfrac{\sum_{l_1=0}^{k_1}\cdots\sum_{l_n=0}^{k_n}C_{k_1}^{l_1}\cdots C_{k_n}^{l_n}\bar z_1^{l_1}\cdots\bar z_n^{l_n}(-\bar\tau_1)^{k_1-l_1}\cdots(-\bar\tau_n)^{k_n-l_n}}{\prod_{j=1}^n k_j!(\tau_j-z_j)}\cdot$$

$$\dfrac{\partial^{k_1+\cdots+k_n}W(\tau)}{\partial\bar\tau_1^{k_1}\cdots\partial\bar\tau_n^{k_n}}\mathrm{d}\tau$$

$$=\sum_{k_1,\cdots,k_n=0}^{k-1}\sum_{l_1=0}^{k_1}\cdots\sum_{l_n=0}^{k_n}\bar z_1^{l_1}\cdots\bar z_n^{l_n}\dfrac{C_{k_1}^{l_1}\cdots C_{k_n}^{l_n}}{(2\pi\mathrm{i})^n}\int_{\partial_0 G}\dfrac{(-\bar\tau_1)^{k_1-l_1}\cdots(-\bar\tau_n)^{k_n-l_n}}{\prod_{j=1}^n k_j!(\tau_j-z_j)}\dfrac{\partial^{k_1+\cdots+k_n}W(\tau)}{\partial\bar\tau_1^{k_1}\cdots\partial\bar\tau_n^{k_n}}\mathrm{d}\tau$$

$$=\sum_{k_1,\cdots,k_n=0}^{k-1}\sum_{l_1=0}^{k_1}\cdots\sum_{l_n=0}^{k_n}\bar z_1^{l_1}\cdots\bar z_n^{l_n}u_{k_1,\cdots,k_n;l_1,\cdots,l_n}(z)。$$

由于 $\dfrac{\partial^{k_1+\cdots+k_n}W(\tau_1,\cdots,\tau_n)}{\partial\bar\tau_1^{k_1}\cdots\partial\bar\tau_n^{k_n}}(k_1,k_2,\cdots,k_n=0,1,\cdots,k-1)$ 在 $\bar G$ 上连续,则由

引理 4.3.2 知 $u_{k_1,\cdots,k_n;l_1,\cdots,l_n}(z)\in H(G)$。

(充分性) 若

$$W(z)=\sum_{k_1,\cdots,k_n=0}^{k-1}\sum_{l_1=0}^{k_1}\cdots\sum_{l_n=0}^{k_n}\bar z_1^{l_1}\cdots\bar z_n^{l_n}u_{k_1,\cdots,k_n;l_1,\cdots,l_n}(z),$$

其中,$u_{k_1,\cdots,k_n;l_1,\cdots,l_n}(z)\in H(G)$,则 $W(z)$ 关于 $\bar z_j(j=1,2,\cdots,n)$ 的最高次数

第4章 多复变数空间中的 k 全纯函数

是 $k-1$，于是 $\dfrac{\partial^k W(z)}{\partial \bar{z}_j^k} = 0$，故 $W(z) \in H_k(G)$。

由定理 4.3.7 可以得到 k 全纯函数的唯一性定理，首先我们需要证明引理 4.3.8。

引理 4.3.8 设 $u_j(z)$ 是区域 $G \subset \mathbb{C}^n$ 上的全纯函数，$\boldsymbol{\alpha}_j = (\alpha_{j1}, \alpha_{j2}, \cdots, \alpha_{jn})$，其中 $j = 1, 2, \cdots, m$ 且 $\alpha_{j1}, \cdots, \alpha_{jn}$ 是非负整数，$\boldsymbol{\alpha}_1, \boldsymbol{\alpha}_2, \cdots, \boldsymbol{\alpha}_m$ 互不相同，则有

$$\bar{z}^{\boldsymbol{\alpha}_1} u_1(z) + \cdots + \bar{z}^{\boldsymbol{\alpha}_{m-1}} u_{m-1}(z) + \bar{z}^{\boldsymbol{\alpha}_m} u_m(z) = 0 \Rightarrow u_1(z) = \cdots = u_m(z) = 0 。$$
(4.3.3)

证明 （1）当 $m = 1$ 时结论显然成立；

（2）当 $m = 2$ 时，对于 $\bar{z}^{\boldsymbol{\alpha}_1} u_1(z) + \bar{z}^{\boldsymbol{\alpha}_2} u_2(z) = 0$：

（i）若 $u_1(z)$ 在 G 上恒不为 0，则有 $\bar{z}^{\boldsymbol{\alpha}_1 - \boldsymbol{\alpha}_2} = -u_2(z)/u_1(z)$，这与 $\boldsymbol{\alpha}_1 \neq \boldsymbol{\alpha}_2$ 及 $u_j(z)$ 全纯矛盾；

（ii）若 $u_1(z)$ 在 G 中的一部分点上为 0，记这些零点构成的集合为 G_0，于是 $u_1(z)$ 在 $G \setminus G_0$ 上恒不为 0，则与（i）同理导出矛盾。

综上知（i）和（ii）的假设均不成立，所以在 G 上恒有 $u_1(z) = 0$，从而 $u_2(z) = 0$，即此时式（4.3.3）成立。

（3）假设式（4.3.3）对于 $m = l - 1 (l \geqslant 3, l \in \mathbb{Z})$ 时成立，即

$$\bar{z}^{\boldsymbol{\alpha}_1} u_1(z) + \cdots + \bar{z}^{\boldsymbol{\alpha}_{l-1}} u_{l-1}(z) = 0 \Rightarrow u_1(z) = \cdots = u_{l-1}(z) = 0 。$$
(4.3.4)

则对于

$$\bar{z}^{\boldsymbol{\alpha}_1} u_1(z) + \cdots + \bar{z}^{\boldsymbol{\alpha}_{l-1}} u_{l-1}(z) + \bar{z}^{\boldsymbol{\alpha}_l} u_l(z) = 0,$$
(4.3.5)

有

$$\bar{z}^{\boldsymbol{\alpha}_1 - \boldsymbol{\alpha}_l} u_1(z) + \cdots + \bar{z}^{\boldsymbol{\alpha}_{l-1} - \boldsymbol{\alpha}_l} u_{l-1}(z) = -u_l(z) 。$$

上式左右两端用 $\partial^{\boldsymbol{\alpha}_1 - \boldsymbol{\alpha}_l} / \partial \bar{z}^{\boldsymbol{\alpha}_1 - \boldsymbol{\alpha}_l}$ 进行作用后得

$$(\boldsymbol{\alpha}_1 - \boldsymbol{\alpha}_l)! u_1 + \cdots + \dfrac{\partial^{\boldsymbol{\alpha}_1 - \boldsymbol{\alpha}_l}}{\partial \bar{z}^{\boldsymbol{\alpha}_1 - \boldsymbol{\alpha}_l}} \bar{z}^{\boldsymbol{\alpha}_{l-1} - \boldsymbol{\alpha}_l} u_{l-1}(z) = 0,$$
(4.3.6)

又由 $\boldsymbol{\alpha}_1 = (\alpha_{11}, \alpha_{12}, \cdots, \alpha_{1n}), \boldsymbol{\alpha}_{l-1} = (\alpha_{(l-1)1}, \alpha_{(l-1)2}, \cdots, \alpha_{(l-1)n})$ 知

$$\frac{\partial^{\boldsymbol{\alpha}_1 - \boldsymbol{\alpha}_l}}{\partial \bar{z}^{\boldsymbol{\alpha}_1 - \boldsymbol{\alpha}_l}} \bar{z}^{\boldsymbol{\alpha}_{l-1} - \boldsymbol{\alpha}_l} = \begin{cases} 0, & \alpha_{1i_0} > \alpha_{(l-1)i_0} (1 \leqslant i_0 \leqslant n), \\ \dfrac{(\boldsymbol{\alpha}_{l-1} - \boldsymbol{\alpha}_l)!}{(\boldsymbol{\alpha}_{l-1} - \boldsymbol{\alpha}_1)!} \bar{z}^{\boldsymbol{\alpha}_{l-1} - \boldsymbol{\alpha}_l}, & \alpha_{1i} \leqslant \alpha_{(l-1)i} (1 \leqslant i \leqslant n)\text{。} \end{cases}$$

若式（4.3.6）中 $u_2, \cdots, u_{l-1}$ 的系数均为 0，则有 $(\boldsymbol{\alpha}_1 - \boldsymbol{\alpha}_l)! u_1 = 0$，从而 $u_1 = 0$。由式（4.3.4）及式（4.3.5）得 $u_2(z) = \cdots = u_l(z) = 0$，则此时式（4.3.3）成立。

若式（4.3.6）中 $u_2, \cdots, u_{l-1}$ 的系数至少有一个不等于 0，设其为 $u_{j'}$ 的系数，则有

$$(\boldsymbol{\alpha}_1 - \boldsymbol{\alpha}_l)! u_1 + \cdots + \frac{(\boldsymbol{\alpha}_{j'} - \boldsymbol{\alpha}_l)!}{(\boldsymbol{\alpha}_{j'} - \boldsymbol{\alpha}_1)!} \bar{z}^{\boldsymbol{\alpha}_{j'} - \boldsymbol{\alpha}_l} u_{j'}(z) = 0,$$

其中省略部分是与 $\dfrac{(\boldsymbol{\alpha}_{j'} - \boldsymbol{\alpha}_l)!}{(\boldsymbol{\alpha}_{j'} - \boldsymbol{\alpha}_1)!} \bar{z}^{\boldsymbol{\alpha}_{j'} - \boldsymbol{\alpha}_l} u_{j'}(z)$ 类似的项，从而有

$$\bar{z}^{\boldsymbol{\alpha}_l} u_1 + \cdots + \frac{(\boldsymbol{\alpha}_{j'} - \boldsymbol{\alpha}_l)!}{(\boldsymbol{\alpha}_{j'} - \boldsymbol{\alpha}_1)!(\boldsymbol{\alpha}_1 - \boldsymbol{\alpha}_l)!} \bar{z}^{\boldsymbol{\alpha}_{j'}} u_{j'}(z) = 0 \text{。}$$

则由式（4.3.4）的假设得 $u_1 = \cdots = u_{j'} = 0$，由式（4.3.4）及式（4.3.5）得其余的 u_j 也为 0，故式（4.3.3）对于 $m = l$ 也成立。于是由数学归纳法引理得证。

推论 4.3.9（唯一性定理） 设 $G = G_1 \times G_2 \times \cdots \times G_n$ 是 $\mathbb{C}^n$ 中的有界域且 $W(z) \in H_k(G)$。令 $\partial G_j (j = 1, 2, \cdots, n)$ 逐段光滑且 $\dfrac{\partial^{k_1 + \cdots + k_n} W(\tau_1, \cdots, \tau_n)}{\partial \tau_1^{k_1} \cdots \partial \tau_n^{k_n}} (k_1, k_2, \cdots, k_n = 0, 1, \cdots, k - 1)$ 在 $\overline{G}$ 上连续。如果 $W(z) = 0$ 对于 $\forall z \in E$ 成立，则对于 $\forall z \in G$ 有 $W(z) = 0$，其中 $E \subset G$ 是非空开集。

证明 由定理 4.3.7 知

$$W(z) = \sum_{k_1, \cdots, k_n = 0}^{k-1} \sum_{l_1 = 0}^{k_1} \cdots \sum_{l_n = 0}^{k_n} \bar{z}_1^{l_1} \cdots \bar{z}_n^{l_n} u_{k_1, \cdots, k_n; l_1, \cdots, l_n}(z),$$

其中，$u_{k_1, \cdots, k_n; l_1, \cdots, l_n}(z) \in H(G)$。由于 $W(z) = 0$（$\forall z \in E$），则由引理 4.3.8 得 $u_{k_1, \cdots, k_n; l_1, \cdots, l_n}(z) = 0$（$\forall z \in E$）。由全纯函数的唯一性定理知

$u_{k_1,\cdots,k_n;l_1,\cdots,l_n}(z) \equiv 0$ ($\forall z \in G$)，从而 $W(z) \equiv 0$ ($\forall z \in G$)。

4.4 k 全纯函数的级数表示及其推论

定理 4.4.1（泰勒定理） 设 $G = G_1 \times G_2 \times \cdots \times G_n$ 是 $\mathbb{C}^n$ 中的有界域且 $W(z) \in H_k(G)$。令 ∂G_j ($j=1,2,\cdots,n$) 逐段光滑且 $\dfrac{\partial^{k_1+\cdots+k_n} W(\tau_1,\cdots,\tau_n)}{\partial \bar\tau_1^{k_1}\cdots\partial \bar\tau_n^{k_n}}$ ($k_1, k_2,\cdots,k_n = 0,1,\cdots,k-1$) 在 $\bar G$ 上连续。$\forall a \in G$，令
$$\overline{P(a,r)} = \{(z_1,z_2,\cdots,z_n) \mid |z_j - a_j| \leq r_j, j=1,2,\cdots,n\} \subset G.$$
则 $W(z)$ 可以唯一地展开为
$$W(z) = \sum_{\alpha_1,\cdots,\alpha_n=0}^{\infty} (z-a)^\alpha \sum_{k_1,\cdots,k_n=0}^{k-1} \sum_{l_1=0}^{k_1} \cdots \sum_{l_n=0}^{k_n} \bar z_1^{l_1}\cdots \bar z_n^{l_n} C_{\alpha,k_j,l_j}(a),$$
其中，
$$C_{\alpha,k_j,l_j}(a) = \frac{1}{(2\pi i)^n} \int_{\partial_0 P} \prod_{j=1}^{n} \frac{C_{k_j}^{l_j}(-\bar\tau_j)^{k_j-l_j}}{k_j!(\tau_j - a_j)^{\alpha_j+1}} \frac{\partial^{k_1+\cdots+k_n} W(\tau)}{\partial \bar\tau_1^{k_1}\cdots\partial \bar\tau_n^{k_n}} d\tau.$$

证明 由定理 4.3.3 得
$$W(z) = \frac{1}{(2\pi i)^n} \int_{\partial_0 P} \sum_{k_1,\cdots,k_n=0}^{k-1} \prod_{j=1}^{n} \frac{\overline{z_j-\tau_j}^{k_j}}{k_j!(\tau_j-z_j)} \frac{\partial^{k_1+\cdots+k_n} W(\tau)}{\partial \bar\tau_1^{k_1}\cdots\partial \bar\tau_n^{k_n}} d\tau_1 \cdots d\tau_n.$$
(4.4.1)

由于当 $z \in P(a,r)$ 且 $\tau \in \partial_0 P$ 时有
$$\left|\frac{z_j - a_j}{\tau_j - a_j}\right| < 1,$$
于是
$$\frac{1}{\prod_{j=1}^{n}(\tau_j - z_j)} = \sum_{\alpha_1,\cdots,\alpha_n=0}^{\infty} \frac{(z_1-a_1)^{\alpha_1}\cdots(z_n-a_n)^{\alpha_n}}{(\tau_1-a_1)^{\alpha_1+1}\cdots(\tau_n-a_n)^{\alpha_n+1}}$$
$$= \sum_{\alpha_1,\cdots,\alpha_n=0}^{\infty} \prod_{j=1}^{n} \frac{(z_j-a_j)^{\alpha_j}}{(\tau_j-a_j)^{\alpha_j+1}},$$
(4.4.2)

该级数关于 τ 一致收敛。又由于

$$\frac{\partial^{k_1+\cdots+k_n}W(\tau_1,\cdots\tau_n)}{\partial\bar{\tau}_1^{k_1}\cdots\partial\bar{\tau}_n^{k_n}}(k_1,k_2,\cdots,k_n=0,1,\cdots,k-1),$$

在 $\overline{P(a,r)}$ 上连续，则由式（4.4.1）及式（4.4.2）得

$$W(z)=\frac{1}{(2\pi\mathrm{i})^n}\int_{\partial_0 P}\sum_{k_1,\cdots,k_n=0}^{k-1}\sum_{\alpha_1,\cdots,\alpha_n=0}^{\infty}\prod_{j=1}^{n}\frac{\overline{z_j-\tau_j}^{k_j}}{k_j!}\frac{(z_j-a_j)^{\alpha_j}}{(\tau_j-a_j)^{\alpha_j+1}}\frac{\partial^{k_1+\cdots+k_n}W(\tau)}{\partial\bar{\tau}_1^{k_1}\cdots\partial\bar{\tau}_n^{k_n}}\mathrm{d}\tau$$

$$=\sum_{\alpha_1,\cdots,\alpha_n=0}^{\infty}\prod_{j=1}^{n}(z_j-a_j)^{\alpha_j}\frac{1}{(2\pi\mathrm{i})^n}\cdot\int_{\partial_0 P}\sum_{k_1,\cdots,k_n=0}^{k-1}\prod_{j=1}^{n}\frac{\overline{z_j-\tau_j}^{k_j}}{k_j!(\tau_j-a_j)^{\alpha_j+1}}\frac{\partial^{k_1+\cdots+k_n}W(\tau)}{\partial\bar{\tau}_1^{k_1}\cdots\partial\bar{\tau}_n^{k_n}}\mathrm{d}\tau$$

$$=\sum_{\alpha_1,\cdots,\alpha_n=0}^{\infty}(z-a)^{\alpha}\frac{1}{(2\pi\mathrm{i})^n}\cdot\int_{\partial_0 P}\sum_{k_1,\cdots,k_n=0}^{k-1}\prod_{j=1}^{n}\frac{\sum_{l_j=0}^{k_j}C_{k_j}^{l_j}\bar{z}_j^{l_j}(-\bar{\tau}_j)^{k_j-l_j}}{k_j!(\tau_j-a_j)^{\alpha_j+1}}\frac{\partial^{k_1+\cdots+k_n}W(\tau)}{\partial\bar{\tau}_1^{k_1}\cdots\partial\bar{\tau}_n^{k_n}}\mathrm{d}\tau$$

$$=\sum_{\alpha_1,\cdots,\alpha_n=0}^{\infty}(z-a)^{\alpha}\sum_{k_1,\cdots,k_n=0}^{k-1}\sum_{l_1=0}^{k_1}\cdots\sum_{l_n=0}^{k_n}\frac{1}{(2\pi\mathrm{i})^n}\cdot$$
$$\int_{\partial_0 P}\frac{C_{k_j}^{l_j}\bar{z}_1^{l_1}\cdots\bar{z}_n^{l_n}(-\bar{\tau}_1)^{k_1-l_1}\cdot(-\bar{\tau}_n)^{k_n-l_n}}{\prod_{j=1}^{n}k_j!(\tau_j-a_j)^{\alpha_j+1}}\frac{\partial^{k_1+\cdots+k_n}W(\tau)}{\partial\bar{\tau}_1^{k_1}\cdots\partial\bar{\tau}_n^{k_n}}\mathrm{d}\tau$$

$$=\sum_{\alpha_1,\cdots,\alpha_n=0}^{\infty}(z-a)^{\alpha}\sum_{k_1,\cdots,k_n=0}^{k-1}\sum_{l_1=0}^{k_1}\cdots\sum_{l_n=0}^{k_n}\bar{z}_1^{l_1}\cdots\bar{z}_n^{l_n}\cdot$$
$$\frac{1}{(2\pi\mathrm{i})^n}\int_{\partial_0 P}\prod_{j=1}^{n}\frac{C_{k_j}^{l_j}(-\bar{\tau}_j)^{k_j-l_j}}{k_j!(\tau_j-a_j)^{\alpha_j+1}}\frac{\partial^{k_1+\cdots+k_n}W(\tau)}{\partial\bar{\tau}_1^{k_1}\cdots\partial\bar{\tau}_n^{k_n}}\mathrm{d}\tau$$

$$=\sum_{\alpha_1,\cdots,\alpha_n=0}^{\infty}(z-a)^{\alpha}\sum_{k_1,\cdots,k_n=0}^{k-1}\sum_{l_1=0}^{k_1}\cdots\sum_{l_n=0}^{k_n}\bar{z}_1^{l_1}\cdots\bar{z}_n^{l_n}C_{\alpha,k_j,l_j}(a),$$

其中，

$$C_{\alpha,k_j,l_j}(a)=\frac{1}{(2\pi\mathrm{i})^n}\int_{\partial_0 P}\prod_{j=1}^{n}\frac{C_{k_j}^{l_j}(-\bar{\tau}_j)^{k_j-l_j}}{k_j!(\tau_j-a_j)^{\alpha_j+1}}\frac{\partial^{k_1+\cdots+k_n}W(\tau)}{\partial\bar{\tau}_1^{k_1}\cdots\partial\bar{\tau}_n^{k_n}}\mathrm{d}\tau,$$

则 $C_{\alpha,k_j,l_j}(a)$ 是唯一的，于是 $W(z)$ 的展开式也是唯一存在的。

注 若在定理 4.4.1 中令

$$u_{k_j,l_j}(z)=\frac{1}{(2\pi\mathrm{i})^n}\int_{\partial_0 P}\prod_{j=1}^{n}\frac{C_{k_j}^{l_j}(-\bar{\tau}_j)^{k_j-l_j}}{k_j!(\tau_j-z_j)^{\alpha_j+1}}\frac{\partial^{k_1+\cdots+k_n}W(\tau)}{\partial\bar{\tau}_1^{k_1}\cdots\partial\bar{\tau}_n^{k_n}}\mathrm{d}\tau,$$

则由定理 4.3.7 得 $u_{k_j,l_j}(z)$ 在 $P(a,r)$ 内全纯，于是

$$(\boldsymbol{D}^\alpha u_{k_j,l_j})(z) = \frac{\partial^{\alpha_1+\cdots+\alpha_n} u_{k_j,l_j}}{\partial z_1^{\alpha_1}\cdots\partial z_n^{\alpha_n}}$$

$$= \frac{\alpha!}{(2\pi\mathrm{i})^n}\int_{\partial_0 P}\prod_{j=1}^n \frac{C_{k_j}^{l_j}(-\bar{\tau}_j)^{k_j-l_j}}{k_j!(\tau_j-z_j)^{\alpha_j+1}}\frac{\partial^{k_1+\cdots+k_n}W(\tau)}{\partial\bar{\tau}_1^{k_1}\cdots\partial\bar{\tau}_n^{k_n}}\mathrm{d}\tau,$$

则

$$\frac{1}{(2\pi\mathrm{i})^n}\int_{\partial_0 P}\prod_{j=1}^n \frac{C_{k_j}^{l_j}(-\bar{\tau}_j)^{k_j-l_j}}{k_j!(\tau_j-z_j)^{\alpha_j+1}}\frac{\partial^{k_1+\cdots+k_n}W(\tau)}{\partial\bar{\tau}_1^{k_1}\cdots\partial\bar{\tau}_n^{k_n}}\mathrm{d}\tau = \frac{(\boldsymbol{D}^\alpha u_{k_j,l_j})(z)}{\alpha!},$$

从而有

$$C_{\alpha,k_j,l_j}(a) = \frac{(\boldsymbol{D}^\alpha u_{k_j,l_j})(a)}{\alpha!}。$$

另外，由定理 4.4.1 易得以下的泰勒级数唯一性定理。

推论 4.4.2 设 $W(z)$ 是多圆柱
$$\overline{P(a,r)} = \{(z_1,\cdots,z_n)\mid |z_j-a_j|\leqslant r_j, j=1,2,\cdots,n\}$$
上的 k 全纯函数。若在 $\partial_0 P$ 上 $\dfrac{\partial^{k_1+\cdots+k_n}W(\tau_1,\cdots\tau_n)}{\partial\bar{\tau}_1^{k_1}\cdots\partial\bar{\tau}_n^{k_n}} = 0(k_1,k_2,\cdots,k_n = 0,1,\cdots,k-1)$，则 $W(z) \equiv 0$（$z \in P(a,r)$）。

定理 4.4.3（洛朗定理） 设 $W(z)$ 是多圆环域 $D = D_1\times D_2\times\cdots\times D_n$ 上的 k 全纯函数，其中 $D_j:r_j < |z_j-a_j| < R_j(r_j\geqslant 0, R_j\leqslant +\infty, j=1,2,\cdots,n)$。令 $\dfrac{\partial^{k_1+\cdots+k_n}W(\tau_1,\cdots\tau_n)}{\partial\bar{\tau}_1^{k_1}\cdots\partial\bar{\tau}_n^{k_n}}(k_1,k_2,\cdots,k_n = 0,1,\cdots,k-1)$ 在 $\overline{D}$ 上连续。则 $W(z)$ 在 D 内可以唯一地展开为

$$W(z) = \sum_{\alpha_1,\cdots,\alpha_n=-\infty}^{\infty}(z-a)^\alpha\sum_{k_1,\cdots,k_n=0}^{k-1}\sum_{l_1=0}^{k_1}\cdots\sum_{l_n=0}^{k_n}\bar{z}_1^{l_1}\cdots\bar{z}_n^{l_n}C_{\alpha,k_j,l_j}(a),$$

其中，

$$C_{\alpha,k_j,l_j}(a) = \frac{1}{(2\pi\mathrm{i})^n}\int_{L_1\times\cdots\times L_n}\prod_{j=1}^n\frac{C_{k_j}^{l_j}(-\bar{\tau}_j)^{k_j-l_j}}{k_j!(\tau_j-a_j)^{\alpha_j+1}}\frac{\partial^{k_1+\cdots+k_n}W(\tau)}{\partial\bar{\tau}_1^{k_1}\cdots\partial\bar{\tau}_n^{k_n}}\mathrm{d}\tau,$$

且 $L_j: |\tau_j - a_j| = \rho_j (\rho_j \in [r_j, R_j])$。

证明 令 $C_j: |\tau_j - a_j| = r_j$ 且 $\Gamma_j: |\tau_j - a_j| = R_j$。对于 $\forall z \in D$，由定理 4.3.3 得

$$W(z) = \frac{1}{(2\pi i)^n} \int_{\partial_0 D} \sum_{k_1,\cdots,k_n=0}^{k-1} \prod_{j=1}^{n} \frac{\overline{z_j - \tau_j}^{k_j}}{k_j!(\tau_j - z_j)} \frac{\partial^{k_1+\cdots+k_n} W(\tau)}{\partial \overline{\tau}_1^{k_1}\cdots\partial \overline{\tau}_n^{k_n}} d\tau$$

$$= \frac{1}{(2\pi i)^n} \int_{\gamma_1 + C_1^-} \cdots \int_{\gamma_n + C_n^-} \sum_{k_1,\cdots,k_n=0}^{k-1} \prod_{j=1}^{n} \frac{\overline{z_j - \tau_j}^{k_j}}{k_j!(\tau_j - z_j)} \frac{\partial^{k_1+\cdots+k_n} W(\tau)}{\partial \overline{\tau}_1^{k_1}\cdots\partial \overline{\tau}_n^{k_n}} d\tau。$$

(4.4.3)

当 $\tau_j \in \Gamma_j$ 时 $\left|\dfrac{z_j - a_j}{\tau_j - a_j}\right| < 1$，于是同定理 4.4.1 的证明有

$$\int_{\Gamma_j} \frac{\overline{z_j - \tau_j}^{k_j}}{k_j!(\tau_j - z_j)} \frac{\partial^{k_1+\cdots+k_n} W(\tau)}{\partial \overline{\tau}_1^{k_1}\cdots\partial \overline{\tau}_n^{k_n}} d\tau_j =$$

$$\sum_{\alpha_j=0}^{\infty} \int_{\Gamma_j} \frac{\overline{z_j - \tau_j}^{k_j}}{k_j!} \frac{(z_j - a_j)^{\alpha_j}}{(\tau_j - a_j)^{\alpha_j+1}} \frac{\partial^{k_1+\cdots+k_n} W(\tau)}{\partial \overline{\tau}_1^{k_1}\cdots\partial \overline{\tau}_n^{k_n}} d\tau_j,$$

(4.4.4)

当 $\tau_j \in C_j^-$ 时 $\left|\dfrac{\tau_j - a_j}{z_j - a_j}\right| < 1$，则

$$\frac{1}{z_j - \tau_j} = \sum_{\alpha_j=0}^{\infty} \frac{(\tau_j - a_j)^{\alpha_j}}{(z_j - a_j)^{\alpha_j+1}} = \sum_{\alpha_j=1}^{\infty} \frac{(\tau_j - a_j)^{\alpha_j-1}}{(z_j - a_j)^{\alpha_j}},$$

且该级数关于 τ_j 一致收敛，则

$$\int_{C_j^-} \frac{\overline{z_j - \tau_j}^{k_j}}{k_j!(\tau_j - z_j)} \frac{\partial^{k_1+\cdots+k_n} W(\tau)}{\partial \overline{\tau}_1^{k_1}\cdots\partial \overline{\tau}_n^{k_n}} d\tau_j = \int_{C_j} \frac{\overline{z_j - \tau_j}^{k_j}}{k_j!(z_j - \tau_j)} \frac{\partial^{k_1+\cdots+k_n} W(\tau)}{\partial \overline{\tau}_1^{k_1}\cdots\partial \overline{\tau}_n^{k_n}} d\tau_j$$

$$= \int_{C_j} \sum_{\alpha_j=1}^{\infty} \frac{\overline{z_j - \tau_j}^{k_j}}{k_j!} \frac{(\tau_j - a_j)^{\alpha_j-1}}{(z_j - a_j)^{\alpha_j}} \frac{\partial^{k_1+\cdots+k_n} W(\tau)}{\partial \overline{\tau}_1^{k_1}\cdots\partial \overline{\tau}_n^{k_n}} d\tau_j$$

$$= \sum_{\alpha_j=-\infty}^{-1} \int_{C_j} \frac{\overline{z_j - \tau_j}^{k_j}}{k_j!} \frac{(z_j - a_j)^{\alpha_j}}{(\tau_j - a_j)^{\alpha_j+1}} \frac{\partial^{k_1+\cdots+k_n} W(\tau)}{\partial \overline{\tau}_1^{k_1}\cdots\partial \overline{\tau}_n^{k_n}} d\tau_j。$$

(4.4.5)

令 $L_j: |\tau_j - a_j| = \rho_j (\rho_j \in [r_j, R_j])$。记 $G_j: \rho_j < |z_j - a_j| < R_j$。由 $W(\tau)$ 是 D 上的 k 全纯函数知 $W(\tau)$ 关于 $\tau_j \in G_j$ 是 k 全纯的。又由于 $\dfrac{(z_j - a_j)^{\alpha_j}}{(\tau_j - a_j)^{\alpha_j+1}}$ 关于

$\tau_j \in \overline{G_j}$ 是全纯函数，则由定理 4.1.2 得 $\dfrac{(z_j - a_j)^{\alpha_j} W(\tau)}{(\tau_j - a_j)^{\alpha_j+1}}$ 关于 $\tau_j \in \overline{G_j}$ 是 k 全纯函数。由定理 4.2.1 有

$$\int_{\partial G_j} \sum_{k_j=0}^{k-1} \overline{\dfrac{z_j - \tau_j}{k_j!}}^{k_j} \dfrac{\partial^{k_1+\cdots+k_n}\left[\dfrac{(z_j-a_j)^{\alpha_j}}{(\tau_j-a_j)^{\alpha_j+1}}W(\tau)\right]}{\partial \overline{\tau}_1^{k_1}\cdots\partial \overline{\tau}_n^{k_n}} \mathrm{d}\tau_j = 0,$$

由此得

$$\sum_{k_j=0}^{k-1} \int_{\Gamma_j} \overline{\dfrac{z_j - \tau_j}{k_j!}}^{k_j} \dfrac{(z_j-a_j)^{\alpha_j}}{(\tau_j-a_j)^{\alpha_j+1}} \dfrac{\partial^{k_1+\cdots+k_n}W(\tau)}{\partial \overline{\tau}_1^{k_1}\cdots\partial \overline{\tau}_n^{k_n}} \mathrm{d}\tau_j$$

$$= \sum_{k_j=0}^{k-1} \int_{L_j} \overline{\dfrac{z_j - \tau_j}{k_j!}}^{k_j} \dfrac{(z_j-a_j)^{\alpha_j}}{(\tau_j-a_j)^{\alpha_j+1}} \dfrac{\partial^{k_1+\cdots+k_n}W(\tau)}{\partial \overline{\tau}_1^{k_1}\cdots\partial \overline{\tau}_n^{k_n}} \mathrm{d}\tau_j。 \quad (4.4.6)$$

同理得

$$\sum_{k_j=0}^{k-1} \int_{C_j} \overline{\dfrac{z_j - \tau_j}{k_j!}}^{k_j} \dfrac{(z_j-a_j)^{\alpha_j}}{(\tau_j-a_j)^{\alpha_j+1}} \dfrac{\partial^{k_1+\cdots+k_n}W(\tau)}{\partial \overline{\tau}_1^{k_1}\cdots\partial \overline{\tau}_n^{k_n}} \mathrm{d}\tau_j$$

$$= \sum_{k_j=0}^{k-1} \int_{L_j} \overline{\dfrac{z_j - \tau_j}{k_j!}}^{k_j} \dfrac{(z_j-a_j)^{\alpha_j}}{(\tau_j-a_j)^{\alpha_j+1}} \dfrac{\partial^{k_1+\cdots+k_n}W(\tau)}{\partial \overline{\tau}_1^{k_1}\cdots\partial \overline{\tau}_n^{k_n}} \mathrm{d}\tau_j。 \quad (4.4.7)$$

于是由式（4.4.4）至式（4.4.7）得

$$\sum_{k_j=0}^{k-1} \int_{\Gamma_j+C_j^-} \overline{\dfrac{z_j - \tau_j}{k_j!(\tau_j-z_j)}}^{k_j} \dfrac{\partial^{k_1+\cdots+k_n}W(\tau)}{\partial \overline{\tau}_1^{k_1}\cdots\partial \overline{\tau}_n^{k_n}} \mathrm{d}\tau_j$$

$$= \sum_{k_j=0}^{k-1} \sum_{\alpha_j=-\infty}^{+\infty} (z_j-a_j)^{\alpha_j} \int_{L_j} \overline{\dfrac{z_j - \tau_j}{k_j!(\tau_j-a_j)^{\alpha_j+1}}}^{k_j} \dfrac{\partial^{k_1+\cdots+k_n}W(\tau)}{\partial \overline{\tau}_1^{k_1}\cdots\partial \overline{\tau}_n^{k_n}} \mathrm{d}\tau_j。 \quad (4.4.8)$$

则由式（4.4.3）及式（4.4.8）得

$$W(z) = \sum_{\alpha_1,\cdots,\alpha_n = -\infty}^{+\infty} \prod_{j=1}^{n} (z_j - a_j)^{\alpha_j} \dfrac{1}{(2\pi\mathrm{i})^n} \cdot$$

$$\int_{L_1\times\cdots\times L_n} \sum_{k_1,\cdots,k_n=0}^{k-1} \prod_{j=1}^{n} \overline{\dfrac{z_j - \tau_j}{k_j!(\tau_j-a_j)^{\alpha_j+1}}}^{k_j} \dfrac{\partial^{k_1+\cdots+k_n}W(\tau)}{\partial \overline{\tau}_1^{k_1}\cdots\partial \overline{\tau}_n^{k_n}} \mathrm{d}\tau$$

$$= \sum_{\alpha_1,\cdots,\alpha_n = -\infty}^{+\infty} (z-a)^{\alpha} \sum_{k_1,\cdots,k_n=0}^{k-1} \sum_{l_1=0}^{k_1}\cdots\sum_{l_n=0}^{k_n} \overline{z}_1^{l_1}\cdots\overline{z}_n^{l_n} \cdot$$

$$\dfrac{1}{(2\pi\mathrm{i})^n} \int_{L_1\times\cdots\times L_n} \prod_{j=1}^{n} \dfrac{C_{k_j}^{l_j}(-\overline{\tau}_j)^{k_j-l_j}}{k_j!(\tau_j-a_j)^{\alpha_j+1}} \dfrac{\partial^{k_1+\cdots+k_n}W(\tau)}{\partial \overline{\tau}_1^{k_1}\cdots\partial \overline{\tau}_n^{k_n}} \mathrm{d}\tau$$

$$= \sum_{\alpha_1,\cdots,\alpha_n=-\infty}^{\infty} (z-a)^{\alpha} \sum_{k_1,\cdots,k_n=0}^{k-1} \sum_{l_1=0}^{k_1} \cdots \sum_{l_n=0}^{k_n} \bar{z}_1^{l_1}\cdots\bar{z}_n^{l_n} C_{\alpha,k_j,l_j}(a),$$

其中,

$$C_{\alpha,k_j,l_j}(a) = \frac{1}{(2\pi\mathrm{i})^n}\int_{L_1\times\cdots\times L_n}\prod_{j=1}^{n}\frac{C_{k_j}^{l_j}(-\bar{\tau}_j)^{k_j-l_j}}{k_j!(\tau_j-a_j)^{\alpha_j+1}}\frac{\partial^{k_1+\cdots+k_n}W(\tau)}{\partial\bar{\tau}_1^{k_1}\cdots\partial\bar{\tau}_n^{k_n}}\mathrm{d}\tau\,\circ$$

且由系数 $C_{\alpha,k_j,l_j}(a)$ 的唯一性知 $W(z)$ 的展开式是唯一存在的。

定理 4.4.4（刘维尔定理） 假设在 $\{z\in\mathbb{C}^n\mid |z_j-a_j|\leqslant+\infty\}$（$j=1,2,\cdots,n$）内 $W(z)$ 是 k 全纯函数且 $\dfrac{\partial^{k_1+\cdots+k_n}W(\tau)}{\partial\bar{\tau}_1^{k_1}\cdots\partial\bar{\tau}_n^{k_n}}$（$k_1,k_2,\cdots,k_n=0,1,\cdots,k-1$）连续。则

$$W(z) = \sum_{k_1,\cdots,k_n=0}^{k-1}\sum_{l_1=0}^{k_1}\cdots\sum_{l_n=0}^{k_n} C_{k_j,l_j}(a)\bar{z}_1^{l_1}\cdots\bar{z}_n^{l_n},$$

其中，$C_{k_j,l_j}(a)$ 是与 z 无关的常数。

证明 由假设条件，对于 $\forall r_j\in(0,+\infty)(j=1,2,\cdots,n)$，$W(z)$ 在 $P(a,r)=\{(z_1,z_2,\cdots,z_n)\mid |z_j-a_j|<r_j\}$ 内 k 全纯，则由定理 4.4.1 得

$$W(z) = \sum_{\alpha_1,\cdots,\alpha_n=0}^{\infty}(z-a)^{\alpha}\sum_{k_1,\cdots,k_n=0}^{k-1}\sum_{l_1=0}^{k_1}\cdots\sum_{l_n=0}^{k_n}\bar{z}_1^{l_1}\cdots\bar{z}_n^{l_n}C_{\alpha,k_j,l_j}(a), \quad (4.4.9)$$

其中，

$$C_{\alpha,k_j,l_j}(a) = \frac{1}{(2\pi\mathrm{i})^n}\int_{\partial_0 P}\prod_{j=1}^{n}\frac{C_{k_j}^{l_j}(-\bar{\tau}_j)^{k_j-l_j}}{k_j!(\tau_j-a_j)^{\alpha_j+1}}\frac{\partial^{k_1+\cdots+k_n}W(\tau)}{\partial\bar{\tau}_1^{k_1}\cdots\partial\bar{\tau}_n^{k_n}}\mathrm{d}\tau\,\circ$$

(4.4.10)

又由 $\dfrac{\partial^{k_1+\cdots+k_n}W(\tau)}{\partial\bar{\tau}_1^{k_1}\cdots\partial\bar{\tau}_n^{k_n}}$ 在 $\partial_0 P$ 上连续知 $\prod_{j=1}^{n}C_{k_j}^{l_j}(-\bar{\tau}_j)^{k_j-l_j}\dfrac{\partial^{k_1+\cdots+k_n}W(\tau)}{\partial\bar{\tau}_1^{k_1}\cdots\partial\bar{\tau}_n^{k_n}}$ 在 $\partial_0 P$ 上连续从而有界，不妨设此上界为 M，则由式（4.4.10）得

$$|C_{\alpha,k_j,l_j}(a)|\leqslant\frac{M}{\prod\limits_{j=1}^{n}k_j!r_j^{\alpha_j}}\,\circ$$

令 $r_j\to+\infty$，则当 $\alpha_1+\alpha_2+\cdots+\alpha_n>0$ 时有 $C_{\alpha,k_j,l_j}(a)=0$，于是由式（4.4.9）得

$$W(z) = \sum_{k_1,\cdots,k_n=0}^{k-1} \sum_{l_1=0}^{k_1} \cdots \sum_{l_n=0}^{k_n} C_{k_j,l_j}(a) \bar{z}_1^{l_1} \cdots \bar{z}_n^{l_n}$$

其中，

$$C_{k_j,l_j}(a) = \frac{1}{(2\pi\mathrm{i})^n} \int_{\partial_0 P} \prod_{j=1}^{n} \frac{\mathrm{C}_{k_j}^{l_j}(-\bar{\tau}_j)^{k_j-l_j}}{k_j!(\tau_j-a_j)} \frac{\partial^{k_1+\cdots+k_n}W(\tau)}{\partial \bar{\tau}_1^{k_1}\cdots\partial \bar{\tau}_n^{k_n}} \mathrm{d}\tau,$$

是与 z 无关的常数，且 $|C_{k_j,l_j}(a)| \leq M\Big/\prod_{j=1}^{n} k_j!$。

定理 4.4.5（威尔斯特拉斯定理） 设 Ω 是 $\mathbb{C}^n$ 中的有界域，$\{f_s\}$ 是 Ω 上的一列 k 全纯函数，若 $\left\{\dfrac{\partial^{k_1+\cdots+k_n}f_s(\tau)}{\partial \bar{\tau}_1^{k_1}\cdots\partial \bar{\tau}_n^{k_n}}\right\}$ 在 $\bar{\Omega}$ 上连续且内闭一致收敛于 $\dfrac{\partial^{k_1+\cdots+k_n}f(\tau)}{\partial \bar{\tau}_1^{k_1}\cdots\partial \bar{\tau}_n^{k_n}}$，其中 $k_1,k_2,\cdots,k_n=0,1,\cdots,k-1$，则

(i) $f \in H_k(\Omega)$；

(ii) $\{(\partial/\partial z^\alpha)f_s(z)\}$ 在 Ω 上内闭一致收敛于 $(\partial/\partial z^\alpha)f(z)$，其中 $\boldsymbol{\alpha}=(\alpha_1,\alpha_2,\cdots,\alpha_n)$ 且 $\alpha_j(j=1,2,\cdots,n)$ 是非负整数。

证明 (i) $\forall a \in \Omega$，选取 $\boldsymbol{\rho}=(\rho_1,\rho_2,\cdots,\rho_n)$ 使得 $\overline{P(a,\boldsymbol{\rho})} \subset \Omega$。由于 f_s 是 Ω 上的 k 全纯函数，则由定理 4.3.3 得

$$f_s(z) = \frac{1}{(2\pi\mathrm{i})^n} \int_{\partial_0 P} \sum_{k_1,\cdots,k_n=0}^{k-1} \prod_{j=1}^{n} \frac{\overline{z_j-\tau_j}^{k_j}}{k_j!(\tau_j-z_j)} \frac{\partial^{k_1+\cdots+k_n}f_s(\tau)}{\partial \bar{\tau}_1^{k_1}\cdots\partial \bar{\tau}_n^{k_n}} \mathrm{d}\tau。$$

(4.4.11)

又由于 $\left\{\dfrac{\partial^{k_1+\cdots+k_n}f_s(\tau)}{\partial \bar{\tau}_1^{k_1}\cdots\partial \bar{\tau}_n^{k_n}}\right\}$ 在 $\overline{P(a,\boldsymbol{\rho})}$ 上内闭一致收敛于 $\dfrac{\partial^{k_1+\cdots+k_n}f(\tau)}{\partial \bar{\tau}_1^{k_1}\cdots\partial \bar{\tau}_n^{k_n}}$，则在式 (4.4.11) 中令 $s \to \infty$，左右两端取极限得

$$f(z) = \frac{1}{(2\pi\mathrm{i})^n} \int_{\partial_0 P} \sum_{k_1,\cdots,k_n=0}^{k-1} \prod_{j=1}^{n} \frac{\overline{z_j-\tau_j}^{k_j}}{k_j!(\tau_j-z_j)} \frac{\partial^{k_1+\cdots+k_n}f(\tau)}{\partial \bar{\tau}_1^{k_1}\cdots\partial \bar{\tau}_n^{k_n}} \mathrm{d}\tau$$

$$= \frac{1}{(2\pi\mathrm{i})^n} \int_{\partial_0 P} \sum_{k_1,\cdots,k_n=0}^{k-1} \frac{\sum_{l_1=0}^{k_1}\cdots\sum_{l_n=0}^{k_n} \mathrm{C}_{k_j}^{l_j} \bar{z}_1^{l_1}\cdots\bar{z}_n^{l_n}(-\bar{\tau}_1)^{k_1-l_1}\cdots(-\bar{\tau}_n)^{k_n-l_n}}{\prod_{j=1}^{n} k_j!(\tau_j-z_j)} \frac{\partial^{k_1+\cdots+k_n}f(\tau)}{\partial \bar{\tau}_1^{k_1}\cdots\partial \bar{\tau}_n^{k_n}} \mathrm{d}\tau$$

$$= \sum_{k_1,\cdots,k_n=0}^{k-1} \sum_{l_1=0}^{k_1} \cdots \sum_{l_n=0}^{k_n} \bar{z}_1^{l_1} \cdots \bar{z}_n^{l_n} \frac{1}{(2\pi i)^n} \int_{\partial_0 P} \frac{C_{k_j}^{l_j}(-\bar{\tau}_1)^{k_1-l_1}\cdots(-\bar{\tau}_n)^{k_n-l_n}}{\prod_{j=1}^{n} k_j!(\tau_j-z_j)} \frac{\partial^{k_1+\cdots+k_n} f(\tau)}{\partial \bar{\tau}_1^{k_1}\cdots\partial\bar{\tau}_n^{k_n}} d\tau$$

$$= \sum_{k_1,\cdots,k_n=0}^{k-1} \sum_{l_1=0}^{k_1} \cdots \sum_{l_n=0}^{k_n} \bar{z}_1^{l_1} \cdots \bar{z}_n^{l_n} u_{k_j,l_j}(z),$$

其中,

$$u_{k_j,l_j}(z) = \frac{1}{(2\pi i)^n} \int_{\partial_0 P} \prod_{j=1}^{n} \frac{C_{k_j}^{l_j}(-\bar{\tau}_j)^{k_j-l_j}}{k_j!(\tau_j-z_j)} \frac{\partial^{k_1+\cdots+k_n} f(\tau)}{\partial \bar{\tau}_1^{k_1}\cdots\partial\bar{\tau}_n^{k_n}} d\tau,$$

是 $P(a,\boldsymbol{\rho})$ 内的全纯函数。则由定理 4.3.7 得 f 在 $P(a,\boldsymbol{\rho})$ 内是 k 全纯函数，由 a 的任意性知 f 是 Ω 上的 k 全纯函数。

(ii) 由于 f_s 和 f 是 Ω 上的 k 全纯函数，则由定理 4.3.7 得

$$f_s(z) = \sum_{k_1,\cdots,k_n=0}^{k-1} \sum_{l_1=0}^{k_1} \cdots \sum_{l_n=0}^{k_n} \bar{z}_1^{l_1}\cdots\bar{z}_n^{l_n} u_{k_j,l_j}^s(z),$$

$$f(z) = \sum_{k_1,\cdots,k_n=0}^{k-1} \sum_{l_1=0}^{k_1} \cdots \sum_{l_n=0}^{k_n} \bar{z}_1^{l_1}\cdots\bar{z}_n^{l_n} u_{k_j,l_j}(z),$$

其中,

$$u_{k_j,l_j}^s(z) = \frac{1}{(2\pi i)^n} \int_{\partial_0 \Omega} \prod_{j=1}^{n} \frac{C_{k_j}^{l_j}(-\bar{\tau}_j)^{k_j-l_j}}{k_j!(\tau_j-z_j)} \frac{\partial^{k_1+\cdots+k_n} f_s(\tau)}{\partial \bar{\tau}_1^{k_1}\cdots\partial\bar{\tau}_n^{k_n}} d\tau,$$

$$u_{k_j,l_j}(z) = \frac{1}{(2\pi i)^n} \int_{\partial_0 \Omega} \prod_{j=1}^{n} \frac{C_{k_j}^{l_j}(-\bar{\tau}_j)^{k_j-l_j}}{k_j!(\tau_j-z_j)} \frac{\partial^{k_1+\cdots+k_n} f(\tau)}{\partial \bar{\tau}_1^{k_1}\cdots\partial\bar{\tau}_n^{k_n}} d\tau$$

是 Ω 上的全纯函数。又由于 $\left\{\frac{\partial^{k_1+\cdots+k_n} f_s(\tau)}{\partial \bar{\tau}_1^{k_1}\cdots\partial\bar{\tau}_n^{k_n}}\right\}$ 在 $\bar{\Omega}$ 上内闭一致收敛于 $\frac{\partial^{k_1+\cdots+k_n} f(\tau)}{\partial \bar{\tau}_1^{k_1}\cdots\partial\bar{\tau}_n^{k_n}}$，则 $\{u_{k_j,l_j}^s(z)\}$ 在 Ω 上内闭一致收敛于 $u_{k_j,l_j}(z)$。由全纯函数的威尔斯特拉斯定理得 $\{D^\alpha u_{k_j,l_j}^s(z)\}$ 在 Ω 上内闭一致收敛于 $D^\alpha u_{k_j,l_j}(z)$，则 $\{(\partial/\partial z^\alpha) f_s(z)\}$ 在 Ω 上内闭一致收敛于 $(\partial/\partial z^\alpha) f(z)$。

参 考 文 献

[1] ABKAR A. Polyanalytic Besov spaces and approximation by dilatations [J]. Czechoslovak mathematical journal, 2024, 74: 305-317.

[2] BENAHMADI A, GHANMI A. On a new characterization of the true-poly-analytic bargmann spaces [J]. Complex analysis and operator theory, 2024, 18: 22.

[3] ALPAY D, COLOMBO F, DIKI K, et al. Reproducing kernel Hilbert spaces of polyanalytic functions of infinite order [J]. Integral equations and operator theory, 2022, 94 (4): 35.

[4] BENAHMADI A, GHANMI A. On a novel class of polyanalytic Hermite polynomials [J]. Results in mathematics, 2019, 74 (4): 186.

[5] KELLER J, LUEF F. Polyanalytic toeplitz operators: isomorphisms, symbolic calculus and approximation of Weyl operators [J]. Journal of fourier analysis and applications, 2021, 27: 47.

[6] VASILEVSKI N. Isometries, direct sum decompositions, analytic type function spaces, and radial operators [J]. Boletín de la sociedad matemática Mexicana, 2023, 29: 97.

[7] GAL S G, SABADINI I. Density of complex and quaternionic polyanalytic polynomials in polyanalytic fock spaces [J]. Complex analysis and operator theory, 2024, 18: 8.

[8] ALPAY D, COLOMBO F, DIKI K, et al. Hörmander's L^2-method, $\bar{\partial}$-problem and polyanalytic function theory in one complex variable [J]. Complex analysis and operator theory, 2023, 17 (3): 41.

[9] GAL S G, SABADINI I. Density of polyanalytic polynomials in complex and quaternionic polyanalytic weighted bergman spaces [J]. Bulletin of the belgian mathematical society-simon stevin, 2022, 29: 533-553.

[10] VASILEVSKI N. On polyanalytic functions in several complex variables [J]. Complex analysis and operator theory, 2023, 17: 80.

[11] DU Z, WANG Y, KU M. Schwarz boundary value problems for polyanalytic equation in a sector ring [J]. Complex analysis and operator theory, 2023, 17: 33.

[12] AKEL M, BEGEHR H, MOHAMMED A. A Neumann problem for the polyanalytic operator in planar domains with harmonic Green function [J]. Applicable analysis, 2022, 101: 3816–3824.

[13] KYEONG J, MITREA D, MITREA I, et al. The Poly-Cauchy operator, Whitney arrays, and Fatou theorems for polyanalytic functions in uniformly rectifiable domains [M] //CONSTANDA C, BODMANN B E, HARRIS P J. Integral methods in science and engineering. Cham: Springer, 2022.

[14] VASILEVSKI N. On the polyanalytic and anti-polyanalytic function spaces [J]. Journal of mathematical sciences, 2022, 266: 210–230.

[15] TURBINER A V, VASILEVSKI N L. Poly-analytic functions and representation theory [J]. Complex analysis and operator theory, 2021, 15: 110.

[16] 杨丕文. k-正则函数及某些边值问题 [J]. 四川师范大学学报（自然科学版），2001，24（1）：5–8.

[17] 黄沙. 多复变解析函数的一个非线性边值问题 [J]. 数学物理学报，1997，17（4）：382–388.

第 5 章　$\mathbb{C}^n$ 中柯西型奇异积分算子及其在边值问题中的应用

5.1　预备知识及相关引理

近年来，关于多复变空间中全纯函数边值问题的研究有了许多新的进展[1-2]。2019 年，Laurent-Thiébaut 等[3]研究了 $\mathbb{C}^2$ 或 $\mathbb{C}P^2$ 中 Hartogs 三角形上的一类 Cauchy-Riemann 方程的相关问题。Fassina 等[4]讨论了 $\mathbb{C}^n$ 中 q - 凸域上 $\bar{\partial}$ 问题的存在性与内正则性定理。2021 年，Chakrabarti 等[5]研究了 $\mathbb{C}^n$ 中环形域上非齐次的 Cauchy-Riemann 方程解的 Sobolev 估计。另外，Wu[6] 和 Chen 等[7-8]也对不同的非线性方程进行了讨论。

随着多全纯函数[9]的引入及全纯函数边值问题的不断发展，关于多全纯函数偏微分方程的相关问题引起了广大学者的广泛关注。Soldatov 等[10]研究了光滑边界上双 - 全纯函数的线性共轭问题。他们得到了问题解的详细表示及可解性的充分必要条件。Ku 等[11]研究了 Hardy 空间中单位圆盘上多全纯函数的 Riemann-Hilbert 问题。Begehr 等[12]讨论了一类非齐次多调和方程的 Dirichlet 问题，Han 等[13]对双周期双全纯函数的 Riemann 边值问题进行了讨论。Aksoy 等[14-15]在单连通平面域上也对双全纯函数的 Schwarz 问题进行了研究。Begehr 等[16]讨论了具有调和格林函数的平面域上非齐次多全纯函数的 3 类基本边值问题。

以上结论都是在复平面上进行讨论的，如果这些结果能够推广到多复变空间中,则它们能够得到更为广泛的应用。目前,关于 $\mathbb{C}^n$ 中 k 全纯函数边值问题的研究结果很少。本章主要讨论广义多圆柱上 k 全纯函数的一个非线性边值问题。应用具有 k 全纯核的柯西型奇异积分算子的边界性质,对于 k 全纯函数边值问题解的存在性进行详细讨论,从而得到其解的积分表示。

在下列叙述中,设广义双圆柱 $D = D_1 \times D_2$,其中 D_1 和 D_2 分别是 z_1 平面和 z_2 平面中的有界区域,其边界 L_1 和 L_2 由有限条光滑简单闭曲线构成,并假设 $(0,0) \in D$。记 $L = L_1 \times L_2$ 为 D 的特征边界,D_i^+ 和 D_i^- 分别表示由 $L_i(i=1,2)$ 所围成的有界和无界区域。记 $F^{++}(t), F^{+-}(t), F^{-+}(t), F^{--}(t)$ 分别为 $\mathbb{C}^2$ 上的函数 $F(z)$ 在 L 上沿 $D_1^+ \times D_2^+, D_1^+ \times D_2^-, D_1^- \times D_2^+, D_1^- \times D_2^-$ 一侧当 $z \to t (t \in L)$ 时的极限值。

令 $f \in C^m(G)$ 表示函数 f 及它的直到 m 阶的偏导数都在域 G 内连续,令 $H_\alpha(\bar{G})$ 表示满足不等式

$$|f(z_1) - f(z_2)| \leq H(f)|z_1 - z_2|^\alpha, \quad 0 < \alpha \leq 1,$$

的函数 f 的全体,其中

$$H(f) = \sup_{z_1, z_2 \in \bar{G}} \frac{|f(z_1) - f(z_2)|}{|z_1 - z_2|^\alpha}。$$

α 被称为 f 的赫尔德指数。令 $C_\alpha(\bar{G})$ 表示 $H_\alpha(\bar{G})$ 中一切有界函数的全体,显然,当 G 是有界域时 $C_\alpha(\bar{G}) = H_\alpha(\bar{G})$,当 G 是无界域时 $C_\alpha(\bar{G}) \subset H_\alpha(\bar{G})$。

引理 5.1.1[17] 设 Γ 为光滑闭曲线,$\varphi(t) \in H_\alpha(\Gamma)$,$t \in \Gamma$,$0 < \alpha \leq 1$,则对于柯西主值意义下的积分

$$\Phi(t) = \frac{1}{2\pi i} \int_\Gamma \frac{\varphi(\tau)}{\tau - t} d\tau$$

有 $\Phi(t) \in H_{\alpha-\varepsilon}(\Gamma)$,其中 ε 是任意小的正数。

引理 5.1.2[18] 设 $\varphi(t) \in H_\alpha(L)$,则奇异积分

$$\Phi(t_1,t_2) = \frac{1}{(2\pi i)^2}\int_L \frac{\varphi(\tau_1,\tau_2)}{(\tau_1-t_1)(\tau_2-t_2)}d\tau_1 d\tau_2, \quad (t_1,t_2)\in L,$$

按柯西主值的意义是存在的，其柯西主值为

$$\lim_{\delta\to 0}\frac{1}{(2\pi i)^2}\int_{L_\delta} \frac{\varphi(\tau_1,\tau_2)}{(\tau_1-t_1)(\tau_2-t_2)}d\tau_1 d\tau_2, \quad (t_1,t_2)\in L,$$

其中，$L_\delta = (L_1 - \lambda_1) \times (L_2 - \lambda_2)$，$\lambda_m(m=1,2)$ 为 L_m 位于以 t_m 为中心，δ 为半径的标准双圆柱 $C_2(t,\delta)$ 内部的部分，L_m 余下的部分记为 $L_m - \lambda_m$。

引理 5.1.3[18]　对于柯西型积分

$$\Phi(z_1,z_2) = \frac{1}{(2\pi i)^2}\int_L \frac{\varphi(\tau_1,\tau_2)d\tau_1 d\tau_2}{(\tau_1-z_1)(\tau_2-z_2)}, \quad z_m\notin L_m,$$

令 $\varphi(t)\in H_\alpha(L)$，则

$$\begin{cases}\Phi^{++}(t) = \dfrac{1}{4}(\varphi + S_1\varphi + S_2\varphi + S_3\varphi),\\[2pt]\Phi^{+-}(t) = \dfrac{1}{4}(-\varphi - S_1\varphi + S_2\varphi + S_3\varphi),\\[2pt]\Phi^{-+}(t) = \dfrac{1}{4}(-\varphi + S_1\varphi - S_2\varphi + S_3\varphi),\\[2pt]\Phi^{--}(t) = \dfrac{1}{4}(\varphi - S_1\varphi - S_2\varphi + S_3\varphi),\end{cases}$$

其中，$t_m \in L_m$，$\Phi^{\pm\pm}(t)$ 代表 $D_1^\pm \times D_2^\pm$ 中 $z\to t$ 时的极限值 $\Phi(z)$，D_m^+ 和 D_m^- 分别表示由 $L_m(m=1,2)$ 所围成的有界区域和无界区域，且

$$S_1\varphi = \frac{1}{\pi i}\int_{L_1}\frac{\varphi(\tau_1,t_2)}{\tau_1-t_1}d\tau_1, \quad S_2\varphi = \frac{1}{\pi i}\int_{L_2}\frac{\varphi(t_1,\tau_2)}{\tau_2-t_2}d\tau_2,$$

$$S_3\varphi = \frac{1}{(\pi i)^2}\int_L \frac{\varphi(\tau)}{(\tau_1-t_1)(\tau_2-t_2)}d\tau。$$

引理 5.1.4[19]　设 $\varphi(t)\in H_\alpha(L)$，则引理 5.1.3 中的柯西型积分是柯西积分的充要条件是：

$$\begin{cases}\dfrac{1}{2}\varphi(t_1,t_2) = \dfrac{1}{2\pi i}\int_{L_1}\dfrac{\varphi(\tau_1,t_2)}{\tau_1-t_1}d\tau_1,\\[4pt]\dfrac{1}{2}\varphi(t_1,t_2) = \dfrac{1}{2\pi i}\int_{L_2}\dfrac{\varphi(t_1,\tau_2)}{\tau_2-t_2}d\tau_2。\end{cases}$$

在定理 4.2.1 和定理 4.3.3 中,令 $n = 2$ 得以下结论。

引理 5.1.5 令 D 表示 $\mathbb{C}^n$ 中的广义双圆柱域且 $W(z) \in H_k(D)$。设 $\dfrac{\partial^{k_1+k_2} W(\tau_1, \tau_2)}{\partial \overline{\tau}_1^{k_1} \partial \overline{\tau}_2^{k_2}} (k_1, k_2 = 0, 1, \cdots, k-1)$ 在 $\overline{D}$ 上连续。则

$$\int_L \sum_{k_1, k_2=0}^{k-1} \frac{\overline{a_1 - \tau_1}^{k_1} \overline{a_2 - \tau_2}^{k_2}}{k_1! k_2!} \frac{\partial^{k_1+k_2} W(\tau_1, \tau_2)}{\partial \overline{\tau}_1^{k_1} \partial \overline{\tau}_2^{k_2}} \mathrm{d}\tau_1 \mathrm{d}\tau_2 = 0,$$

其中,$a = (a_1, a_2)$ 是 $\mathbb{C}^2$ 中的任一固定点,L 表示 D 的特征边界。

引理 5.1.6(柯西积分公式) 令 D 表示 $\mathbb{C}^n$ 中的广义双圆柱域且 $W(z) \in H_k(D)$。设 $\dfrac{\partial^{k_1+k_2} W(\tau_1, \tau_2)}{\partial \overline{\tau}_1^{k_1} \partial \overline{\tau}_2^{k_2}} (k_1, k_2 = 0, 1, \cdots, k-1)$ 在 $\overline{D}$ 上连续。则

$$\frac{1}{(2\pi\mathrm{i})^2} \int_L \sum_{k_1, k_2=0}^{k-1} \frac{\overline{z_1 - \tau_1}^{k_1} \overline{z_2 - \tau_2}^{k_2}}{k_1! k_2! (\tau_1 - z_1)(\tau_2 - z_2)} \frac{\partial^{k_1+k_2} W(\tau_1, \tau_2)}{\partial \overline{\tau}_1^{k_1} \partial \overline{\tau}_2^{k_2}} \mathrm{d}\tau_1 \mathrm{d}\tau_2$$

$$= \begin{cases} 0, & (z_1, z_2) \notin \overline{D}, \\ W(z_1, z_2), & (z_1, z_2) \in D. \end{cases}$$

定义 5.1.7 设 $\varphi_{k_1, k_2}(\tau)$ 为 L 上的绝对可积函数,其中 $k_1, k_2 = 0, 1, \cdots, k-1$,则称

$$w(z_1, z_2) = \frac{1}{(2\pi\mathrm{i})^2} \int_L \sum_{k_1, k_2=0}^{k-1} \frac{\overline{z_1 - \tau_1}^{k_1} \overline{z_2 - \tau_2}^{k_2}}{k_1! k_2! (\tau_1 - z_1)(\tau_2 - z_2)} \varphi_{k_1, k_2}(\tau) \mathrm{d}\tau_1 \mathrm{d}\tau_2,$$

(5.1.1)

为 Cauchy-Fredholm 型积分,其中,$\varphi_{k_1, k_2}(\tau)$ 为核密度。

定义 5.1.8 设 $z \in L$,则称定义 5.1.7 中的积分为在特征流形 $L = L_1 \times L_2$ 上的奇异积分。以 z 为中心,δ 为半径作标准双圆柱 $E_2(z, \delta)$,$L_m(m = 1, 2)$ 位于 $E_2(z, \delta)$ 内部的部分记为 λ_m,L_m 余下的部分记为 $L_m - \lambda_m$,令 $L_\delta = (L_1 - \lambda_1) \times (L_2 - \lambda_2)$ 且

$$w_\delta(z_1, z_2) = \frac{1}{(2\pi\mathrm{i})^2} \int_{L_\delta} \sum_{k_1, k_2=0}^{k-1} \frac{\overline{z_1 - \tau_1}^{k_1} \overline{z_2 - \tau_2}^{k_2}}{k_1! k_2! (\tau_1 - z_1)(\tau_2 - z_2)} \varphi_{k_1, k_2}(\tau) \mathrm{d}\tau_1 \mathrm{d}\tau_2.$$

若 $\lim\limits_{\delta \to 0} w_\delta(z_1, z_2)$ 存在,则称之为上述奇异积分在 L 上的主值,其记法与普通

积分一样。

引理 5.1.9[18] 设 $\varphi(t) \in H_\alpha(L), S_i\varphi(i=1,2,3)$ 是引理 5.1.3 中的算子,则存在与 φ 无关的正常数 J_1 和 J_2 使得

$$\|S_i\varphi\|_\alpha \leq J_1\|\varphi\|_\alpha, \|\varphi \pm S_i\varphi\|_\alpha \leq J_1\|\varphi\|_\alpha, \quad i=1,2,3,$$

$$\|\varphi + S_1\varphi + S_2\varphi + S_3\varphi\|_\alpha \leq J_1\|\varphi\|_\alpha, \|-\varphi - S_1\varphi + S_2\varphi + S_3\varphi\|_\alpha \leq J_1\|\varphi\|_\alpha,$$

$$\|-\varphi + S_1\varphi - S_2\varphi + S_3\varphi\|_\alpha \leq J_1\|\varphi\|_\alpha, \|\varphi - S_1\varphi - S_2\varphi + S_3\varphi\|_\alpha \leq J_1\|\varphi\|_\alpha,$$

其中,

$$\|\varphi\|_\alpha = C(\varphi,L) + H(\varphi,L,\alpha),$$

$$C(\varphi,L) = \max_{t \in L}|\varphi(t)|, H(\varphi,L,\alpha) = \sup_{t \neq t', t, t' \in L}\frac{|\varphi(t) - \varphi(t')|}{|t - t'|^\alpha},$$

且

$$\|\varphi_1 + \varphi_2\|_\alpha \leq \|\varphi_1\|_\alpha + \|\varphi_2\|_\alpha, \|\varphi_1\varphi_2\|_\alpha \leq J_2\|\varphi_1\|_\alpha\|\varphi_2\|_\alpha.$$

5.2　k 全纯函数的柯西型奇异积分算子的性质

柯西积分公式及相关柯西型奇异积分算子在复变函数论中占有很重要的地位,它们将复变函数论中的多个研究领域紧密地联系在一起,从而具有很广泛的应用。在单复变数空间中,对于柯西型奇异积分及其应用的研究已经有了许多很好的结果。然而,在多复变空间中不同的区域上具有不同形式的柯西积分公式,这使得在高维复空间中研究柯西型积分的性质及其应用更加困难。

定理 5.2.1　设 $\varphi_{k_1,k_2}(t)$ 是 $L = L_1 \times L_2$ 上的连续函数,则定义 5.1.7 中的 $w(z)$ 是 L 外的 k 全纯函数,且 $\partial_{\bar{z}_1}^{k-2}w(\infty,z_2), \partial_{\bar{z}_2}^{k-2}w(z_1,\infty), \partial_{\bar{z}_1}^{k-2}\partial_{\bar{z}_2}^{k-2}w(\infty,\infty)$ 有界。

证明　由定理 4.3.4 知 $w(z)$ 是 L 外的 k 全纯函数,则由式(5.1.1)得

$$w(z) = \sum_{k_1,k_2=0}^{k-1}\sum_{j_1=0}^{k_1}\sum_{j_2=0}^{k_2}\frac{(-1)^{k_1-j_1+k_2-j_2}C_{k_1}^{j_1}C_{k_2}^{j_2}\bar{z}_1^{j_1}\bar{z}_2^{j_2}}{k_1!k_2!(2\pi i)^2}$$

$$\int_L \frac{\overline{\tau_1}^{k_1-j_1}\overline{\tau_2}^{k_2-j_2}}{(\tau_1-z_1)(\tau_2-z_2)}\varphi_{k_1,k_2}(\tau)\mathrm{d}\tau_\circ \tag{5.2.1}$$

又 $\varphi_{k_1,k_2}(t)$ 在 L 上连续,由引理 4.3.2 得式 (5.2.1) 中的积分项

$$\int_L \frac{\overline{\tau_1}^{k_1-j_1}\overline{\tau_2}^{k_2-j_2}}{(\tau_1-z_1)(\tau_2-z_2)}\varphi_{k_1,k_2}(\tau)\mathrm{d}\tau,$$

是 L 外的全纯函数。又由式 (5.2.1) 中 j_1 的取值知 $\partial_{\bar{z}_1}^{k-2} \bar{z}_1^{j_1}$ 的非零项只有 $j_1 = k-1$ 时对应的一次项及 $j_1 = k-2$ 时对应的常数项。于是

$$\partial_{\bar{z}_1}^{k-2} w(z) = \sum_{k_2=0}^{k-1}\sum_{j_2=0}^{k_2} \frac{(-1)^{k_2-j_2} C_{k_2}^{j_2}(k-1)! \bar{z}_1 \bar{z}_2^{j_2}}{k_1! k_2! (2\pi\mathrm{i})^2} \int_L \frac{\overline{\tau_2}^{k_2-j_2}\varphi_{k_1,k_2}(\tau)}{(\tau_1-z_1)(\tau_2-z_2)}\mathrm{d}\tau +$$
$$\sum_{k_1=k-2}^{k-1}\sum_{k_2=0}^{k-1}\sum_{j_2=0}^{k_2} \frac{(-1)^{k_1-(k-2)+k_2-j_2} C_{k_1}^{k-2} C_{k_2}^{j_2}(k-2)! \bar{z}_2^{j_2}}{k_1! k_2! (2\pi\mathrm{i})^2} \cdot$$
$$\int_L \frac{\overline{\tau_1}^{k_1-(k-2)}\overline{\tau_2}^{k_2-j_2}}{(\tau_1-z_1)(\tau_2-z_2)}\varphi_{k_1,k_2}(\tau)\mathrm{d}\tau_\circ \tag{5.2.2}$$

令 $z_1 = \infty$,显然,式 (5.2.2) 右端第一项有界,第二项为零,于是 $\partial_{\bar{z}_1}^{k-2} w(\infty,z_2)$ 有界,同理 $\partial_{\bar{z}_2}^{k-2} w(z_1,\infty)$ 有界,且对式 (5.2.2) 重复同样的讨论可得 $\partial_{\bar{z}_1}^{k-2}\partial_{\bar{z}_2}^{k-2} w(\infty,\infty)$ 有界。

若对式 (5.2.2) 关于 $\bar{z}_1$ 求偏导得

$$\partial_{\bar{z}_1}^{k-1} w(z) = \sum_{k_2=0}^{k-1}\sum_{j_2=0}^{k_2} \frac{(-1)^{k_2-j_2} C_{k_2}^{j_2}(k-1)! \bar{z}_2^{j_2}}{k_1! k_2! (2\pi\mathrm{i})^2} \int_L \frac{\overline{\tau_2}^{k_2-j_2}\varphi_{k_1,k_2}(\tau)}{(\tau_1-z_1)(\tau_2-z_2)}\mathrm{d}\tau_\circ$$

则显然有 $\partial_{\bar{z}_1}^{k-1} w(\infty,z_2) = 0$,同理有 $\partial_{\bar{z}_2}^{k-1} w(z_1,\infty) = 0 = \partial_{\bar{z}_1}^{k-1}\partial_{\bar{z}_2}^{k-1} w(\infty,\infty)$。

定理 5.2.2 设 $\varphi_{k_1,k_2}(\tau) \in H_\alpha(L)$ ($k_1,k_2 = 0,1,\cdots,k-1$),则定义 5.1.8 中的奇异积分按柯西主值的意义是存在的。

证明 由 $\varphi_{k_1,k_2}(\tau) \in H_\alpha(L)$ 知

$$\overline{(t_1-\tau_1)}^{k_1}\overline{(t_2-\tau_2)}^{k_2}\varphi_{k_1,k_2}(\tau) \in H_\alpha(L), t \in L_\circ$$

于是由引理 5.1.2 知 $\lim_{\delta \to 0} W_\delta(t_1,t_2)$ 存在,故定理得证。

定理 5.2.3 设连续函数序列 $\{\varphi^{(k)}\}$ 在 L 上一致收敛到 $\{\varphi(t)\}$,则对于 $\forall \varepsilon > 0$ 和充分大的 k 有:

第5章 $\mathbb{C}^n$ 中柯西型奇异积分算子及其在边值问题中的应用

$$\begin{cases} |S_2[\overline{(t_2-\tau_2)}^m \varphi^{(k)}] - S_2[\overline{(t_2-\tau_2)}^m \varphi]| \leqslant C_1 \varepsilon, \\ |S_3[\overline{(t_2-\tau_2)}^m \varphi^{(k)}] - S_3[\overline{(t_2-\tau_2)}^m \varphi]| \leqslant C_2 \varepsilon, \end{cases}$$

其中,$m(m \geqslant 1)$ 是整数,S_2 和 S_3 是引理 5.1.3 中的算子,C_1 和 C_2 是正常数。

证明 由于 $\{\varphi^{(k)}\}$ 在 L 上一致收敛到 $\{\varphi(t)\}$,则对于 $\forall \varepsilon > 0$ 和充分大的 k 有

$$\|\varphi^{(k)} - \varphi\|_\alpha < \varepsilon。$$

(1) 设 L_v 的直径是 $d_v(v=1,2)$。对于 $\tau_2, t_2 \in L_2$ 有 $|\tau_2 - t_2| \leqslant d_2$,于是

$$|S_2[\overline{(t_2-\tau_2)}^m \varphi^{(k)}] - S_2[\overline{(t_2-\tau_2)}^m \varphi]| = \left| \frac{1}{\pi\mathrm{i}} \int_{L_2} \frac{\overline{(t_2-\tau_2)}^m [\varphi^{(k)} - \varphi]}{\tau_2 - t_2} \mathrm{d}\tau_2 \right|$$

$$\leqslant \frac{1}{\pi} \|\varphi^{(k)} - \varphi\|_\alpha \int_{L_2} |\tau_2 - t_2|^{m-1} |\mathrm{d}\tau_2|$$

$$\leqslant \frac{\varepsilon}{\pi} \int_0^{d_2} \rho^{m-1} \mathrm{d}\rho = \frac{\varepsilon}{\pi} \frac{d_2^m}{m} \doteq C_1 \varepsilon。$$

(2) 令

$$\begin{cases} \Phi^{(k)}(\tau_1, \tau_2) = \varphi^{(k)}(\tau_1, \tau_2) - \varphi^{(k)}(t_1, \tau_2) - \varphi^{(k)}(\tau_1, t_2) + \varphi^{(k)}(t_1, t_2), \\ \Phi(\tau_1, \tau_2) = \varphi(\tau_1, \tau_2) - \varphi(t_1, \tau_2) - \varphi(\tau_1, t_2) + \varphi(t_1, t_2), \end{cases}$$

则

$$\varphi^{(k)}(\tau_1, \tau_2) - \varphi(\tau_1, \tau_2) = [\Phi^{(k)}(\tau_1, \tau_2) - \Phi(\tau_1, \tau_2)] +$$
$$[\varphi^{(k)}(t_1, \tau_2) - \varphi(t_1, \tau_2)] + [\varphi^{(k)}(\tau_1, t_2) -$$
$$\varphi(\tau_1, t_2)] + [\varphi(t_1, t_2) - \varphi^{(k)}(t_1, t_2)],$$

于是

$$\Phi^{(k)}(\tau_1, \tau_2) - \Phi(\tau_1, \tau_2) = \{[\varphi^{(k)} - \varphi](\tau_1, \tau_2) - [\varphi^{(k)} - \varphi](t_1, \tau_2)\} +$$
$$\{[\varphi^{(k)} - \varphi](t_1, t_2) - [\varphi^{(k)} - \varphi](\tau_1, t_2)\},$$

从而有

$$\begin{cases} |\Phi^{(k)}(\tau_1, \tau_2) - \Phi(\tau_1, \tau_2)| \leqslant 2\|\varphi^{(k)} - \varphi\|_\alpha |\tau_1 - t_1|^\alpha, \\ |\Phi^{(k)}(\tau_1, \tau_2) - \Phi(\tau_1, \tau_2)| \leqslant 2\|\varphi^{(k)} - \varphi\|_\alpha |\tau_2 - t_2|^\alpha, \end{cases}$$

则
$$|\Phi^{(k)}(\tau_1,\tau_2) - \Phi(\tau_1,\tau_2)| \leq 2\|\varphi^{(k)} - \varphi\|_\alpha |\tau_1 - t_1|^{\frac{\alpha}{2}}|\tau_2 - t_2|^{\frac{\alpha}{2}}。$$

同理，由 $\Phi^{(k)}(\tau_1,\tau_2)$ 和 $\Phi(\tau_1,\tau_2)$ 的表达式有

$$\begin{cases} |\Phi^{(k)}(\tau_1,\tau_2)| \leq 2\|\varphi^{(k)}\|_\alpha |\tau_1 - t_1|^{\frac{\alpha}{2}}|\tau_2 - t_2|^{\frac{\alpha}{2}}, \\ |\Phi(\tau_1,\tau_2)| \leq 2\|\varphi\|_\alpha |\tau_1 - t_1|^{\frac{\alpha}{2}}|\tau_2 - t_2|^{\frac{\alpha}{2}}。 \end{cases}$$

则

$$|S_3[\overline{(t_2-\tau_2)^m}\varphi^{(k)}] - S_3[\overline{(t_2-\tau_2)^m}\varphi]|$$

$$= \left|\frac{1}{(\pi i)^2}\int_L \frac{\overline{(t_2-\tau_2)^m}[\varphi^{(k)}(\tau_1,\tau_2) - \varphi(\tau_1,\tau_2)]}{(\tau_1-t_1)(\tau_2-t_2)}d\tau_1 d\tau_2\right|$$

$$\leq \left|\frac{1}{(\pi i)^2}\int_L \frac{\overline{(t_2-\tau_2)^m}[\Phi^{(k)}(\tau_1,\tau_2) - \Phi(\tau_1,\tau_2)]}{(\tau_1-t_1)(\tau_2-t_2)}d\tau_1 d\tau_2\right| +$$

$$\left|\frac{1}{(\pi i)^2}\int_L \frac{\overline{(t_2-\tau_2)^m}[\varphi^{(k)}(t_1,\tau_2) - \varphi(t_1,\tau_2)]}{(\tau_1-t_1)(\tau_2-t_2)}d\tau_1 d\tau_2\right| +$$

$$\left|\frac{1}{(\pi i)^2}\int_L \frac{\overline{(t_2-\tau_2)^m}[\varphi^{(k)}(\tau_1,t_2) - \varphi(\tau_1,t_2)]}{(\tau_1-t_1)(\tau_2-t_2)}d\tau_1 d\tau_2\right| +$$

$$\left|\frac{1}{(\pi i)^2}\int_L \frac{\overline{(t_2-\tau_2)^m}[\varphi(t_1,t_2) - \varphi^{(k)}(t_1,t_2)]}{(\tau_1-t_1)(\tau_2-t_2)}d\tau_1 d\tau_2\right|$$

$$\doteq I_1 + I_2 + I_3 + I_4。$$

令

$$I_5 = \frac{1}{(\pi i)^2}\int_L \frac{\overline{(t_2-\tau_2)^m}\Phi^{(k)}(\tau_1,\tau_2)}{(\tau_1-t_1)(\tau_2-t_2)}d\tau_1 d\tau_2,$$

$$I_6 = \frac{1}{(\pi i)^2}\int_L \frac{\overline{(t_2-\tau_2)^m}\Phi(\tau_1,\tau_2)}{(\tau_1-t_1)(\tau_2-t_2)}d\tau_1 d\tau_2,$$

对于 $\delta > 0$，令 $U(t,\delta)$ 表示 $t = (t_1,t_2) \in L = L_1 \times L_2$ 的 δ 邻域。令 L_{v1} 和 L_{v2} 分别表示 L_v 在 $U(t_v,\delta)$ 中的内部和外部，则 $L_v = L_{v1} + L_{v2} (v = 1,2)$，且 $I_q(L) = I_q(L_{11} \times L_2) + I_q(L_{12} \times L_2)$（$q = 5,6$）。

因此，

第5章 $\mathbb{C}^n$ 中柯西型奇异积分算子及其在边值问题中的应用

$$I_1 = |I_5(L) - I_6(L)| = |I_5(L_{11} \times L_2) - I_6(L_{11} \times L_2)| + $$
$$|I_5(L_{12} \times L_2) - I_6(L_{12} \times L_2)|,$$

假设 $|\tau_1 - t_1| = \rho_1, |\tau_2 - t_2| = \rho_2$，则

$$|I_5(L_{11} \times L_2)| \leq \frac{1}{\pi^2} \int_{L_{11} \times L_2} \frac{|\Phi^{(k)}(\tau_1,\tau_2)|}{|\tau_1 - t_1|} |\tau_2 - t_2|^{m-1} |d\tau_1||d\tau_2|$$

$$\leq \frac{2}{\pi^2} \|\varphi^{(k)}\|_\alpha \int_{L_{11} \times L_2} \frac{|\tau_1 - t_1|^{\frac{\alpha}{2}} |\tau_2 - t_2|^{\frac{\alpha}{2}}}{|\tau_1 - t_1|} |\tau_2 - t_2|^{m-1} |d\tau_1||d\tau_2|$$

$$= \frac{2}{\pi^2} \|\varphi^{(k)}\|_\alpha \int_{L_{11}} |\tau_1 - t_1|^{\frac{\alpha}{2}-1} |d\tau_1| \int_{L_2} |\tau_2 - t_2|^{\frac{\alpha}{2}+m-1} |d\tau_2|$$

$$= \frac{2}{\pi^2} \|\varphi^{(k)}\|_\alpha \int_0^\delta \rho_1^{\frac{\alpha}{2}-1} d\rho_1 \int_0^{d_2} \rho_2^{\frac{\alpha}{2}+m-1} d\rho_2 = C_3 \delta^{\frac{\alpha}{2}},$$

其中，

$$C_3 = \frac{8\|\varphi^{(k)}\|_\alpha}{\pi^2 \alpha (2m+\alpha)} d_2^{\frac{\alpha}{2}+m}。$$

同理，$|I_6(L_{11} \times L_2)| \leq C_4 \delta^{\frac{\alpha}{2}}$。其中，

$$C_4 = \frac{8\|\varphi\|_\alpha}{\pi^2 \alpha (2m+\alpha)} d_2^{\frac{\alpha}{2}+m}。$$

另一方面，

$$|I_5(L_{12} \times L_2) - I_6(L_{12} \times L_2)|$$

$$= \left| \frac{1}{(\pi i)^2} \int_{L_{12} \times L_2} \frac{\overline{(t_2-\tau_2)}^m [\Phi^{(k)}(\tau_1,\tau_2) - \Phi(\tau_1,\tau_2)]}{(\tau_1-t_1)(\tau_2-t_2)} d\tau_1 d\tau_2 \right|$$

$$\leq \frac{2}{\pi^2} \int_{L_{12} \times L_2} \frac{|\tau_2-t_2|^{m-1}}{|\tau_1-t_1|} \|\varphi^{(k)} - \varphi\|_\alpha |\tau_1-t_1|^{\frac{\alpha}{2}} |\tau_2-t_2|^{\frac{\alpha}{2}} |d\tau_1||d\tau_2|$$

$$= \frac{2}{\pi^2} \|\varphi^{(k)} - \varphi\|_\alpha \int_{L_{12}} |\tau_1-t_1|^{\frac{\alpha}{2}-1} |d\tau_1| \int_{L_2} |\tau_2-t_2|^{\frac{\alpha}{2}+m-1} |d\tau_2|$$

$$= \frac{2}{\pi^2} \|\varphi^{(k)} - \varphi\|_\alpha \int_\delta^{d_1} \rho_1^{\frac{\alpha}{2}-1} d\rho_1 \int_0^{d_2} \rho_2^{\frac{\alpha}{2}+m-1} d\rho_2 < C_5 \varepsilon,$$

其中，

$$C_5 = \frac{8}{\pi^2 \alpha (2m + \alpha)} d_1^{\frac{\alpha}{2}} d_2^{\frac{\alpha}{2}+m}。$$

则

$$I_1 \leq |I_5(L_{11} \times L_2)| + |I_6(L_{11} \times L_2)| + |I_5(L_{12} \times L_2) - I_6(L_{12} \times L_2)|$$

$$< (C_3 + C_4)\delta^{\frac{\alpha}{2}} + C_5 \varepsilon。$$

另外，由第（1）部分可得

$$I_2 = \left| \frac{1}{(\pi i)^2} \int_L \frac{\overline{(t_2 - \tau_2)^m} [\varphi^{(k)}(t_1, \tau_2) - \varphi(t_1, \tau_2)]}{(\tau_1 - t_1)(\tau_2 - t_2)} d\tau_1 d\tau_2 \right|$$

$$= \left| \frac{1}{\pi i} \int_{L_1} \frac{d\tau_1}{\tau_1 - t_1} \cdot \frac{1}{\pi i} \int_{L_2} \frac{\overline{(t_2 - \tau_2)^m} [\varphi^{(k)}(t_1, \tau_2) - \varphi(t_1, \tau_2)]}{\tau_2 - t_2} d\tau_2 \right|$$

$$= \left| S_2 [\overline{(t_2 - \tau_2)^m} \varphi^{(k)}] - S_2 [\overline{(t_2 - \tau_2)^m} \varphi] \right|$$

$$< C_1 \varepsilon。$$

由参考文献［18］中的定理 3 可得对于 $\forall \varepsilon > 0$ 和充分大的 k 有 $|S_1 \varphi^{(k)} - S_1 \varphi| < J\varepsilon$，其中 J 是正常数。则

$$I_3 = \left| \frac{1}{(\pi i)^2} \int_L \frac{\overline{(t_2 - \tau_2)^m} [\varphi^{(k)}(\tau_1, t_2) - \varphi(\tau_1, t_2)]}{(\tau_1 - t_1)(\tau_2 - t_2)} d\tau_1 d\tau_2 \right|$$

$$= \left| \frac{1}{\pi i} \int_{L_1} \frac{\varphi^{(k)}(\tau_1, t_2) - \varphi(\tau_1, t_2)}{\tau_1 - t_1} d\tau_1 \cdot \frac{1}{\pi i} \int_{L_2} \frac{\overline{(t_2 - \tau_2)^m}}{\tau_2 - t_2} d\tau_2 \right|$$

$$\leq \left| \frac{1}{\pi i} \int_{L_1} \frac{\varphi^{(k)}(\tau_1, t_2) - \varphi(\tau_1, t_2)}{\tau_1 - t_1} d\tau_1 \right| \cdot \frac{1}{\pi} \int_{L_2} |\tau_2 - t_2|^{m-1} |d\tau_2|$$

$$\leq |S_1 \varphi^{(k)} - S_1 \varphi| \cdot \frac{1}{\pi} \int_0^{d_2} \rho_2^{m-1} d\rho_2$$

$$< \frac{d_2^m}{\pi m} J\varepsilon \doteq C_6 \varepsilon。$$

另外，

$$I_4 = \left| \frac{1}{(\pi i)^2} \int_L \frac{\overline{(t_2 - \tau_2)^m} [\varphi(t_1, t_2) - \varphi^{(k)}(t_1, t_2)]}{(\tau_1 - t_1)(\tau_2 - t_2)} d\tau_1 d\tau_2 \right|$$

$$= \left| \frac{1}{(\pi i)^2} [\varphi(t_1,t_2) - \varphi^{(k)}(t_1,t_2)] \int_L \frac{\overline{(t_2-\tau_2)}^m}{(\tau_1-t_1)(\tau_2-t_2)} d\tau_1 d\tau_2 \right|$$

$$\leq \|\varphi - \varphi^{(k)}\|_\alpha \left|\frac{1}{\pi i}\int_{L_1}\frac{d\tau_1}{\tau_1-t_1}\right| \cdot \left|\frac{1}{\pi i}\int_{L_2}\frac{\overline{(t_2-\tau_2)}^m}{\tau_2-t_2}d\tau_2\right|$$

$$\leq \frac{\|\varphi - \varphi^{(k)}\|_\alpha}{\pi} \int_{L_2} |\tau_2-t_2|^{m-1}|d\tau_2|$$

$$\leq \frac{\|\varphi - \varphi^{(k)}\|_\alpha}{\pi}\frac{d_2^m}{m}$$

$$< \frac{d_2^m}{\pi m}\varepsilon \doteq C_7\varepsilon_\circ$$

因此,

$$|S_3[\overline{(t_2-\tau_2)}^m\varphi^{(k)}] - S_3[\overline{(t_2-\tau_2)}^m\varphi]|$$
$$= I_1 + I_2 + I_3 + I_4$$
$$< (C_3+C_4)\delta^{\frac{\alpha}{2}} + C_5\varepsilon + (C_1+C_6+C_7)\varepsilon_\circ$$

则对于 $\forall \varepsilon > 0$,可以选择充分小的 δ 使得对于 $\forall t \in L$ 和充分大的 k 有 $W_1(z)$。

由引理 5.1.1 得,若 $\varphi(t_1,t_2) \in H_\alpha(L)$,则对于引理 5.1.3 中的奇异积分算子 $S_1\varphi$ 和 $S_2\varphi$ 有 $S_1\varphi, S_2\varphi \in H_{\alpha-\varepsilon}(L)$,从而对于下列柯西主值意义下的积分算子在边界上也满足 Hölder 连续性。

定理 5.2.4 设 $G = G_1 \times G_2$,其中 G_1 和 G_2 分别是 z_1 平面和 z_2 平面上的有界区域,L 为 G 的特征边界,设 $\varphi(t_1,t_2) \in H_\alpha(L)$,$t \in L$,$0 < \alpha \leq 1$,则对于

$$\Phi(t_1,t_2) = \frac{1}{(2\pi i)^2}\int_L \frac{\varphi(\tau_1,\tau_2)}{(\tau_1-t_1)(\tau_2-t_2)}d\tau_1 d\tau_2,$$

有 $\Phi(t_1,t_2) \in H_{\alpha-\varepsilon}(L)$,其中 ε 是任意小的正数。

应用引理 5.1.3 得到以下 Plemelj 公式。

定理 5.2.5 设 $\varphi_{k_1,k_2}(t) \in H_\alpha(L)(k_1,k_2 = 0,1,\cdots,k-1, k \in \mathbb{N}, k \geq 1)$,并令

$$w(z) = \frac{1}{(2\pi i)^2} \int_L \sum_{k_1,k_2=0}^{k-1} \frac{\overline{(z_1-\tau_1)}^{k_1}\overline{(z_2-\tau_2)}^{k_2}}{k_1!k_2!(\tau_1-z_1)(\tau_2-z_2)} \varphi_{k_1,k_2}(\tau) \mathrm{d}\tau,$$
(5.2.3)

则

$$\begin{cases} 4w_{z_1^p z_2^j}^{++}(t) = \sum_{k_1=p}^{k-1}\sum_{k_2=j}^{k-1} \dfrac{T_{p,j}\varphi_{k_1,k_2} + P_{p,j}\varphi_{k_1,k_2} + Q_{p,j}\varphi_{k_1,k_2} + R_{p,j}\varphi_{k_1,k_2}}{(k_1-p)!(k_2-j)!}, \\[2mm] 4w_{z_1^p z_2^j}^{+-}(t) = \sum_{k_1=p}^{k-1}\sum_{k_2=j}^{k-1} \dfrac{-T_{p,j}\varphi_{k_1,k_2} - P_{p,j}\varphi_{k_1,k_2} + Q_{p,j}\varphi_{k_1,k_2} + R_{p,j}\varphi_{k_1,k_2}}{(k_1-p)!(k_2-j)!}, \\[2mm] 4w_{z_1^p z_2^j}^{-+}(t) = \sum_{k_1=p}^{k-1}\sum_{k_2=j}^{k-1} \dfrac{-T_{p,j}\varphi_{k_1,k_2} + P_{p,j}\varphi_{k_1,k_2} - Q_{p,j}\varphi_{k_1,k_2} + R_{p,j}\varphi_{k_1,k_2}}{(k_1-p)!(k_2-j)!}, \\[2mm] 4w_{z_1^p z_2^j}^{--}(t) = \sum_{k_1=p}^{k-1}\sum_{k_2=j}^{k-1} \dfrac{T_{p,j}\varphi_{k_1,k_2} - P_{p,j}\varphi_{k_1,k_2} - Q_{p,j}\varphi_{k_1,k_2} + R_{p,j}\varphi_{k_1,k_2}}{(k_1-p)!(k_2-j)!}, \end{cases}$$
(5.2.4)

其中，$p,j = 0,1,\cdots,k-1$，$k_1 \geqslant p, k_2 \geqslant j, t \in L$，且

$$\begin{cases} T_{p,j}\varphi_{k_1,k_2}(t) = \left[\overline{(t_1-\tau_1)}^{k_1-p}\overline{(t_2-\tau_2)}^{k_2-j}\varphi_{k_1,k_2}(\tau)\right]_{\tau=t}, \\[1mm] P_{p,j}\varphi_{k_1,k_2}(t) = S_1\left[\overline{(t_1-\tau_1)}^{k_1-p}\overline{(t_2-\tau_2)}^{k_2-j}\varphi_{k_1,k_2}(\tau)\right]_{\tau_2=t_2}, \\[1mm] Q_{p,j}\varphi_{k_1,k_2}(t) = S_2\left[\overline{(t_1-\tau_1)}^{k_1-p}\overline{(t_2-\tau_2)}^{k_2-j}\varphi_{k_1,k_2}(\tau)\right]_{\tau_1=t_1}, \\[1mm] R_{p,j}\varphi_{k_1,k_2}(t) = S_3\left[\overline{(t_1-\tau_1)}^{k_1-p}\overline{(t_2-\tau_2)}^{k_2-j}\varphi_{k_1,k_2}(\tau)\right], \end{cases}$$
(5.2.5)

$S_i\varphi(i=1,2,3)$ 是引理 5.1.2 中的算子。

定理 5.2.6 设 $\varphi_{k_1,k_2}(t) \in H_\alpha(L)$（$k_1,k_2 = 0,1,\cdots,k-1$），$t \in L$，则定义 5.1.7 中的柯西型积分（5.1.1）是柯西积分的充要条件是：

$$\begin{cases} \dfrac{1}{2\pi i}\int_{L_1} \sum_{k_1=0}^{k-1} \dfrac{\overline{(t_1-\tau_1)}^{k_1}\varphi_{k_1,0}(\tau_1,t_2)}{k_1!(\tau_1-t_1)}\mathrm{d}\tau_1 = \dfrac{1}{2}\varphi_{0,0}(t), \\[2mm] \dfrac{1}{2\pi i}\int_{L_2} \sum_{k_2=0}^{k-1} \dfrac{\overline{(t_2-\tau_2)}^{k_2}\varphi_{0,k_2}(t_1,\tau_2)}{k_2!(\tau_2-t_2)}\mathrm{d}\tau_2 = \dfrac{1}{2}\varphi_{0,0}(t), \end{cases}$$
(5.2.6)

柯西型积分

第5章 $\mathbb{C}^n$ 中柯西型奇异积分算子及其在边值问题中的应用

$$w_{\overline{z_1z_2}}(z_1,z_2) = \sum_{k_1=p}^{k-1}\sum_{k_2=j}^{k-1}\frac{1}{(k_1-p)!(k_2-j)!}\frac{1}{(2\pi i)^2} \quad (5.2.7)$$

$$\int_L \frac{\overline{z_1-\tau_1}^{k_1-p}\overline{z_2-\tau_2}^{k_2-j}}{(\tau_1-z_1)(\tau_2-z_2)}\varphi_{k_1,k_2}(\tau)d\tau_1 d\tau_2,$$

是柯西积分的充要条件是:

$$\begin{cases} \dfrac{1}{2\pi i}\int_{L_1}\sum_{k_1=p}^{k-1}\dfrac{\overline{(t_1-\tau_1)}^{k_1-p}\varphi_{k_1,j}(\tau_1,t_2)}{(k_1-p)!(\tau_1-t_1)}d\tau_1 = \dfrac{1}{2}\varphi_{p,j}(t), \\ \dfrac{1}{2\pi i}\int_{L_2}\sum_{k_2=j}^{k-1}\dfrac{\overline{(t_2-\tau_2)}^{k_2-j}\varphi_{p,k_2}(t_1,\tau_2)}{(k_2-j)!(\tau_2-t_2)}d\tau_2 = \dfrac{1}{2}\varphi_{p,j}(t), \end{cases} \quad (5.2.8)$$

其中, $p,j = 0,1,\cdots,k-1$。

证明 由于

$$w(z_1,z_2) = \frac{1}{(2\pi i)^2}\int_L\sum_{k_1,k_2=0}^{k-1}\frac{\overline{z_1-\tau_1}^{k_1}\overline{z_2-\tau_2}^{k_2}}{k_1!k_2!(\tau_1-z_1)(\tau_2-z_2)}\varphi_{k_1,k_2}(\tau)d\tau_1 d\tau_2,$$

则应用引理 5.1.4 得柯西型积分 (5.1.1) 是柯西积分的充要条件是:

$$\frac{1}{2\pi i}\int_{L_1}\sum_{k_1,k_2=0}^{k-1}\frac{\overline{(t_1-\tau_1)}^{k_1}\overline{(t_2-\tau_2)}^{k_2}}{k_1!k_2!(\tau_1-t_1)}\varphi_{k_1,k_2}(\tau_1,t_2)d\tau_1$$

$$= \frac{1}{2}\sum_{k_1,k_2=0}^{k-1}\frac{1}{k_1!k_2!}[\overline{(t_1-\tau_1)}^{k_1}\overline{(t_2-\tau_2)}^{k_2}\varphi_{k_1,k_2}(\tau_1,t_2)]_{\tau_1=t_1}$$

及

$$\frac{1}{2\pi i}\int_{L_2}\sum_{k_1,k_2=0}^{k-1}\frac{\overline{(t_1-\tau_1)}^{k_1}\overline{(t_2-\tau_2)}^{k_2}}{k_1!k_2!(\tau_2-t_2)}\varphi_{k_1,k_2}(t_1,\tau_2)d\tau_2$$

$$= \frac{1}{2}\sum_{k_1,k_2=0}^{k-1}\frac{1}{k_1!k_2!}[\overline{(t_1-\tau_1)}^{k_1}\overline{(t_2-\tau_2)}^{k_2}\varphi_{k_1,k_2}(t_1,\tau_2)]_{\tau_2=t_2},$$

即式 (5.2.6) 成立, 同理对式 (5.2.7) 应用引理 5.1.4 得柯西型积分, 式 (5.2.5) 是柯西积分的充要条件是式 (5.2.8)。

注 若在一维复空间中的单位圆盘上讨论, 则有柯西型积分

$$W(z_1) = \frac{1}{2\pi i}\int_{L_1}\sum_{k_1=0}^{k-1}\frac{\overline{z_1-\tau_1}^{k_1}}{k_1!(\tau_1-z_1)}\varphi_{k_1}(\tau_1)d\tau_1$$

是柯西积分的充要条件是:

$$\frac{1}{2\pi i}\int_{L_1}\sum_{k_1=0}^{k-1}\frac{\overline{(t_1-\tau_1)}^{k_1}}{k_1!(\tau_1-t_1)}\varphi_{k_1}(\tau_1)d\tau_1 = \frac{1}{2}\varphi_0(t) \, \text{。}$$

柯西型积分

$$W_{\overline{z_1}^p}(z_1) = \frac{1}{2\pi i}\int_{L_1}\sum_{k_1=p}^{k-1}\frac{\overline{(z_1-\tau_1)}^{k_1-p}}{(k_1-p)!(\tau_1-z_1)}\varphi_{k_1}(\tau_1)d\tau_1,$$

是柯西积分的充要条件是：

$$\frac{1}{2\pi i}\int_{L_1}\sum_{k_1=p}^{k-1}\frac{\overline{(t_1-\tau_1)}^{k_1-p}}{(k_1-p)!(\tau_1-t_1)}\varphi_{k_1}(\tau_1)d\tau_1 = \frac{1}{2}\varphi_p(t),$$

且此结论与参考文献[20]中的推论1一致。

定理 5.2.7 设 $\varphi_{k_1,k_2}(t) \in H_\beta(L)$ ($k_1,k_2 = 0,1,\cdots,k-1$)，$t \in L$，$0 < \beta \leq 1$，则对于柯西主值意义下的积分

$$w(t_1,t_2) = \frac{1}{(2\pi i)^2}\int_L\sum_{k_1,k_2=0}^{k-1}\frac{\overline{t_1-\tau_1}^{k_1}\overline{t_2-\tau_2}^{k_2}}{k_1!k_2!(\tau_1-t_1)(\tau_2-t_2)}\varphi_{k_1,k_2}(\tau)d\tau_1 d\tau_2$$

有 $w(t_1,t_2) \in H_{\beta-\varepsilon}(L)$，其中 ε 是任意小的正数。

证明 由积分算子的表达式得

$$w(t) = \frac{1}{(2\pi i)^2}\int_L\sum_{k_1,k_2=0}^{k-1}\frac{\overline{t_1-\tau_1}^{k_1}\overline{t_2-\tau_2}^{k_2}}{k_1!k_2!(\tau_1-t_1)(\tau_2-t_2)}\varphi_{k_1,k_2}(\tau)d\tau_1 d\tau_2$$

$$= \sum_{k_1,k_2=0}^{k-1}\sum_{l_1=0}^{k_1}\sum_{l_2=0}^{k_2}\frac{C_{k_1}^{l_1}C_{k_2}^{l_2}t_1^{l_1}t_2^{l_2}}{k_1!k_2!} \cdot \frac{1}{(2\pi i)^2}\int_L\frac{(-\overline{\tau_1})^{k_1-l_1}(-\overline{\tau_2})^{k_2-l_2}}{(\tau_1-t_1)(\tau_2-t_2)}\varphi_{k_1,k_2}(\tau)d\tau \, \text{。}$$

由 $\varphi_{k_1,k_2} \in H_\beta(L)$ 知 $(-\overline{\tau_1})^{k_1-l_1}(-\overline{\tau_2})^{k_2-l_2}\varphi_{k_1,k_2}(\tau) \in H_\beta(L)$，则由定理 5.2.4 得

$$\frac{1}{(2\pi i)^2}\int_L\frac{(-\overline{\tau_1})^{k_1-l_1}(-\overline{\tau_2})^{k_2-l_2}}{(\tau_1-t_1)(\tau_2-t_2)}\varphi_{k_1,k_2}(\tau)d\tau \in H_\beta(L),$$

故 $w(t_1,t_2) \in H_{\beta-\varepsilon}(L)$。

5.3 k 全纯函数的 Riemann 边值问题

在复变函数论中，边值问题是一个与很多实际问题密切相关的理论分

支。解决边值问题常用的方法是积分方程法。在单复变空间中关于 Riemann-Hilbert 边值问题的研究已经有了比较完善的结果,然而在多复变空间中对于相关边值问题的研究却困难重重,所以,目前对于多复变边值问题的研究结果相对较少。下面在广义双圆柱域上讨论 k 全纯函数的 Riemann 边值问题。

定义 5.3.1(问题 R1) 设 $G_1(z),G_2(z),G_3(z)$ 分别是 $D_1^+ \times D_2^-$, $D_1^- \times D_2^+$, $D_1^- \times D_2^-$ 上的全纯函数,它们在相应的闭域上连续且不等于 0 (包括 $G_1(z_1,\infty),G_2(\infty,z_2),G_3(z_1,\infty)$ 和 $G_3(\infty,z_2),G_3(\infty,\infty)$ 均不等于0),求在 $D_1^+ \times D_2^+, D_1^+ \times D_2^-, D_1^- \times D_2^+, D_1^- \times D_2^-$ 内的分片 k ($k \geq 2$) 全纯函数 $F(z)$ 使得 $\frac{\partial^{k-2} F}{\partial z_1^{k-2}}(\infty,z_2)$, $\frac{\partial^{k-2} F}{\partial z_2^{k-2}}(z_1,\infty)$ 和 $\frac{\partial^{2(k-2)} F}{\partial z_1^{k-2} \partial z_2^{k-2}}(\infty,\infty)$ 有界,且 $F(z)$ 在 L 上分侧连续并满足边界条件

$$F_{z_1^p z_2^j}^{++}(t) = G_1(t) F_{z_1^p z_2^j}^{+-}(t) + G_2(t) F_{z_1^p z_2^j}^{-+}(t) + G_3(t) F_{z_1^p z_2^j}^{--}(t) + \varphi_{p,j}(t), t \in L,$$

其中,$\varphi_{p,j}(t) \in C_\mu(L)(\mu \in (0,1))$, $p,j = 0,1,\cdots,k-1$。

定理 5.3.2 令 $\varphi_{k_1,k_2}(t) \in H_\alpha(L)(k_1,k_2 = 0,1,\cdots,k-1, k \in \mathbb{N}, k \geq 1)$,

$$W(z) = \frac{1}{(2\pi i)^2} \int_L \sum_{k_1,k_2=0}^{k-1} \frac{\overline{(z_1-\tau_1)}^{k_1} \overline{(z_2-\tau_2)}^{k_2}}{k_1! k_2! (\tau_1-z_1)(\tau_2-z_2)} \varphi_{k_1,k_2}(\tau) d\tau_1 d\tau_2,$$

则

$$F(z) = \begin{cases} W(z_1,z_2), & (z_1,z_2) \in D_1^+ \times D_2^+, \\ G_1^{-1}(z_1,z_2) W(z_1,z_2), & (z_1,z_2) \in D_1^+ \times D_2^-, \\ G_2^{-1}(z_1,z_2) W(z_1,z_2), & (z_1,z_2) \in D_1^- \times D_2^+, \\ -G_3^{-1}(z_1,z_2) W(z_1,z_2), & (z_1,z_2) \in D_1^- \times D_2^-, \end{cases}$$

是问题 R1 的一个解。

证明 由 $W(z)$ 的表达式得

$$W_{\bar{z}_1^p \bar{z}_2^j}(z) = \frac{1}{(2\pi i)^2} \int_L \sum_{k_1,k_2=0}^{k-1} \frac{\overline{(z_1-\tau_1)}^{k_1-p}\,\overline{(z_2-\tau_2)}^{k_2-j}}{(k_1-p)!(k_2-j)!} \cdot$$

$$\frac{\varphi_{k_1,k_2}(\tau)}{(\tau_1-z_1)(\tau_2-z_2)} d\tau_1 d\tau_2$$

$$= \sum_{k_1,k_2=0}^{k-1} \frac{1}{(k_1-p)!(k_2-j)!} \frac{1}{(2\pi i)^2} \cdot$$

$$\int_L \frac{\overline{(z_1-\tau_1)}^{k_1-p}\,\overline{(z_2-\tau_2)}^{k_2-j}}{(\tau_1-z_1)(\tau_2-z_2)} \varphi_{k_1,k_2}(\tau) d\tau_1 d\tau_2,$$

其中，$p, j = 0, 1, \cdots, k-1$。由定理 5.2.3 得

$$\widetilde{W}_{\bar{z}_1^p \bar{z}_2^j}^{++}(t) + \widetilde{W}_{\bar{z}_1^p \bar{z}_2^j}^{--}(t) - \widetilde{W}_{\bar{z}_1^p \bar{z}_2^j}^{+-}(t) - \widetilde{W}_{\bar{z}_1^p \bar{z}_2^j}^{-+}(t)$$

$$= \sum_{k_1,k_2=0}^{k-1} \frac{1}{(k_1-p)!(k_2-j)!} T_{p,j} \varphi_{k_1,k_2}(t) = \varphi_{p,j}(t) \text{。}$$

其中，$t \in L$ 且

$$T_{p,j}\varphi_{k_1,k_2}(t) = \left[\overline{(t_1-\tau_1)}^{k_1-p}\,\overline{(t_2-\tau_2)}^{k_2-j} \varphi_{k_1,k_2}(\tau_1,\tau_2)\right]_{\tau_1=t_1,\tau_2=t_2} \text{。}$$

则显然 $F(z)$ 满足问题 R1 中的边界条件，又由于

$$W(z) = \frac{1}{(2\pi i)^2} \int_L \sum_{k_1,k_2=0}^{k-1} \frac{\overline{(z_1-\tau_1)}^{k_1}\,\overline{(z_2-\tau_2)}^{k_2}}{k_1!k_2!(\tau_1-z_1)(\tau_2-z_2)} \varphi_{k_1,k_2}(\tau) d\tau_1 d\tau_2$$

$$= \frac{1}{(2\pi i)^2} \int_L \sum_{k_1,k_2=0}^{k-1} \frac{\sum_{l_1=0}^{k_1} C_{k_1}^{l_1} \bar{z}_1^{l_1}(-\bar{\tau}_1)^{k_1-l_1} \sum_{l_2=0}^{k_2} C_{k_2}^{l_2} \bar{z}_2^{l_2}(-\bar{\tau}_2)^{k_2-l_2}}{k_1!k_2!(\tau_1-z_1)(\tau_2-z_2)} \varphi_{k_1,k_2}(\tau) d\tau_1 d\tau_2$$

$$= \sum_{k_1,k_2=0}^{k-1} \sum_{l_1=0}^{k_1} \sum_{l_2=0}^{k_2} \frac{C_{k_1}^{l_1} C_{k_2}^{l_2}}{k_1!k_2!} \bar{z}_1^{l_1} \bar{z}_2^{l_2} \frac{1}{(2\pi i)^2} \int_L \frac{(-\bar{\tau}_1)^{k_1-l_1}(-\bar{\tau}_2)^{k_2-l_2}}{(\tau_1-z_1)(\tau_2-z_2)} \varphi_{k_1,k_2}(\tau) d\tau_1 d\tau_2 \text{。}$$

(5.3.1)

由引理 4.3.2 得

$$\frac{1}{(2\pi i)^2} \int_L \frac{(-\bar{\tau}_1)^{k_1-l_1}(-\bar{\tau}_2)^{k_2-l_2}}{(\tau_1-z_1)(\tau_2-z_2)} \varphi_{k_1,k_2}(\tau) d\tau_1 d\tau_2$$

在 L 外全纯，又式（5.3.1）中 $\bar{z}_1$ 及 $\bar{z}_2$ 的次数最高是 $k-1$，故

$$\frac{\partial^k W(z)}{\partial \bar{z}_1^k} = \frac{\partial^k W(z)}{\partial \bar{z}_2^k} = 0,$$

则 $W(z)$ 是 L 外的 k 全纯函数。由于 $G_1(z), G_2(z), G_3(z)$ 是二元全纯函数，则由定理 4.1.2 得 $F(z)$ 是 L 外的 k 全纯函数。又由式（5.3.1）得

$$\begin{aligned}\frac{\partial^{k-2} W(z)}{\partial \bar{z}_1^{k-2}} &= \frac{1}{(2\pi i)^2} \sum_{k_1=k-2}^{k-1} \sum_{k_2=0}^{k-1} \sum_{l_1=k-2}^{k_1} \sum_{l_2=0}^{k_2} \frac{C_{k_1}^{l_1} C_{k_2}^{l_2}}{k_1! k_2!} l_1! \bar{z}_1^{l_1-(k-2)} \bar{z}_2^{l_2} \\ &\quad \int_L \frac{(-\bar{\tau}_1)^{k_1-l_1} (-\bar{\tau}_2)^{k_2-l_2}}{(\tau_1-z_1)(\tau_2-z_2)} \varphi_{k_1,k_2}(\tau) d\tau \\ &= \frac{1}{(2\pi i)^2} \sum_{k_1=k-2}^{k-1} \sum_{k_2=0}^{k-1} \sum_{l_2=0}^{k_2} \frac{C_{k_1}^{k-2} C_{k_2}^{l_2}}{k_1! k_2!} (k-2)! \bar{z}_2^{l_2} \cdot \\ &\quad \int_L \frac{(-\bar{\tau}_1)^{k_1-(k-2)} (-\bar{\tau}_2)^{k_2-l_2}}{(\tau_1-z_1)(\tau_2-z_2)} \varphi_{k_1,k_2}(\tau) d\tau + \\ &\quad \frac{1}{(2\pi i)^2} \sum_{k_2=0}^{k-1} \sum_{l_2=0}^{k_2} \frac{C_{k_2}^{l_2}}{k_2!} \bar{z}_1 \bar{z}_2^{l_2} \int_L \frac{(-\bar{\tau}_2)^{k_2-l_2}}{(\tau_1-z_1)(\tau_2-z_2)} \varphi_{k_1,k_2}(\tau) d\tau_1 d\tau_2 。\end{aligned}$$

(5.3.2)

于是，当 $z_1 = \infty$ 时 $\frac{\partial^{k-2} W(z)}{\partial \bar{z}_1^{k-2}}$ 有界，同理有 $\frac{\partial^{k-2} W}{\partial \bar{z}_2^{k-2}}(z_1, \infty)$ 和 $\frac{\partial^{2(k-2)} W}{\partial \bar{z}_1^{k-2} \partial \bar{z}_2^{k-2}}(\infty, \infty)$ 均有界，又由于 $G_1(z_1, \infty), G_2(\infty, z_2), G_3(z_1, \infty)$ 和 $G_3(\infty, z_2), G_3(\infty, \infty)$ 均不为 0，则有 $\frac{\partial^{k-2}}{\partial \bar{z}_1^{k-2}} F(\infty, z_2)$，$\frac{\partial^{k-2}}{\partial \bar{z}_2^{k-2}} F(z_1, \infty)$ 和 $\frac{\partial^{2(k-2)}}{\partial \bar{z}_1^{k-2} \partial \bar{z}_2^{k-2}} F(\infty, \infty)$ 有界。综上所述，$F(z)$ 是问题 R1 的一个解。

注 由式（5.3.2）得

$$\frac{\partial^{k-1} W(z)}{\partial \bar{z}_1^{k-1}} = \frac{1}{(2\pi i)^2} \sum_{k_2=0}^{k-1} \sum_{l_2=0}^{k_2} \frac{C_{k_2}^{l_2}}{k_2!} \bar{z}_2^{l_2} \int_L \frac{(-\bar{\tau}_2)^{k_2-l_2}}{(\tau_1-z_1)(\tau_2-z_2)} \varphi_{k_1,k_2}(\tau) d\tau_1 d\tau_2 。$$

则显然有 $\frac{\partial^{k-1} W(\infty, z_2)}{\partial \bar{z}_1^{k-1}} = 0$，同理 $\frac{\partial^{k-1} W(z_1, \infty)}{\partial \bar{z}_2^{k-1}} = 0 = \frac{\partial^{2(k-1)} W(\infty, \infty)}{\partial \bar{z}_1^{k-1} \partial \bar{z}_2^{k-1}}$。

定义 5.3.3（问题 R2） 求在 $D_1^+ \times D_2^+, D_1^+ \times D_2^-, D_1^- \times D_2^+, D_1^- \times D_2^-$ 内的

分片 k ($k \geq 2$) 全纯函数 $F(z)$ 使得 $\dfrac{\partial^{k-2}}{\partial \bar{z}_1^{k-2}}F(\infty, z_2)$，$\dfrac{\partial^{k-2}}{\partial \bar{z}_2^{k-2}}F(z_1, \infty)$ 和 $\dfrac{\partial^{2(k-2)}}{\partial \bar{z}_1^{k-2} \partial \bar{z}_2^{k-2}}F(\infty, \infty)$ 有界，且 $F(z)$ 在 L 上分侧连续并满足边界条件

$$F^{++}_{\bar{z}_1^p \bar{z}_2^j}(t) = t_1^{k_{11}} t_2^{k_{21}} F^{+-}_{\bar{z}_1^p \bar{z}_2^j}(t) + t_1^{k_{12}} t_2^{k_{22}} F^{-+}_{\bar{z}_1^p \bar{z}_2^j}(t) + t_1^{k_{13}} t_2^{k_{23}} F^{--}_{\bar{z}_1^p \bar{z}_2^j}(t) + \varphi_{p,j}(t), t \in L,$$

其中，$\varphi_{p,j}(t) \in C_\mu(L)(\mu \in (0,1))$，$p,j = 0,1,\cdots,k-1$。

下面在双圆柱域 $E = E_1 \times E_2$ 上讨论问题 R2 的解，不妨设 $E = \{(z_1, z_2) \mid |z_j| < r_j, j = 1,2\}$，其边界仍记为 $L = L_1 \times L_2$。

定理 5.3.4 (1) 对于 $k_{11} \leq 0, k_{22} \leq 0$：

(i) 当 $k_{21}, k_{12}, k_{13}, k_{23} > 0$ 时

$$F(z) = \begin{cases} F_1(z_1, z_2) + W_1(z_1, z_2), & (z_1, z_2) \in E_1^+ \times E_2^+, \\ z_1^{-k_{11}} z_2^{-k_{21}}[F_1(z_1, z_2) + W_1(z_1, z_2)], & (z_1, z_2) \in E_1^+ \times E_2^-, \\ z_1^{-k_{12}} z_2^{-k_{22}}[F_1(z_1, z_2) + W_1(z_1, z_2)], & (z_1, z_2) \in E_1^- \times E_2^+, \\ -z_1^{-k_{13}} z_2^{-k_{23}}[F_1(z_1, z_2) + W_1(z_1, z_2)], & (z_1, z_2) \in E_1^- \times E_2^-, \end{cases}$$

(5.3.3)

是问题 R2 的解，其中，

$$F_1(z) = \sum_{\alpha_1=0}^{\min\{k_{12},k_{13}\}-1} \sum_{\alpha_2=0}^{\min\{k_{21},k_{23}\}-1} \sum_{k_1,k_2=0}^{k-1} \sum_{j_1=0}^{k_1} \sum_{j_2=0}^{k_2} C_{\alpha, k_\sigma, j_\sigma} \bar{z}_1^{j_1} \bar{z}_2^{j_2} z_1^{\alpha_1} z_2^{\alpha_2} \quad (\sigma = 1,2)$$

是 k 全纯函数，且

$$W_1(z) = \frac{1}{(2\pi i)^2} \int_L \sum_{k_1,k_2=0}^{k-1} \frac{\overline{(z_1-\tau_1)}^{k_1} \overline{(z_2-\tau_2)}^{k_2}}{k_1! k_2! (\tau_1-z_1)(\tau_2-z_2)} \varphi_{k_1,k_2}(\tau) d\tau_1 d\tau_2 。$$

(ii) 当 $k_{21}, k_{12}, k_{13}, k_{23}$ 中至少有一个小于或等于 0 时，在条件

$$\sum_{\beta=0}^{m_1-1} \frac{1}{z_1^{\beta+1}} \sum_{k_1=k-2}^{k-1} \sum_{k_2=0}^{k-1} \sum_{l_1=k-2}^{k_1} \sum_{l_2=0}^{k_2} \frac{C_{k_1}^{l_1} C_{k_2}^{l_2}}{k_1! k_2!} l_1 \bar{z}_1^{-l_1-(k-2)} \bar{z}_2^{-l_2} \cdot$$

$$\int_L \frac{\tau_1^\beta (-\bar{\tau}_1)^{k_1-l_1}(-\bar{\tau}_2)^{k_2-l_2}}{\tau_2-z_2} \varphi_{k_1,k_2}(\tau) d\tau = 0 \ (m_1 \geq 1，当 m_1 = 0 时无此条件)$$

和

$$\sum_{\beta=0}^{n_1-1}\frac{1}{z_2^{\beta+1}}\sum_{k_1=0}^{k-1}\sum_{k_2=k-2}^{k-1}\sum_{l_1=0}^{k_1}\sum_{l_2=k-2}^{k_2}\frac{C_{k_1}^{l_1}C_{k_2}^{l_2}}{k_1!k_2!}\overline{z_1}^{l_1}\overline{z_2}^{l_2-(k-2)} \cdot$$

$$\int_L \frac{\tau_2^{\beta}(-\overline{\tau_1})^{k_1-l_1}(-\overline{\tau_2})^{k_2-l_2}}{\tau_1-z_1}\varphi_{k_1,k_2}(\tau)\mathrm{d}\tau = 0 (n_1 \geq 1, 当 n_1 = 0 时无此条件),$$

下问题 R2 有一特解:

$$F(z) = \begin{cases} W_1(z_1,z_2), & (z_1,z_2) \in E_1^+ \times E_2^+, \\ z_1^{-k_{11}}z_2^{-k_{21}}W_1(z_1,z_2), & (z_1,z_2) \in E_1^+ \times E_2^-, \\ z_1^{-k_{12}}z_2^{-k_{22}}W_1(z_1,z_2), & (z_1,z_2) \in E_1^- \times E_2^+, \\ -z_1^{-k_{13}}z_2^{-k_{23}}W_1(z_1,z_2), & (z_1,z_2) \in E_1^- \times E_2^-, \end{cases}$$

其中,$W_1(z)$ 同 (i) 且

$$m_1 = \frac{1}{2}\max\{|k_{12}|-k_{12},|k_{13}|-k_{13}\}, n_1 = \frac{1}{2}\max\{|k_{21}|-k_{21},|k_{23}|-k_{23}\}。$$

(2) 对于 $k_{11} \geq 0, k_{22} \geq 0$:

(i) 当 $k_{21} > k_{22}, k_{12} > k_{11}, k_{13} > k_{11}, k_{23} > k_{22}$ 时

$$F(z) = \begin{cases} z_1^{k_{11}}z_2^{k_{22}}[F_2(z_1,z_2)+W_2(z_1,z_2)], & (z_1,z_2) \in E_1^+ \times E_2^+, \\ z_2^{k_{22}-k_{21}}[F_2(z_1,z_2)+W_2(z_1,z_2)], & (z_1,z_2) \in E_1^+ \times E_2^-, \\ z_1^{k_{11}-k_{12}}[F_2(z_1,z_2)+W_2(z_1,z_2)], & (z_1,z_2) \in E_1^- \times E_2^+, \\ -z_1^{k_{11}-k_{13}}z_2^{k_{22}-k_{23}}[F_2(z_1,z_2)+W_2(z_1,z_2)], & (z_1,z_2) \in E_1^- \times E_2^-, \end{cases}$$

(5.3.4)

是问题 R2 的解,其中,

$$F_2(z) = \sum_{\alpha_1=0}^{\min\{k_{12},k_{13}\}-k_{11}-1}\sum_{\alpha_2=0}^{\min\{k_{21},k_{23}\}-k_{22}-1}\sum_{k_1,k_2=0}^{k-1}\sum_{j_1=0}^{k_1}\sum_{j_2=0}^{k_2}C_{\alpha,k_\sigma j_\sigma}\overline{z_1}^{j_1}\overline{z_2}^{j_2}z_1^{\alpha_1}z_2^{\alpha_2}(\sigma=1,2),$$

是 k 全纯函数,且

$$W_2(z) = \frac{1}{(2\pi\mathrm{i})^2}\int_L\sum_{k_1,k_2=0}^{k-1}\frac{\overline{(z_1-\tau_1)}^{k_1}\overline{(z_2-\tau_2)}^{k_2}}{k_1!k_2!(\tau_1-z_1)(\tau_2-z_2)}\tau_1^{-k_{11}}\tau_2^{-k_{22}}\varphi_{k_1,k_2}(\tau)\mathrm{d}\tau_1\mathrm{d}\tau_2。$$

(ii) 当 $k_{21}-k_{22}, k_{12}-k_{11}, k_{13}-k_{11}, k_{23}-k_{22}$ 中至少有一个小于或等于 0 时,在条件

$$\sum_{\beta=0}^{m_2-1} \frac{1}{z_1^{\beta+1}} \sum_{k_1=k-2}^{k-1} \sum_{k_2=0}^{k-1} \sum_{l_1=k-2}^{k_1} \sum_{l_2=0}^{k_2} \frac{C_{k_1}^{l_1} C_{k_2}^{l_2}}{k_1! k_2!} l_1! \overline{z_1}^{l_1-(k-2)} \overline{z_2}^{l_2} \cdot$$

$$\int_L \frac{\tau_1^\beta (-\overline{\tau_1})^{k_1-l_1} (-\overline{\tau_2})^{k_2-l_2}}{(\tau_2-z_2)\tau_1^{k_{11}}\tau_2^{k_{22}}} \varphi_{k_1,k_2}(\tau) \mathrm{d}\tau = 0 \, (m_2 \geqslant 1, \text{当} \, m_2 = 0 \, \text{时无此条件}),$$

和

$$\sum_{\beta=0}^{n_2-1} \frac{1}{z_2^{\beta+1}} \sum_{k_1=0}^{k-1} \sum_{k_2=k-2}^{k-1} \sum_{l_1=0}^{k_1} \sum_{l_2=k-2}^{k_2} \frac{C_{k_1}^{l_1} C_{k_2}^{l_2}}{k_1! k_2!} \overline{z_1}^{l_1} l_2! \overline{z_2}^{l_2-(k-2)} \cdot$$

$$\int_L \frac{\tau_2^\beta (-\overline{\tau_1})^{k_1-l_1} (-\overline{\tau_2})^{k_2-l_2}}{(\tau_1-z_1)\tau_1^{-k_{11}}\tau_2^{-k_{22}}} \varphi_{k_1,k_2}(\tau) \mathrm{d}\tau = 0 \, (n_2 \geqslant 1, \text{当} \, n_2 = 0 \, \text{时无此条件}),$$

下问题 R2 有一特解:

$$F(z) = \begin{cases} z_1^{k_{11}} z_2^{k_{22}} W_2(z_1,z_2), & (z_1,z_2) \in E_1^+ \times E_2^+, \\ z_2^{k_{22}-k_{21}} W_2(z_1,z_2), & (z_1,z_2) \in E_1^+ \times E_2^-, \\ z_1^{k_{11}-k_{12}} W_2(z_1,z_2), & (z_1,z_2) \in E_1^- \times E_2^+, \\ -z_1^{k_{11}-k_{13}} z_2^{k_{22}-k_{23}} W_2(z_1,z_2), & (z_1,z_2) \in E_1^- \times E_2^-, \end{cases}$$

其中,$W_2(z)$ 同(i)且

$$m_2 = \frac{1}{2}\max\{|k_{12}-k_{11}|-(k_{12}-k_{11}), |k_{13}-k_{11}|-(k_{13}-k_{11})\},$$

$$n_2 = \frac{1}{2}\max\{|k_{21}-k_{22}|-(k_{21}-k_{22}), |k_{23}-k_{22}|-(k_{23}-k_{22})\}。$$

(3) 对于 $k_{11} \leqslant 0, k_{22} \geqslant 0$:

(i) 当 $k_{21} > k_{22}, k_{12} > 0, k_{13} > 0, k_{23} > k_{22}$ 时

$$F(z) = \begin{cases} z_2^{k_{22}}[F_3(z_1,z_2) + W_3(z_1,z_2)], & (z_1,z_2) \in E_1^+ \times E_2^+, \\ z_1^{-k_{11}} z_2^{k_{22}-k_{21}}[F_3(z_1,z_2) + W_3(z_1,z_2)], & (z_1,z_2) \in E_1^+ \times E_2^-, \\ z_1^{-k_{12}}[F_3(z_1,z_2) + W_3(z_1,z_2)], & (z_1,z_2) \in E_1^- \times E_2^+, \\ -z_1^{-k_{13}} z_2^{k_{22}-k_{23}}[F_3(z_1,z_2) + W_3(z_1,z_2)], & (z_1,z_2) \in E_1^- \times E_2^-, \end{cases}$$

是问题 R2 的解,其中 $F_3(z_1,z_2)$ 是 k 全纯函数:

第5章 $\mathbb{C}^n$中柯西型奇异积分算子及其在边值问题中的应用

$$F_3(z) = \sum_{\alpha_1=0}^{\min\{k_{12},k_{13}\}-1} \sum_{\alpha_2=0}^{\min\{k_{21},k_{23}\}-k_{22}-1} \sum_{k_1,k_2=0}^{k-1} \sum_{j_1=0}^{k_1} \sum_{j_2=0}^{k_2} C_{\alpha,k_\sigma,j_\sigma} \overline{z_1}^{j_1} \overline{z_2}^{j_2} z_1^{\alpha_1} z_2^{\alpha_2} \quad (\sigma = 1,2)$$

且

$$W_3(z) = \frac{1}{(2\pi i)^2} \int_L \sum_{k_1,k_2=0}^{k-1} \frac{\overline{(z_1-\tau_1)}^{k_1} \overline{(z_2-\tau_2)}^{k_2}}{k_1! k_2! (\tau_1-z_1)(\tau_2-z_2)} \tau_2^{-k_{22}} \varphi_{k_1,k_2}(\tau) d\tau_1 d\tau_2 \circ$$

（ii）当 $k_{21}-k_{22}, k_{12}, k_{13}, k_{23}-k_{22}$ 中至少有一个小于或等于 0 时，在条件

$$\sum_{\beta=0}^{m_3-1} \frac{1}{z_1^{\beta+1}} \sum_{k_1=k-2}^{k-1} \sum_{l_1=0}^{k-1} \sum_{l_2=k-2}^{k_1} \sum_{l_2=0}^{k_2} \frac{C_{k_1}^{l_1} C_{k_2}^{l_2}}{k_1! k_2!} l_1! \overline{z_1}^{l_1-(k-2)} \overline{z_2}^{l_2} \cdot$$

$$\int_L \frac{\tau_1^\beta (-\overline{\tau_1})^{k_1-l_1} (-\overline{\tau_2})^{k_2-l_2}}{(\tau_2-z_2)\tau_2^{k_{22}}} \varphi_{k_1,k_2}(\tau) d\tau = 0 \, (m_3 \geqslant 1, 当 m_3 = 0 时无此条件)，$$

和

$$\sum_{\beta=0}^{n_3-1} \frac{1}{z_2^{\beta+1}} \sum_{k_1=0}^{k-1} \sum_{k_2=k-2}^{k-1} \sum_{l_1=0}^{k_1} \sum_{l_2=k-2}^{k_2} \frac{C_{k_1}^{l_1} C_{k_2}^{l_2}}{k_1! k_2!} \overline{z_1}^{l_1} l_2! \overline{z_2}^{l_2-(k-2)} \cdot$$

$$\int_L \frac{\tau_2^\beta (-\overline{\tau_1})^{k_1-l_1} (-\overline{\tau_2})^{k_2-l_2}}{(\tau_1-z_1)\tau_2^{k_{22}}} \varphi_{k_1,k_2}(\tau) d\tau = 0 \, (n_3 \geqslant 1, 当 n_3 = 0 时无此条件)，$$

下问题 R2 有一特解：

$$F(z) = \begin{cases} z_2^{k_{22}} W_3(z_1,z_2), & (z_1,z_2) \in E_1^+ \times E_2^+, \\ z_1^{-k_{11}} z_2^{k_{22}-k_{21}} W_3(z_1,z_2), & (z_1,z_2) \in E_1^+ \times E_2^-, \\ z_1^{-k_{12}} W_3(z_1,z_2), & (z_1,z_2) \in E_1^- \times E_2^+, \\ -z_1^{-k_{13}} z_2^{k_{22}-k_{23}} W_3(z_1,z_2), & (z_1,z_2) \in E_1^- \times E_2^-, \end{cases}$$

其中，$W_3(z)$ 同（i）且

$$m_3 = \frac{1}{2}\max\{|k_{12}|-k_{12}, |k_{13}|-k_{13}\},$$

$$n_3 = \frac{1}{2}\max\{|k_{21}-k_{22}|-(k_{21}-k_{22}), |k_{23}-k_{22}|-(k_{23}-k_{22})\} \circ$$

（4）对于 $k_{11} \geqslant 0, k_{22} \leqslant 0$：

（i）当 $k_{21} > 0, k_{12} > k_{11}, k_{13} > k_{11}, k_{23} > 0$ 时

$$F(z) = \begin{cases} z_1^{k_{11}}[F_4(z_1,z_2) + W_4(z_1,z_2)], & (z_1,z_2) \in E_1^+ \times E_2^+, \\ z_2^{-k_{21}}[F_4(z_1,z_2) + W_4(z_1,z_2)], & (z_1,z_2) \in E_1^+ \times E_2^-, \\ z_1^{k_{11}-k_{12}}z_2^{-k_{22}}[F_4(z_1,z_2) + W_4(z_1,z_2)], & (z_1,z_2) \in E_1^- \times E_2^+, \\ -z_1^{k_{11}-k_{13}}z_2^{-k_{23}}[F_4(z_1,z_2) + W_4(z_1,z_2)], & (z_1,z_2) \in E_1^- \times E_2^-. \end{cases}$$

是问题 R2 的解，其中

$$F_4(z) = \sum_{\alpha_1=0}^{\min\{k_{12},k_{13}\}-k_{11}-1} \sum_{\alpha_2=0}^{\min\{k_{21},k_{23}\}-1} \sum_{k_1,k_2=0}^{k-1} \sum_{j_1=0}^{k_1} \sum_{j_2=0}^{k_2} C_{\alpha,k_\sigma,j_\sigma} \overline{z_1}^{j_1} \overline{z_2}^{j_2} z_1^{\alpha_1} z_2^{\alpha_2} \quad (\sigma = 1,2),$$

是 k 全纯函数，且

$$W_4(z) = \frac{1}{(2\pi i)^2} \int_L \sum_{k_1,k_2=0}^{k-1} \frac{\overline{(z_1-\tau_1)}^{k_1} \overline{(z_2-\tau_2)}^{k_2}}{k_1! k_2! (\tau_1-z_1)(\tau_2-z_2)} \tau_1^{-k_{11}} \varphi_{k_1,k_2}(\tau) d\tau_1 d\tau_2。$$

(ii) 当 $k_{21}, k_{12}-k_{11}, k_{13}-k_{11}, k_{23}$ 中至少有一个小于或等于 0 时，在条件

$$\sum_{\beta=0}^{m_4-1} \frac{1}{z_1^{\beta+1}} \sum_{k_1=k-2}^{k-1} \sum_{k_2=0}^{k-1} \sum_{l_1=k-2}^{k_1} \sum_{l_2=0}^{k_2} \frac{C_{k_1}^{l_1} C_{k_2}^{l_2}}{k_1! k_2!} l_1! \overline{z_1}^{l_1-(k-2)} \overline{z_2}^{l_2} \cdot$$

$$\int_L \frac{\tau_1^\beta (-\overline{\tau_1})^{k_1-l_1}(-\overline{\tau_2})^{k_2-l_2}}{(\tau_2-z_2)\tau_1^{k_{11}}} \varphi_{k_1,k_2}(\tau) d\tau = 0 \quad (m_4 \geq 1, 当 m_4 = 0 时无此条件),$$

和

$$\sum_{\beta=0}^{n_4-1} \frac{1}{z_2^{\beta+1}} \sum_{k_1=0}^{k-1} \sum_{k_2=k-2}^{k-1} \sum_{l_1=0}^{k_1} \sum_{l_2=k-2}^{k_2} \frac{C_{k_1}^{l_1} C_{k_2}^{l_2}}{k_1! k_2!} \overline{z_1}^{l_1} l_2! \overline{z_2}^{l_2-(k-2)} \cdot$$

$$\int_L \frac{\tau_2^\beta (-\overline{\tau_1})^{k_1-l_1}(-\overline{\tau_2})^{k_2-l_2}}{(\tau_1-z_1)\tau_1^{k_{11}}} \varphi_{k_1,k_2}(\tau) d\tau = 0 \quad (n_4 \geq 1, 当 n_4 = 0 时无此条件),$$

下问题 R2 有一特解：

$$F(z) = \begin{cases} z_1^{k_{11}} W_4(z_1,z_2), & (z_1,z_2) \in E_1^+ \times E_2^+, \\ z_2^{-k_{21}} W_4(z_1,z_2), & (z_1,z_2) \in E_1^+ \times E_2^-, \\ z_1^{k_{11}-k_{12}} z_2^{-k_{22}} W_4(z_1,z_2), & (z_1,z_2) \in E_1^- \times E_2^+, \\ -z_1^{k_{11}-k_{13}} z_2^{-k_{23}} W_4(z_1,z_2), & (z_1,z_2) \in E_1^- \times E_2^-, \end{cases}$$

其中，$W_4(z)$ 同（i）且

$$m_4 = \frac{1}{2}\max\{|k_{12} - k_{11}| - (k_{12} - k_{11}), |k_{13} - k_{11}| - (k_{13} - k_{11})\},$$

$$n_4 = \frac{1}{2}\max\{|k_{21}| - k_{21}, |k_{23}| - k_{23}\}.$$

证明 （1）对于 $k_{11} \leq 0, k_{22} \leq 0$ 有以下结论：

(i) 若 $k_{21}, k_{12}, k_{13}, k_{23} > 0$，由定理 5.2.3 得

$$(W_1)_{\bar{z}_1^p \bar{z}_2^j}^{++}(t) + (W_1)_{\bar{z}_1^p \bar{z}_2^j}^{--}(t) - (W_1)_{\bar{z}_1^p \bar{z}_2^j}^{+-}(t) - (W_1)_{\bar{z}_1^p \bar{z}_2^j}^{-+}(t) = \varphi_{p,j}(t),$$

其中，$p, j = 0, 1, \cdots, k-1$ 且 $t \in L$。由于 $F_1(z)$ 在 L 上连续，则

$$(F_1 + W_1)_{\bar{z}_1^p \bar{z}_2^j}^{++}(t) + (F_1 + W_1)_{\bar{z}_1^p \bar{z}_2^j}^{--}(t) - (F_1 + W_1)_{\bar{z}_1^p \bar{z}_2^j}^{+-}(t) -$$

$$(F_1 + W_1)_{\bar{z}_1^p \bar{z}_2^j}^{-+}(t) = \varphi_{p,j}(t),$$

故

$$F_{\bar{z}_1^p \bar{z}_2^j}^{++}(t) = t_1^{k_{11}} t_2^{k_{21}} F_{\bar{z}_1^p \bar{z}_2^j}^{+-}(t) + t_1^{k_{12}} t_2^{k_{22}} F_{\bar{z}_1^p \bar{z}_2^j}^{-+}(t) + t_1^{k_{13}} t_2^{k_{23}} F_{\bar{z}_1^p \bar{z}_2^j}^{--}(t) + \varphi_{p,j}(t),$$

即 $F(z)$ 满足问题 R2 中的边界条件。由定理 4.3.4 知 $W_1(z)$ 是 L 外的 k 全纯函数，又由于 $z_1^{-k_{11}} z_2^{-k_{21}}, z_1^{-k_{12}} z_2^{-k_{22}}, z_1^{-k_{13}} z_2^{-k_{23}}$ 分别在 $E_1^+ \times E_2^-, E_1^- \times E_2^+, E_1^- \times E_2^-$ 上全纯，则由 $F_1(z)$ 的 k 全纯性，应用定理 4.1.2 得 $F(z)$ 是 L 外的 k 全纯函数。

另外，由于 $F_1(z)$ 是 E 上的 k 全纯函数，应用定理 4.4.1 得

$$F_1(z) = \sum_{\alpha_1, \alpha_2 = 0}^{\infty} \sum_{k_1 = 0}^{k-1} \sum_{k_2 = 0}^{k_1} \sum_{j_1 = 0}^{k_2} \sum_{j_2 = 0}^{} C_{\alpha, k_\sigma, j_\sigma} \overline{z_1}^{j_1} \overline{z_2}^{j_2} z_1^{\alpha_1} z_2^{\alpha_2} \quad (\sigma = 1, 2),$$

其中，$C_{\alpha, k_\sigma, j_\sigma}$ 是任意复常数，从而有

$$\frac{\partial^{k-2} F_1(z)}{\partial \bar{z}_1^{k-2}} = \sum_{\alpha_1, \alpha_2 = 0}^{\infty} \sum_{k_1 = k-2}^{k-1} \sum_{k_2 = 0}^{k_1} \sum_{j_1 = k-2}^{k_1} \sum_{j_2 = 0}^{k_2} C_{\alpha, k_\sigma, j_\sigma} j_1! \overline{z_1}^{j_1 - (k-2)} \overline{z_2}^{j_2} z_1^{\alpha_1} z_2^{\alpha_2}$$

$$= \sum_{\alpha_1, \alpha_2 = 0}^{\infty} \sum_{k_1 = k-2}^{k-1} \sum_{k_2 = 0}^{k_1} \sum_{j_2 = 0}^{k_2} C_{\alpha, k_\sigma, j_2} (k-2)! \overline{z_2}^{j_2} z_1^{\alpha_1} z_2^{\alpha_2} +$$

$$\sum_{\alpha_1, \alpha_2 = 0}^{\infty} \sum_{k_2 = 0}^{k-1} \sum_{j_2 = 0}^{k_2} C_{\alpha, k_2, j_2} (k-1)! \overline{z_1} \overline{z_2}^{j_2} z_1^{\alpha_1} z_2^{\alpha_2}.$$

又由式（5.3.3）得

$$\frac{\partial^{k-2} F(z)}{\partial \overline{z_1}^{k-2}} = \begin{cases} \dfrac{\partial^{k-2} F_1(z)}{\partial \overline{z_1}^{k-2}} + \dfrac{\partial^{k-2} W_1(z)}{\partial \overline{z_1}^{k-2}}, & z \in E_1^+ \times E_2^+, \\[6pt] z_1^{-k_{11}} z_2^{-k_{21}} \left[\dfrac{\partial^{k-2} F_1(z)}{\partial \overline{z_1}^{k-2}} + \dfrac{\partial^{k-2} W_1(z)}{\partial \overline{z_1}^{k-2}} \right], & z \in E_1^+ \times E_2^-, \\[6pt] z_1^{-k_{12}} z_2^{-k_{22}} \left[\dfrac{\partial^{k-2} F_1(z)}{\partial \overline{z_1}^{k-2}} + \dfrac{\partial^{k-2} W_1(z)}{\partial \overline{z_1}^{k-2}} \right], & z \in E_1^- \times E_2^+, \\[6pt] -z_1^{-k_{13}} z_2^{-k_{23}} \left[\dfrac{\partial^{k-2} F_1(z)}{\partial \overline{z_1}^{k-2}} + \dfrac{\partial^{k-2} W_1(z)}{\partial \overline{z_1}^{k-2}} \right], & z \in E_1^- \times E_2^- \end{cases}$$

(5.3.5)

由定理 5.3.2 的证明知：当 $z_1 = \infty$ 时，$\dfrac{\partial^{k-2} W_1(z_1,z_2)}{\partial z_1^{k-2}}$ 有界，则由式 (5.3.5) 得：要使 $\dfrac{\partial^{k-2} F(z_1,z_2)}{\partial z_1^{k-2}}$ 在 $z_1 = \infty$ 时有界，须 $\alpha_1 \leq \min\{k_{12}, k_{13}\} - 1$。

同理，要使 $\dfrac{\partial^{k-2} F(z_1,z_2)}{\partial z_2^{k-2}}$ 在 $z_2 = \infty$ 时有界，须 $\alpha_2 \leq \min\{k_{21}, k_{23}\} - 1$，于是

$$F_1(z) = \sum_{\alpha_1=0}^{\min\{k_{12},k_{13}\}-1} \sum_{\alpha_2=0}^{\min\{k_{21},k_{23}\}-1} \sum_{k_1,k_2=0}^{k-1} \sum_{j_1=0}^{k_1} \sum_{j_2=0}^{k_2} C_{\alpha,k_\sigma,j_\sigma} \overline{z_1}^{j_1} \overline{z_2}^{j_2} z_1^{\alpha_1} z_2^{\alpha_2} \quad (\sigma=1,2)。$$

综上所述，式（5.3.3）所定义的 $F(z)$ 是问题 R2 的解。

（ii）当 $k_{21}, k_{12}, k_{13}, k_{23}$ 中至少有一个小于或等于 0 时，问题 R2 仍有形如式（5.3.3）的解，只是其中的 $F_1(z)$ 及 $W_1(z)$ 要根据具体情况而有所变化。假设 $k_{12} < 0$ 而 $k_{21}, k_{13}, k_{23} > 0$。由式（5.3.5），要使 $\dfrac{\partial^{k-2} F}{\partial z_1^{k-2}}(\infty, z_2)$ 有界，需 $\dfrac{\partial^{k-2} F_1}{\partial z_1^{k-2}}(\infty, z_2) = 0$。又由（i）知，要使 $\dfrac{\partial^{k-2} F}{\partial z_2^{k-2}}(z_1, \infty)$ 有界，须 $\alpha_2 \leq \min\{k_{21}, k_{23}\} - 1$，于是

$$F_1(z) = \sum_{\alpha_1=0}^{\infty} \sum_{\alpha_2=0}^{\min\{k_{21},k_{23}\}-1} \sum_{k_1,k_2=0}^{k-3} \sum_{j_1=0}^{k_1} \sum_{j_2=0}^{k_2} C_{\alpha,k_\sigma,j_\sigma} \overline{z_1}^{j_1} \overline{z_2}^{j_2} z_1^{\alpha_1} z_2^{\alpha_2} \quad (\sigma=1,2),$$

其中，$C_{\alpha,k_\sigma,j_\sigma}$ 是任意复常数。对于 $k_{21}, k_{12}, k_{13}, k_{23}$ 的其他取值情况，$F_1(z)$ 有

不同的取值,但不论 $F_1(z)$ 取值如何,问题 R2 有一特解:

$$F(z) = \begin{cases} W_1(z_1,z_2), & (z_1,z_2) \in E_1^+ \times E_2^+, \\ z_1^{-k_{11}} z_2^{-k_{21}} W_1(z_1,z_2), & (z_1,z_2) \in E_1^+ \times E_2^-, \\ z_1^{-k_{12}} z_2^{-k_{22}} W_1(z_1,z_2), & (z_1,z_2) \in E_1^- \times E_2^+, \\ -z_1^{-k_{13}} z_2^{-k_{23}} W_1(z_1,z_2), & (z_1,z_2) \in E_1^- \times E_2^-, \end{cases} \tag{5.3.6}$$

其中,

$$W_1(z) = \frac{1}{(2\pi i)^2} \int_L \sum_{k_1,k_2=0}^{k-1} \frac{\overline{(z_1-\tau_1)}^{k_1} \overline{(z_2-\tau_2)}^{k_2}}{k_1! k_2! (\tau_1-z_1)(\tau_2-z_2)} \varphi_{k_1,k_2}(\tau) d\tau_1 d\tau_2。$$

在此特解中,要使

$$\frac{\partial^{k-2} F}{\partial \bar{z}_1^{k-2}}(\infty,z_2), \frac{\partial^{k-2} F}{\partial \bar{z}_2^{k-2}}(z_1,\infty), \frac{\partial^{2(k-2)} F}{\partial \bar{z}_1^{k-2} \partial \bar{z}_2^{k-2}}(\infty,\infty)$$

有界,还须 $\dfrac{\partial^{k-2} W_1(z)}{\partial \bar{z}_1^{k-2}}$ 关于 z_1 在 ∞ 的幂级数展开式至少有 m_1 级零点,

$\dfrac{\partial^{k-2} W_1(z)}{\partial \bar{z}_2^{k-2}}$ 关于 z_2 在 ∞ 的幂级数展开式至少有 n_1 级零点,其中

$$m_1 = \frac{1}{2}\max\{|k_{12}|-k_{12},|k_{13}|-k_{13}\}, n_1 = \frac{1}{2}\max\{|k_{21}|-k_{21},|k_{23}|-k_{23}\}。$$

由于

$$\begin{aligned}\frac{\partial^{k-2} W_1(z)}{\partial \bar{z}_1^{k-2}} &= \sum_{k_1=k-2}^{k-1} \sum_{k_2=0}^{k-1} \sum_{l_1=k-2}^{k_1} \sum_{l_2=0}^{k_2} \frac{C_{k_1}^{l_1} C_{k_2}^{l_2}}{k_1! k_2!} l_1! \frac{\bar{z}_1^{l_1-(k-2)} \bar{z}_2^{l_2}}{(2\pi i)^2} \cdot \\ &\quad \int_L \frac{(-\bar{\tau}_1)^{k_1-l_1}(-\bar{\tau}_2)^{k_2-l_2}}{(\tau_1-z_1)(\tau_2-z_2)} \varphi_{k_1,k_2}(\tau) d\tau \\ &= \sum_{k_1=k-2}^{k-1} \sum_{k_2=0}^{k-1} \sum_{l_1=k-2}^{k_1} \sum_{l_2=0}^{k_2} \frac{C_{k_1}^{l_1} C_{k_2}^{l_2}}{k_1! k_2!} l_1! \frac{\bar{z}_1^{l_1-(k-2)} \bar{z}_2^{l_2}}{(2\pi i)^2} \sum_{\beta=0}^{\infty} \frac{-1}{z_1^{\beta+1}} \cdot \\ &\quad \int_L \frac{\tau_1^{\beta}(-\bar{\tau}_1)^{k_1-l_1}(-\bar{\tau}_2)^{k_2-l_2}}{\tau_2-z_2} \varphi_{k_1,k_2}(\tau) d\tau。\end{aligned} \tag{5.3.7}$$

则要使 $\dfrac{\partial^{k-2} F}{\partial \bar{z}_1^{k-2}}(\infty,z_2)$ 有界,须 $\beta+1-[l_1-(k-2)] \geqslant m_1$,即

$$\beta \geq m_1 - 1 + [l_1 - (k-2)]_\circ \tag{5.3.8}$$

由式（5.3.7）知 $m_1 - 1 + [l_1 - (k-2)]$ 等于 $m_1 - 1$ 或 m_1，故式（5.3.8）成立需 $\beta \geq m_1$。当 $m_1 = 0$ 时显然 $\beta \geq m_1$，从而 $\dfrac{\partial^{k-2} F}{\partial \bar{z}_1^{k-2}}(\infty, z_2)$ 有界。否则，当

$$\sum_{\beta=0}^{m_1-1} \sum_{k_1=k-2}^{k-1} \sum_{k_2=0}^{k-1} \sum_{l_1=k-2}^{k_1} \sum_{l_2=0}^{k_2} \frac{C_{k_1}^{l_1} C_{k_2}^{l_2}}{k_1! k_2!} l_1! \frac{\bar{z}_1^{l_1-(k-2)} \bar{z}_2^{l_2}}{z_1^{\beta+1}} \cdot$$
$$\int_L \frac{\tau_1^\beta (-\bar{\tau}_1)^{k_1-l_1}(-\bar{\tau}_2)^{k_2-l_2}}{\tau_2 - z_2} \varphi_{k_1,k_2}(\tau) \mathrm{d}\tau = 0, \tag{5.3.9}$$

时，$\dfrac{\partial^{k-2} F}{\partial \bar{z}_1^{k-2}}(\infty, z_2)$ 有界。同理，当 $n_1 = 0$ 时，$\dfrac{\partial^{k-2} F}{\partial \bar{z}_2^{k-2}}(z_1, \infty)$ 有界，当 $n_1 > 0$ 时在条件

$$\sum_{\beta=0}^{n_1-1} \sum_{k_1=0}^{k-1} \sum_{k_2=k-2}^{k-1} \sum_{l_1=0}^{k_1} \sum_{l_2=k-2}^{k_2} \frac{C_{k_1}^{l_1} C_{k_2}^{l_2}}{k_1! k_2!} l_2! \frac{\bar{z}_1^{l_1} \bar{z}_2^{l_2-(k-2)}}{z_2^{\beta+1}} \cdot$$
$$\int_L \frac{\tau_2^\beta (-\bar{\tau}_1)^{k_1-l_1}(-\bar{\tau}_2)^{k_2-l_2}}{\tau_1 - z_1} \varphi_{k_1,k_2}(\tau) \mathrm{d}\tau = 0, \tag{5.3.10}$$

下，$\dfrac{\partial^{k-2} F}{\partial \bar{z}_2^{k-2}}(z_1, \infty)$ 有界。当 $\dfrac{\partial^{k-2} F}{\partial \bar{z}_1^{k-2}}(\infty, z_2)$ 和 $\dfrac{\partial^{k-2} F}{\partial \bar{z}_2^{k-2}}(z_1, \infty)$ 均有界时显然 $\dfrac{\partial^{2(k-2)} F}{\partial \bar{z}_1^{k-2} \partial \bar{z}_2^{k-2}}(\infty, \infty)$ 有界。于是，在式（5.3.9）和式（5.3.10）的条件下问题 R2 有特解式（5.3.6）。然后根据 $k_{21}, k_{12}, k_{13}, k_{23}$ 具体的取值情况，可以像前面一样解出 $F_1(z)$，从而得到问题 R2 的通解式（5.3.3）。

（2）对于 $k_{11} \geq 0, k_{22} \geq 0$：

当 $k_{21} > k_{22}, k_{12} > k_{11}, k_{13} > k_{11}, k_{23} > k_{22}$，将问题 R2 的边界条件两边同时除以 $t_1^{k_{11}} t_2^{k_{22}}$ 得：

$$t_1^{-k_{11}} t_2^{-k_{22}} F_{\bar{z}_1^p \bar{z}_2^j}^{++}(t) = t_2^{k_{21}-k_{22}} F_{\bar{z}_1^p \bar{z}_2^j}^{+-}(t) + t_1^{k_{12}-k_{11}} F_{\bar{z}_1^p \bar{z}_2^j}^{-+}(t) +$$
$$t_1^{k_{13}-k_{11}} t_2^{k_{23}-k_{22}} F_{\bar{z}_1^p \bar{z}_2^j}^{--}(t) + t_1^{-k_{11}} t_2^{-k_{22}} \varphi_{p,j}(t),$$

令 $\tilde{\varphi}_{p,j}(t) = t_1^{-k_{11}} t_2^{-k_{22}} \varphi_{p,j}(t)$ 及

第5章 $\mathbb{C}^n$ 中柯西型奇异积分算子及其在边值问题中的应用

$$W_2(z) = \frac{1}{(2\pi i)^2} \int_L \sum_{k_1,k_2=0}^{k-1} \frac{\overline{(z_1-\tau_1)}^{k_1} \overline{(z_2-\tau_2)}^{k_2}}{k_1! k_2! (\tau_1-z_1)(\tau_2-z_2)} \widetilde{\varphi}_{k_1,k_2}(\tau) d\tau_1 d\tau_2 .$$

则由定理5.2.3得

$$(W_2)^{++}_{\bar{z}_1^p \bar{z}_2^j}(t) + (W_2)^{--}_{\bar{z}_1^p \bar{z}_2^j}(t) - (W_2)^{+-}_{\bar{z}_1^p \bar{z}_2^j}(t) - (W_2)^{-+}_{\bar{z}_1^p \bar{z}_2^j}(t) = \widetilde{\varphi}_{p,j}(t),$$

其中,$p,j=0,1,\cdots,k-1,t\in L$。于是与(1)中情况(i)类似讨论可得

$$F(z) = \begin{cases} z_1^{k_{11}} z_2^{k_{22}} [F_2(z_1,z_2) + W_2(z_1,z_2)], & (z_1,z_2) \in E_1^+ \times E_2^+, \\ z_2^{k_{22}-k_{21}} [F_2(z_1,z_2) + W_2(z_1,z_2)], & (z_1,z_2) \in E_1^+ \times E_2^-, \\ z_1^{k_{11}-k_{12}} [F_2(z_1,z_2) + W_2(z_1,z_2)], & (z_1,z_2) \in E_1^- \times E_2^+, \\ -z_1^{k_{11}-k_{13}} z_2^{k_{22}-k_{23}} [F_2(z_1,z_2) + W_2(z_1,z_2)], & (z_1,z_2) \in E_1^- \times E_2^-, \end{cases}$$

是问题R2的解,且同理可得在情况(ii)时结论成立。

定理5.3.4的(3)(4)均与(2)同理可证。

5.4 k 全纯函数的非线性边值问题

本节主要讨论 k 全纯函数的下列非线性边值问题的解:

定义5.4.1 设 $A_{p,j}(t), B_{p,j}(t), C_{p,j}(t), D_{p,j}(t), g_{p,j}(t)$ 是 $L = L_1 \times L_2$ 上给定的函数,$f_{p,j}(t,b_1,b_2,b_3,b_4)$ 是 $L \times \mathbb{C} \times \mathbb{C} \times \mathbb{C} \times \mathbb{C}$ 上给定的函数,其中 $p,j=0,1,\cdots,k-1 (k \geqslant 2, k \in \mathbb{N})$。求在 $D_1^+ \times D_2^+$ 内 k 全纯,在 $\overline{D}_1^+ \times \overline{D}_2^+$ 上连续的函数 $w(z_1,z_2)$ 使其满足边界条件:

$$A_{p,j}(t)\Phi_1(t) + B_{p,j}(t)\Phi_2(t) + C_{p,j}(t)\Phi_3(t) + D_{p,j}(t)\Phi_4(t)$$
$$= g_{p,j}(t)f_{p,j}(t,\Phi_1,\Phi_2,\Phi_3,\Phi_4), \qquad (5.4.1)$$

其中,$\Phi_1,\Phi_2,\Phi_3,\Phi_4$ 分别代表 $w^{++}_{\bar{z}_1^p \bar{z}_2^j}, w^{+-}_{\bar{z}_1^p \bar{z}_2^j}, w^{-+}_{\bar{z}_1^p \bar{z}_2^j}, w^{--}_{\bar{z}_1^p \bar{z}_2^j}$。记该问题为问题E。

由式(5.2.3)得

$$\frac{\partial^k W(z)}{\partial \bar{z}_1^k} = \frac{\partial^k W(z)}{\partial \bar{z}_2^k} = 0,$$

可见 $w(z)$ 是 L 外的 k 全纯函数。假设由式(5.2.3)所定义的 $w(z)$ 是问题

E 的解。由式（5.2.4）和式（5.4.1）得

$$F_{p,j}(\varphi_{k_1,k_2}) = \sum_{k_1=p}^{k-1}\sum_{k_2=j}^{k-1} \frac{T_{p,j}\varphi_{k_1,k_2}}{(k_1-p)!(k_2-j)!}, \tag{5.4.2}$$

其中，

$$\begin{aligned}F_{p,j}(\varphi_{k_1,k_2}) =& \sum_{k_1=p}^{k-1}\sum_{k_2=j}^{k-1} \frac{T_{p,j}\varphi_{k_1,k_2}}{(k_1-p)!(k_2-j)!} - 4g_{p,j}(t)f_{p,j}(t) + \\ &[A_{p,j} - B_{p,j} - C_{p,j} + D_{p,j}]\sum_{k_1=p}^{k-1}\sum_{k_2=j}^{k-1}\frac{T_{p,j}\varphi_{k_1,k_2}}{(k_1-p)!(k_2-j)!} + \\ &[A_{1,p,j} - B_{1,p,j} + C_{1,p,j} - D_{1,p,j}]\sum_{k_1=p}^{k-1}\sum_{k_2=j}^{k-1}\frac{P_{p,j}\varphi_{k_1,k_2}}{(k_1-p)!(k_2-j)!} + \\ &[A_{1,p,j} + B_{1,p,j} - C_{1,p,j} - D_{1,p,j}]\sum_{k_1=p}^{k-1}\sum_{k_2=j}^{k-1}\frac{Q_{p,j}\varphi_{k_1,k_2}}{(k_1-p)!(k_2-j)!} + \\ &[A_{1,p,j} + B_{1,p,j} + C_{1,p,j} + D_{1,p,j}]\sum_{k_1=p}^{k-1}\sum_{k_2=j}^{k-1}\frac{R_{p,j}\varphi_{k_1,k_2}}{(k_1-p)!(k_2-j)!},\end{aligned}$$

$$\tag{5.4.3}$$

于是问题 E 转化为奇异积分方程组（5.4.2）的求解问题。

定理 5.4.2 假设问题 E 中的 $A_{p,j}(t), B_{p,j}(t), C_{p,j}(t), D_{p,j}(t), g_{p,j}(t) \in H_\alpha(L)$，$p, j = 0, 1, \cdots, k-1, k \in \mathbb{N}, k \geq 2, \alpha \in (0,1]$，$0 \in L$ 且

$$|f_{p,j}(t, b_1, b_2, b_3, b_4) - f_{p,j}(t', b_1', b_2', b_3', b_4')|$$
$$\leq J_3|t-t'|^\alpha + J_4|b_1-b_1'| + J_5|b_2-b_2'| + J_6|b_3-b_3'| + J_7|b_4-b_4'|,$$

$$\tag{5.4.4}$$

其中，$t, t' \in L, b_\delta, b_\delta' \in \mathbb{C}$（$\delta = 1, 2, 3, 4$），$J_q$（$q = 3, 4, 5, 6, 7$）是正常数。设 $f_{p,j}(0,0,0,0,0) = 0$，$\varepsilon \in (0,1)$ 且 $\|A_{p,j} \pm B_{p,j}\|_\alpha < \varepsilon$，$\|C_{p,j} \pm D_{p,j}\|_\alpha < \varepsilon$，$\|D_{p,j} \pm B_{p,j}\|_\alpha < \varepsilon$，$\|B_{p,j}\|_\alpha < \varepsilon$，$\|1 - 4B_{p,j}\|_\alpha < \varepsilon$，$\|A_{p,j} \pm B_{p,j} \pm C_{p,j} \pm D_{p,j}\|_\alpha < \varepsilon$，$\|g_{p,j}\|_\alpha < \sigma$，$J_2\varepsilon(1 + 4J_1 + 2J_8) \in (0,1)$，则当

$$0 < \sigma \leq \frac{[1 - J_2\varepsilon(1 + 4J_1 + 2J_8)]M}{4J_2(J_{13} + J_{14}M)},$$

第5章 $\mathbb{C}^n$ 中柯西型奇异积分算子及其在边值问题中的应用

时问题 E 可解,且解的积分表达式即为式(5.2.3),其中 M 是给定正数 ($\|\varphi\|_\alpha \leq M, \varphi \in H_\alpha(L)$),$J_8, J_{13}, J_{14}$ 是正常数。

证明 (1) 令式(5.4.2)中 $p = j = k-1$,则由式(5.2.5)得

$$\begin{cases} \sum_{k_1=p}^{k-1}\sum_{k_2=j}^{k-1} \dfrac{T_{p,j}\varphi_{k_1,k_2}}{(k_1-p)!(k_2-j)!} = \varphi_{k-1,k-1}, \sum_{k_1=p}^{k-1}\sum_{k_2=j}^{k-1} \dfrac{P_{p,j}\varphi_{k_1,k_2}}{(k_1-p)!(k_2-j)!} \\ \qquad = S_1\varphi_{k-1,k-1}, \\ \sum_{k_1=p}^{k-1}\sum_{k_2=j}^{k-1} \dfrac{Q_{p,j}\varphi_{k_1,k_2}}{(k_1-p)!(k_2-j)!} = S_2\varphi_{k-1,k-1}, \sum_{k_1=p}^{k-1}\sum_{k_2=j}^{k-1} \dfrac{R_{p,j}\varphi_{k_1,k_2}}{(k_1-p)!(k_2-j)!} \\ \qquad = S_3\varphi_{k-1,k-1}, \end{cases}$$

将上式代入式(5.4.2)和式(5.4.3),得

$$F_{k-1,k-1}\varphi_{k-1,k-1} = \varphi_{k-1,k-1}, \tag{5.4.5}$$

其中,

$$\begin{aligned}
F_{k-1,k-1}\varphi_{k-1,k-1} &= \varphi_{k-1,k-1} - 4g_{k-1,k-1}f_{k-1,k-1} + \\
&\quad [A_{k-1,k-1} - B_{k-1,k-1} - C_{k-1,k-1} + D_{k-1,k-1}]\varphi_{k-1,k-1} + \\
&\quad [A_{k-1,k-1} - B_{k-1,k-1} + C_{k-1,k-1} - D_{k-1,k-1}]S_1\varphi_{k-1,k-1} + \\
&\quad [A_{k-1,k-1} + B_{k-1,k-1} - C_{k-1,k-1} - D_{k-1,k-1}]S_2\varphi_{k-1,k-1} + \\
&\quad [A_{k-1,k-1} + B_{k-1,k-1} + C_{k-1,k-1} + D_{k-1,k-1}]S_3\varphi_{k-1,k-1} \\
&= [A_{k-1,k-1} + B_{k-1,k-1}][\varphi_{k-1,k-1} + S_1\varphi_{k-1,k-1} + S_2\varphi_{k-1,k-1} + S_3\varphi_{k-1,k-1}] + \\
&\quad [C_{k-1,k-1} + D_{k-1,k-1}][-\varphi_{k-1,k-1} + S_1\varphi_{k-1,k-1} - S_2\varphi_{k-1,k-1} + S_3\varphi_{k-1,k-1}] + \\
&\quad [B_{k-1,k-1} + D_{k-1,k-1}][2\varphi_{k-1,k-1} - 2S_1\varphi_{k-1,k-1}] + \\
&\quad [1 - 4B_{k-1,k-1}]\varphi_{k-1,k-1} - 4g_{k-1,k-1}f_{k-1,k-1} \circ
\end{aligned}$$

记连续函数空间的闭子集 $T = \{\varphi \mid \varphi \in H_\alpha(L), \|\varphi\|_\alpha \leq M\}$,由参考文献[18]中的定理3可知至少存在一个 $\varphi_{k-1,k-1}$ 满足式(5.4.5)。

(2) 令式(5.4.2)中 $p = k-1, j = k-2$。

(i) 下证 $F_{k-1,k-2}$ 是 T 到自身的映射。由式(5.2.5)得

$$T_{k-1,k-2}\varphi_{k-1,k-1} = 0, T_{k-1,k-2}\varphi_{k-1,k-2} = \varphi_{k-1,k-2} \circ$$

则

$$\begin{cases} \sum_{k_1=p}^{k-1}\sum_{k_2=j}^{k-1} \dfrac{T_{k-1,k-2}\varphi_{k_1,k_2}}{[k_1-(k-1)]![k_2-(k-2)]!} = T_{k-1,k-2}\varphi_{k-1,k-1} + T_{k-1,k-2}\varphi_{k-1,k-2} \\ \qquad\qquad = \varphi_{k-1,k-2}, \\ \sum_{k_1=p}^{k-1}\sum_{k_2=j}^{k-1} \dfrac{P_{k-1,k-2}\varphi_{k_1,k_2}}{[k_1-(k-1)]![k_2-(k-2)]!} = P_{k-1,k-2}\varphi_{k-1,k-1} + P_{k-1,k-2}\varphi_{k-1,k-2} \\ \qquad\qquad = S_1\varphi_{k-1,k-2}, \\ \sum_{k_1=p}^{k-1}\sum_{k_2=j}^{k-1} \dfrac{Q_{k-1,k-2}\varphi_{k_1,k_2}}{[k_1-(k-1)]![k_2-(k-2)]!} = Q_{k-1,k-2}\varphi_{k-1,k-1} + Q_{k-1,k-2}\varphi_{k-1,k-2} \\ \qquad\qquad = S_2\left[\overline{(t_2-\tau_2)}\varphi_{k-1,k-1}\right] + S_2\varphi_{k-1,k-2}, \\ \sum_{k_1=p}^{k-1}\sum_{k_2=j}^{k-1} \dfrac{R_{k-1,k-2}\varphi_{k_1,k_2}}{[k_1-(k-1)]![k_2-(k-2)]!} = R_{k-1,k-2}\varphi_{k-1,k-1} + R_{k-1,k-2}\varphi_{k-1,k-2} \\ \qquad\qquad = S_3\left[\overline{(t_2-\tau_2)}\varphi_{k-1,k-1}\right] + S_3\varphi_{k-1,k-2}\,\circ \end{cases}$$

(5.4.6)

则式（5.4.3）即为

$F_{k-1,k-2}\varphi_{k-1,k-2}$

$= T_{k-1,k-2}\varphi_{k-1,k-1} + T_{k-1,k-2}\varphi_{k-1,k-2} - 4g_{k-1,k-2}f_{k-1,k-2} +$

$\quad [A_{k-1,k-2} - B_{k-1,k-2} - C_{k-1,k-2} + D_{k-1,k-2}][T_{k-1,k-2}\varphi_{k-1,k-1} + T_{k-1,k-2}\varphi_{k-1,k-2}] +$

$\quad [A_{k-1,k-2} - B_{k-1,k-2} + C_{k-1,k-2} - D_{k-1,k-2}][P_{k-1,k-2}\varphi_{k-1,k-1} + P_{k-1,k-2}\varphi_{k-1,k-2}] +$

$\quad [A_{k-1,k-2} + B_{k-1,k-2} - C_{k-1,k-2} - D_{k-1,k-2}][Q_{k-1,k-2}\varphi_{k-1,k-1} + Q_{k-1,k-2}\varphi_{k-1,k-2}] +$

$\quad [A_{k-1,k-2} + B_{k-1,k-2} + C_{k-1,k-2} + D_{k-1,k-2}][R_{k-1,k-2}\varphi_{k-1,k-1} + R_{k-1,k-2}\varphi_{k-1,k-2}]$

$= 0 + \varphi_{k-1,k-2} - 4g_{k-1,k-2}f_{k-1,k-2} +$

$\quad [A_{k-1,k-2} - B_{k-1,k-2} - C_{k-1,k-2} + D_{k-1,k-2}][0 + \varphi_{k-1,k-2}] +$

$\quad [A_{k-1,k-2} - B_{k-1,k-2} + C_{k-1,k-2} - D_{k-1,k-2}][0 + S_1\varphi_{k-1,k-2}] +$

$\quad [A_{k-1,k-2} + B_{k-1,k-2} - C_{k-1,k-2} - D_{k-1,k-2}]\{S_2\left[\overline{(t_2-\tau_2)}\varphi_{k-1,k-1}\right] + S_2\varphi_{k-1,k-2}\} +$

$\quad [A_{k-1,k-2} + B_{k-1,k-2} + C_{k-1,k-2} + D_{k-1,k-2}]\{S_3\left[\overline{(t_2-\tau_2)}\varphi_{k-1,k-1}\right] + S_3\varphi_{k-1,k-2}\}$

$$= [A_{k-1,k-2} + B_{k-1,k-2}][\varphi_{k-1,k-2} + S_1\varphi_{k-1,k-2} + S_2\varphi_{k-1,k-2} + S_3\varphi_{k-1,k-2}] +$$
$$[C_{k-1,k-2} + D_{k-1,k-2}][-\varphi_{k-1,k-2} + S_1\varphi_{k-1,k-2} - S_2\varphi_{k-1,k-2} + S_3\varphi_{k-1,k-2}] +$$
$$[B_{k-1,k-2} + D_{k-1,k-2}][2\varphi_{k-1,k-2} - 2S_1\varphi_{k-1,k-2}] + [1 - 4B_{k-1,k-2}]\varphi_{k-1,k-2} +$$
$$[A_{k-1,k-2} + B_{k-1,k-2} - C_{k-1,k-2} - D_{k-1,k-2}]S_2[\overline{(t_2 - \tau_2)}\varphi_{k-1,k-1}] +$$
$$[A_{k-1,k-2} + B_{k-1,k-2} + C_{k-1,k-2} + D_{k-1,k-2}]S_3[\overline{(t_2 - \tau_2)}\varphi_{k-1,k-1}] - 4g_{k-1,k-2}f_{k-1,k-2},$$
$$(5.4.7)$$

式 (5.4.2) 即为

$$F_{k-1,k-2}\varphi_{k-1,k-2} = \varphi_{k-1,k-2}。$$

由于 $\varphi_{k-1,k-1} \in T$, 则

$$\|\varphi_{k-1,k-1}\|_\alpha \leq M。 \quad (5.4.8)$$

由 $\varphi_{k-1,k-1} \in H_\alpha(L)$ 和引理 5.1.3 可得

$$\|S_2[\overline{(t_2 - \tau_2)}\varphi_{k-1,k-1}]\|_\alpha \leq J_1 J_2 \|t_2 - \tau_2\|_\alpha \|\varphi_{k-1,k-1}\|_\alpha \leq J_8 \|\varphi_{k-1,k-1}\|_\alpha,$$
$$(5.4.9)$$

$$\|S_3[\overline{(t_2 - \tau_2)}\varphi_{k-1,k-1}]\|_\alpha \leq J_8 \|\varphi_{k-1,k-1}\|_\alpha, \quad (5.4.10)$$

其中, J_8 是正常数。由式 (5.4.6) 和定理 5.2.3 可得

$$4w^{++}_{z_1^{k-1}z_2^{k-2}}(t_1,t_2)$$
$$= [T_{k-1,k-2}\varphi_{k-1,k-1} + T_{k-1,k-2}\varphi_{k-1,k-2}] + [P_{k-1,k-2}\varphi_{k-1,k-1} + P_{k-1,k-2}\varphi_{k-1,k-2}] +$$
$$[Q_{k-1,k-2}\varphi_{k-1,k-1} + Q_{k-1,k-2}\varphi_{k-1,k-2}] + [R_{k-1,k-2}\varphi_{k-1,k-1} + R_{k-1,k-2}\varphi_{k-1,k-2}]$$
$$= [\varphi_{k-1,k-2} + S_1\varphi_{k-1,k-2} + S_2\varphi_{k-1,k-2} + S_3\varphi_{k-1,k-2}] +$$
$$\{S_2[\overline{(t_2 - \tau_2)}\varphi_{k-1,k-1}] + S_3[\overline{(t_2 - \tau_2)}\varphi_{k-1,k-1}]\}。$$
$$(5.4.11)$$

由式 (5.4.8) 至式 (5.4.10) 得

$$4\|w^{++}_{z_1^{k-1}z_2^{k-2}}(t_1,t_2)\|_\alpha \leq (1 + 3J_1)\|\varphi_{k-1,k-2}\|_\alpha + 2J_8\|\varphi_{k-1,k-1}\|_\alpha$$
$$\leq (1 + 3J_1)\|\varphi_{k-1,k-2}\|_\alpha + 2J_8 M。$$
$$(5.4.12)$$

同理可得

$$\begin{cases} 4\|w^{+-}_{z_1^{k-1}z_2^{k-2}}(t_1,t_2)\|_\alpha \leqslant (1+3J_1)\|\varphi_{k-1,k-2}\|_\alpha + 2J_8 M, \\ 4\|w^{-+}_{z_1^{k-1}z_2^{k-2}}(t_1,t_2)\|_\alpha \leqslant (1+3J_1)\|\varphi_{k-1,k-2}\|_\alpha + 2J_8 M, \\ 4\|w^{--}_{z_1^{k-1}z_2^{k-2}}(t_1,t_2)\|_\alpha \leqslant (1+3J_1)\|\varphi_{k-1,k-2}\|_\alpha + 2J_8 M_\circ \end{cases} \quad (5.4.13)$$

由于 $t \in L$，由式（5.4.4），式（5.4.12）和式（5.4.13）可得

$$C(f_{k-1,k-2}, L) = \max_{t \in L} |f_{k-1,k-2}|$$

$$\leqslant J_3|t|^\alpha + J_4|w^{++}_{z_1^{k-1}z_2^{k-2}}(t_1,t_2)| + J_5|w^{+-}_{z_1^{k-1}z_2^{k-2}}(t_1,t_2)| +$$

$$J_6|w^{-+}_{z_1^{k-1}z_2^{k-2}}(t_1,t_2)| + J_7|w^{--}_{z_1^{k-1}z_2^{k-2}}(t_1,t_2)|$$

$$\leqslant J_9 + J_{10}\|\varphi_{k-1,k-2}\|_\alpha,$$

以及

$$|f_{k-1,k-2}(t, w^{++}_{z_1^{k-1}z_2^{k-2}}(t), w^{+-}_{z_1^{k-1}z_2^{k-2}}(t), w^{-+}_{z_1^{k-1}z_2^{k-2}}(t), w^{--}_{z_1^{k-1}z_2^{k-2}}(t)) -$$

$$f_{k-1,k-2}(t', w^{++}_{z_1^{k-1}z_2^{k-2}}(t'), w^{+-}_{z_1^{k-1}z_2^{k-2}}(t'), w^{-+}_{z_1^{k-1}z_2^{k-2}}(t'), w^{--}_{z_1^{k-1}z_2^{k-2}}(t'))|$$

$$\leqslant J_3|t-t'|^\alpha + J_4|w^{++}_{z_1^{k-1}z_2^{k-2}}(t) - w^{++}_{z_1^{k-1}z_2^{k-2}}(t')| + J_5|w^{+-}_{z_1^{k-1}z_2^{k-2}}(t) - w^{+-}_{z_1^{k-1}z_2^{k-2}}(t')| +$$

$$J_6|w^{-+}_{z_1^{k-1}z_2^{k-2}}(t) - w^{-+}_{z_1^{k-1}z_2^{k-2}}(t')| + J_7|w^{--}_{z_1^{k-1}z_2^{k-2}}(t) - w^{--}_{z_1^{k-1}z_2^{k-2}}(t')|$$

$$\leqslant |t-t'|^\alpha \{ J_3 + J_4\|w^{++}_{z_1^{k-1}z_2^{k-2}}(t)\|_\alpha + J_5\|w^{+-}_{z_1^{k-1}z_2^{k-2}}(t)\|_\alpha +$$

$$J_6\|w^{-+}_{z_1^{k-1}z_2^{k-2}}(t)\|_\alpha + J_7\|w^{--}_{z_1^{k-1}z_2^{k-2}}(t)\|_\alpha \}$$

$$\leqslant |t-t'|^\alpha [J_{11} + J_{12}\|\varphi_{k-1,k-2}\|_\alpha],$$

其中，$J_9, J_{10}, J_{11}, J_{12}$ 是正常数，则

$$\|f_{k-1,k-2}\|_\alpha = J_{13} + J_{14}\|\varphi_{k-1,k-2}\|_\alpha, \quad (5.4.14)$$

其中，J_{13}, J_{14} 是正常数。当 $\varphi_{k-1,k-2} \in T$，由式（5.4.7）至式（5.4.10），式（5.4.14）及引理 5.1.3 得：当

$$0 < \sigma \leqslant \frac{[1 - J_2\varepsilon(1 + 4J_1 + 2J_8)]M}{4J_2(J_{13} + J_{14}M)},$$

时，有

第5章 $\mathbb{C}^n$ 中柯西型奇异积分算子及其在边值问题中的应用

$\|F_{k-1,k-2}\varphi_{k-1,k-2}\|_\alpha$

$\leq J_1 J_2 \|A_{k-1,k-2} + B_{k-1,k-2}\|_\alpha \|\varphi_{k-1,k-2}\|_\alpha + J_1 J_2 \|C_{k-1,k-2} + D_{k-1,k-2}\|_\alpha \|\varphi_{k-1,k-2}\|_\alpha +$

$2J_1 J_2 \|B_{k-1,k-2} + D_{k-1,k-2}\|_\alpha \|\varphi_{k-1,k-2}\|_\alpha + J_2 \|1 - 4B_{k-1,k-2}\|_\alpha \|\varphi_{k-1,k-2}\|_\alpha +$

$J_2 J_8 \|A_{k-1,k-2} + B_{k-1,k-2} - C_{k-1,k-2} - D_{k-1,k-2}\|_\alpha \|\varphi_{k-1,k-1}\|_\alpha +$

$J_2 J_8 \|A_{k-1,k-2} + B_{k-1,k-2} + C_{k-1,k-2} + D_{k-1,k-2}\|_\alpha \|\varphi_{k-1,k-1}\|_\alpha +$

$4J_2 \sigma(J_{13} + J_{14} \|\varphi_{k-1,k-2}\|_\alpha)$

$\leq J_2 \varepsilon [(1 + 4J_1)\|\varphi_{k-1,k-2}\|_\alpha + 2J_8 \|\varphi_{k-1,k-1}\|_\alpha] + 4J_2 \sigma(J_{13} + J_{14}\|\varphi_{k-1,k-2}\|_\alpha)$

$\leq J_2 \varepsilon (1 + 4J_1 + 2J_8)M + 4J_2 \sigma(J_{13} + J_{14}M)$

$\leq M_\circ$

可见 $F_{k-1,k-2}$ 是 T 到自身的映射。

(ii) 下证 $F_{k-1,k-2}$ 在 T 上连续。任取函数列 $\{\varphi_{k-1,k-2}^{(\nu)}\} \in T$,设 $\{\varphi_{k-1,k-2}^{(\nu)}\}$ 和 $\{\varphi_{k-1,k-1}^{(\nu)}\}$ 分别在 L 上一致收敛于 $\varphi_{k-1,k-2}$ 和 $\varphi_{k-1,k-1}$,则对于 $\forall \eta > 0$ 和充分大的 ν 有

$$\begin{cases} \|\varphi_{k-1,k-1}^{(\nu)} - \varphi_{k-1,k-1}\|_\alpha < \eta, \\ \|\varphi_{k-1,k-2}^{(\nu)} - \varphi_{k-1,k-2}\|_\alpha < \eta_\circ \end{cases} \quad (5.4.15)$$

又由参考文献 [18] 得

$$|S_i \varphi_{k-1,k-2}^{(\nu)} - S_i \varphi_{k-1,k-2}| < J_{15}\eta \quad (i = 1,2,3)_\circ \quad (5.4.16)$$

另外,由定理 5.2.1 得

$$\begin{cases} |S_2[\overline{(t_2 - \tau_2)}\varphi_{k-1,k-1}^{(\nu)}] - S_2[\overline{(t_2 - \tau_2)}\varphi_{k-1,k-1}]| < J_{16}\eta, \\ |S_3[\overline{(t_2 - \tau_2)}\varphi_{k-1,k-1}^{(\nu)}] - S_3[\overline{(t_2 - \tau_2)}\varphi_{k-1,k-1}]| < J_{17}\eta_\circ \end{cases} \quad (5.4.17)$$

应用式(5.4.11)和式(5.4.15)至式(5.4.17)得

$4|w_{z_1^{++}z_2^{k-2}}^{++}(\varphi_{k-1,k-2}^{(\nu)}) - w_{z_1^{++}z_2^{k-2}}^{++}(\varphi_{k-1,k-2})|$

$\leq |\varphi_{k-1,k-2}^{(\nu)} - \varphi_{k-1,k-2}| + |S_1\varphi_{k-1,k-2}^{(\nu)} - S_1\varphi_{k-1,k-2}| +$

$|S_2\varphi_{k-1,k-2}^{(\nu)} - S_2\varphi_{k-1,k-2}| + |S_3\varphi_{k-1,k-2}^{(\nu)} - S_3\varphi_{k-1,k-2}| +$

$|S_2[\overline{(t_2 - \tau_2)}\varphi_{k-1,k-1}^{(\nu)}] - S_2[\overline{(t_2 - \tau_2)}\varphi_{k-1,k-1}]| +$

$$|S_3[\overline{(t_2-\tau_2)\varphi_{k-1,k-1}^{(\nu)}}] - S_3[\overline{(t_2-\tau_2)\varphi_{k-1,k-1}}]|$$
$$\leqslant (1+3J_{15}+J_{16}+J_{17})\eta = J_{18}\eta_\circ \qquad (5.4.18)$$

同理

$$\begin{cases} 4|w_{z_1^{k-1}z_2^{k-2}}^{+-}(\varphi_{k-1,k-2}^{(\nu)}) - w_{z_1^{k-1}z_2^{k-2}}^{+-}(\varphi_{k-1,k-2})| < J_{18}\eta, \\ 4|w_{z_1^{k-1}z_2^{k-2}}^{-+}(\varphi_{k-1,k-2}^{(\nu)}) - w_{z_1^{k-1}z_2^{k-2}}^{-+}(\varphi_{k-1,k-2})| < J_{18}\eta, \\ 4|w_{z_1^{k-1}z_2^{k-2}}^{--}(\varphi_{k-1,k-2}^{(\nu)}) - w_{z_1^{k-1}z_2^{k-2}}^{--}(\varphi_{k-1,k-2})| < J_{18}\eta_\circ \end{cases} \qquad (5.4.19)$$

则由式 (5.4.4)、式 (5.4.18) 和式 (5.4.19) 可得

$$|f_{k-1,k-2}(t,w_{z_1^{k-1}z_2^{k-2}}^{++}(\varphi_{k-1,k-2}^{(\nu)}(t)),w_{z_1^{k-1}z_2^{k-2}}^{+-}(\varphi_{k-1,k-2}^{(\nu)}(t)),$$
$$w_{z_1^{k-1}z_2^{k-2}}^{-+}(\varphi_{k-1,k-2}^{(\nu)}(t)),w_{z_1^{k-1}z_2^{k-2}}^{--}(\varphi_{k-1,k-2}^{(\nu)}(t))) -$$
$$f_{k-1,k-2}(t,w_{z_1^{k-1}z_2^{k-2}}^{++}(\varphi_{k-1,k-2}(t)),w_{z_1^{k-1}z_2^{k-2}}^{+-}(\varphi_{k-1,k-2}(t)),$$
$$w_{z_1^{k-1}z_2^{k-2}}^{-+}(\varphi_{k-1,k-2}(t)),w_{z_1^{k-1}z_2^{k-2}}^{--}(\varphi_{k-1,k-2}(t)))|$$
$$\leqslant J_4|w_{z_1^{k-1}z_2^{k-2}}^{++}(\varphi_{k-1,k-2}^{(\nu)}(t)) - w_{z_1^{k-1}z_2^{k-2}}^{++}(\varphi_{k-1,k-2}(t))| +$$
$$J_5|w_{z_1^{k-1}z_2^{k-2}}^{+-}(\varphi_{k-1,k-2}^{(\nu)}(t)) - w_{z_1^{k-1}z_2^{k-2}}^{+-}(\varphi_{k-1,k-2}(t))| +$$
$$J_6|w_{z_1^{k-1}z_2^{k-2}}^{-+}(\varphi_{k-1,k-2}^{(\nu)}(t)) - w_{z_1^{k-1}z_2^{k-2}}^{-+}(\varphi_{k-1,k-2}(t))| +$$
$$J_7|w_{z_1^{k-1}z_2^{k-2}}^{--}(\varphi_{k-1,k-2}^{(\nu)}(t)) - w_{z_1^{k-1}z_2^{k-2}}^{--}(\varphi_{k-1,k-2}(t))|$$
$$\leqslant (J_4+J_5+J_6+J_7)\frac{J_{18}}{4}\eta$$
$$= J_{19}\eta_\circ$$

于是由式 (5.4.7) 得

$$|F_{k-1,k-2}\varphi_{k-1,k-2}^{(\nu)} - F_{k-1,k-2}\varphi_{k-1,k-2}|$$
$$\leqslant |A_{k-1,k-2}+B_{k-1,k-2}|[|\varphi_{k-1,k-2}^{(\nu)}-\varphi_{k-1,k-2}| + |S_1\varphi_{k-1,k-2}^{(\nu)}-S_1\varphi_{k-1,k-2}| +$$
$$|S_2\varphi_{k-1,k-2}^{(\nu)}-S_2\varphi_{k-1,k-2}| + |S_3\varphi_{k-1,k-2}^{(\nu)}-S_3\varphi_{k-1,k-2}|] +$$
$$|C_{k-1,k-2}+D_{k-1,k-2}|[|\varphi_{k-1,k-2}^{(\nu)}-\varphi_{k-1,k-2}| + |S_1\varphi_{k-1,k-2}^{(\nu)}-S_1\varphi_{k-1,k-2}| +$$

$$|S_2\varphi_{k-1,k-2}^{(\nu)} - S_2\varphi_{k-1,k-2}| + |S_3\varphi_{k-1,k-2}^{(\nu)} - S_3\varphi_{k-1,k-2}|] +$$

$$2|B_{k-1,k-2} + D_{k-1,k-2}|[|\varphi_{k-1,k-2}^{(\nu)} - \varphi_{k-1,k-2}| + |S_1\varphi_{k-1,k-2}^{(\nu)} - S_1\varphi_{k-1,k-2}|] +$$

$$|1 - 4B_{k-1,k-2}||\varphi_{k-1,k-2}^{(\nu)} - \varphi_{k-1,k-2}| +$$

$$|A_{k-1,k-2} + B_{k-1,k-2} - C_{k-1,k-2} - D_{k-1,k-2}||S_2[\overline{(t_2 - \tau_2)}\varphi_{k-1,k-1}^{(\nu)}] - S_2[\overline{(t_2 - \tau_2)}\varphi_{k-1,k-1}]| +$$

$$|A_{k-1,k-2} + B_{k-1,k-2} + C_{k-1,k-2} + D_{k-1,k-2}||S_3[\overline{(t_2 - \tau_2)}\varphi_{k-1,k-1}^{(\nu)}] - S_3[\overline{(t_2 - \tau_2)}\varphi_{k-1,k-1}]| +$$

$$4|g_{k-1,k-2}||f_{k-1,k-2}(t,w_{z_1^{k-1}z_2^{k-2}}^{++}(\varphi_{k-1,k-2}^{(\nu)}(t)), w_{z_1^{k-1}z_2^{k-2}}^{+-}(\varphi_{k-1,k-2}^{(\nu)}(t)),$$

$$w_{z_1^{k-1}z_2^{k-2}}^{-+}(\varphi_{k-1,k-2}^{(\nu)}(t)), w_{z_1^{k-1}z_2^{k-2}}^{--}(\varphi_{k-1,k-2}^{(\nu)}(t))) - f_{k-1,k-2}(t,w_{z_1^{k-1}z_2^{k-2}}^{++}(\varphi_{k-1,k-2}(t)),$$

$$w_{z_1^{k-1}z_2^{k-2}}^{+-}(\varphi_{k-1,k-2}(t)), w_{z_1^{k-1}z_2^{k-2}}^{-+}(\varphi_{k-1,k-2}(t)), w_{z_1^{k-1}z_2^{k-2}}^{--}(\varphi_{k-1,k-2}(t)))|$$

$$\leqslant (|A_{k-1,k-2} + B_{k-1,k-2}| + |C_{k-1,k-2} + D_{k-1,k-2}|)(1 + 3J_{15})\eta +$$

$$2|B_{k-1,k-2} + D_{k-1,k-2}|(1 + J_{15})\eta + |1 - 4B_{k-1,k-2}|\eta +$$

$$(|A_{k-1,k-2} + B_{k-1,k-2} - C_{k-1,k-2} - D_{k-1,k-2}|J_{16} +$$

$$|A_{k-1,k-2} + B_{k-1,k-2} + C_{k-1,k-2} + D_{k-1,k-2}|J_{17})\eta + 4\sigma J_{19}\eta$$

$$= J_{20}\eta。$$

这意味着 $F_{k-1,k-2}$ 在 T 上连续。由于 T 在 $C(L)$ 中是紧的，应用 Arzela – Ascoli 定理，$F_{k-1,k-2}$ 将 T 映到紧集 $F_{k-1,k-2}(T)$。应用 Schauder 不动点原理得至少存在一个 $\varphi_{k-1,k-2} \in T$ 满足 $F_{k-1,k-2}\varphi_{k-1,k-2} = \varphi_{k-1,k-2}$。

（3）令 $p = k - 1, j = k - 3$。由式（5.2.5）得

$$T_{k-1,k-3}\varphi_{k-1,k-1} = T_{k-1,k-3}\varphi_{k-1,k-2} = 0, T_{k-1,k-3}\varphi_{k-1,k-3} = \varphi_{k-1,k-3}。$$

则

$$\begin{cases} \sum_{k_1=p}^{k-1}\sum_{k_2=j}^{k-1}\dfrac{T_{k-1,k-3}\varphi_{k_1,k_2}}{[k_1 - (k-1)]![k_2 - (k-3)]!} \\ \quad = \dfrac{1}{2!}T_{k-1,k-3}\varphi_{k-1,k-1} + T_{k-1,k-3}\varphi_{k-1,k-2} + T_{k-1,k-3}\varphi_{k-1,k-3} = \varphi_{k-1,k-3}, \\ \sum_{k_1=p}^{k-1}\sum_{k_2=j}^{k-1}\dfrac{P_{k-1,k-3}\varphi_{k_1,k_2}}{[k_1 - (k-1)]![k_2 - (k-3)]!} \\ \quad = \dfrac{1}{2!}P_{k-1,k-3}\varphi_{k-1,k-1} + P_{k-1,k-3}\varphi_{k-1,k-2} + P_{k-1,k-3}\varphi_{k-1,k-3} = S_1\varphi_{k-1,k-3}, \end{cases}$$

$$\begin{cases} \sum_{k_1=p}^{k-1}\sum_{k_2=j}^{k-1}\dfrac{Q_{k-1,k-3}\varphi_{k_1,k_2}}{[k_1-(k-1)]![k_2-(k-3)]!} \\ \quad = \dfrac{1}{2!}Q_{k-1,k-3}\varphi_{k-1,k-1} + Q_{k-1,k-3}\varphi_{k-1,k-2} + Q_{k-1,k-3}\varphi_{k-1,k-3} \\ \quad = \dfrac{1}{2!}S_2[\overline{(t_2-\tau_2)^2}\varphi_{k-1,k-1}] + S_2[\overline{(t_2-\tau_2)}\varphi_{k-1,k-2}] + S_2\varphi_{k-1,k-3}, \\ \sum_{k_1=p}^{k-1}\sum_{k_2=j}^{k-1}\dfrac{R_{k-1,k-3}\varphi_{k_1,k_2}}{[k_1-(k-1)]![k_2-(k-3)]!} \\ \quad = \dfrac{1}{2!}R_{k-1,k-3}\varphi_{k-1,k-1} + R_{k-1,k-3}\varphi_{k-1,k-2} + R_{k-1,k-3}\varphi_{k-1,k-3} \\ \quad = \dfrac{1}{2!}S_3[\overline{(t_2-\tau_2)^2}\varphi_{k-1,k-1}] + S_3[\overline{(t_2-\tau_2)}\varphi_{k-1,k-2}] + S_3\varphi_{k-1,k-3}\circ \end{cases}$$

于是

$$\begin{aligned}
4w^{++}_{z_1^{k-1}z_2^{k-3}}(t_1,t_2) &= \left[\dfrac{1}{2!}T_{k-1,k-3}\varphi_{k-1,k-1} + T_{k-1,k-3}\varphi_{k-1,k-2} + T_{k-1,k-3}\varphi_{k-1,k-3}\right] + \\
&\quad \left[\dfrac{1}{2!}P_{k-1,k-3}\varphi_{k-1,k-1} + P_{k-1,k-3}\varphi_{k-1,k-2} + P_{k-1,k-3}\varphi_{k-1,k-3}\right] + \\
&\quad \left[\dfrac{1}{2!}Q_{k-1,k-3}\varphi_{k-1,k-1} + Q_{k-1,k-3}\varphi_{k-1,k-2} + Q_{k-1,k-3}\varphi_{k-1,k-3}\right] + \\
&\quad \left[\dfrac{1}{2!}R_{k-1,k-3}\varphi_{k-1,k-1} + R_{k-1,k-3}\varphi_{k-1,k-2} + R_{k-1,k-3}\varphi_{k-1,k-3}\right] \\
&= [\varphi_{k-1,k-3} + S_1\varphi_{k-1,k-3} + S_2\varphi_{k-1,k-3} + S_3\varphi_{k-1,k-3}] + \\
&\quad \{S_2[\overline{(t_2-\tau_2)}\varphi_{k-1,k-2}] + S_3[\overline{(t_2-\tau_2)}\varphi_{k-1,k-2}]\} + \\
&\quad \dfrac{1}{2}\{S_2[\overline{(t_2-\tau_2)^2}\varphi_{k-1,k-1}] + S_3[\overline{(t_2-\tau_2)^2}\varphi_{k-1,k-1}]\}\circ
\end{aligned}$$

由式（5.4.3）得

$$\begin{aligned}
F_{k-1,k-3}\varphi_{k-1,k-3} &= \dfrac{1}{2!}T_{k-1,k-3}\varphi_{k-1,k-1} + T_{k-1,k-3}\varphi_{k-1,k-2} + T_{k-1,k-3}\varphi_{k-1,k-3} - \\
&\quad 4g_{k-1,k-3}f_{k-1,k-3} + [A_{k-1,k-3} - B_{k-1,k-3} - C_{k-1,k-3} + D_{k-1,k-3}] \cdot \\
&\quad \left[\dfrac{1}{2!}T_{k-1,k-3}\varphi_{k-1,k-1} + T_{k-1,k-3}\varphi_{k-1,k-2} + T_{k-1,k-3}\varphi_{k-1,k-3}\right] +
\end{aligned}$$

$$[A_{k-1,k-3} - B_{k-1,k-3} + C_{k-1,k-3} - D_{k-1,k-3}] \cdot$$

$$\left[\frac{1}{2!}P_{k-1,k-3}\varphi_{k-1,k-1} + P_{k-1,k-3}\varphi_{k-1,k-2} + P_{k-1,k-3}\varphi_{k-1,k-3}\right] +$$

$$[A_{k-1,k-3} + B_{k-1,k-3} - C_{k-1,k-3} - D_{k-1,k-3}] \cdot$$

$$\left[\frac{1}{2!}Q_{k-1,k-3}\varphi_{k-1,k-1} + Q_{k-1,k-3}\varphi_{k-1,k-2} + Q_{k-1,k-3}\varphi_{k-1,k-3}\right] +$$

$$[A_{k-1,k-3} + B_{k-1,k-3} + C_{k-1,k-3} + D_{k-1,k-3}] \cdot$$

$$\left[\frac{1}{2!}R_{k-1,k-3}\varphi_{k-1,k-1} + R_{k-1,k-3}\varphi_{k-1,k-2} + R_{k-1,k-3}\varphi_{k-1,k-3}\right]$$

$$= 0 + \varphi_{k-1,k-3} - 4g_{k-1,k-3}f_{k-1,k-3} +$$

$$[A_{k-1,k-3} - B_{k-1,k-3} - C_{k-1,k-3} + D_{k-1,k-3}][0 + 0 + \varphi_{k-1,k-3}] +$$

$$[A_{k-1,k-3} - B_{k-1,k-3} + C_{k-1,k-3} - D_{k-1,k-3}][0 + 0 + S_1\varphi_{k-1,k-3}] +$$

$$[A_{k-1,k-3} + B_{k-1,k-3} - C_{k-1,k-3} - D_{k-1,k-3}] \cdot$$

$$\left\{\frac{1}{2}S_2[\overline{(t_2-\tau_2)^2}\varphi_{k-1,k-1}] + S_2[\overline{(t_2-\tau_2)}\varphi_{k-1,k-2}] + S_2\varphi_{k-1,k-3}\right\} +$$

$$[A_{k-1,k-3} + B_{k-1,k-3} + C_{k-1,k-3} + D_{k-1,k-3}] \cdot \left\{\frac{1}{2}S_3[\overline{(t_2-\tau_2)^2}\varphi_{k-1,k-1}] +\right.$$

$$\left. S_3[\overline{(t_2-\tau_2)}\varphi_{k-1,k-2}] + S_3\varphi_{k-1,k-3}\right\}。$$

与（2）同理可证 $\exists \varphi_{k-1,k-3} \in T$ 满足式（5.4.2）。以上过程依次进行下去则得到 $\varphi_{k-1,k-1}, \varphi_{k-1,k-2}, \cdots, \varphi_{k-1,0} \in T$ 即 $\exists \varphi_{k-1,k_2} \in T(k_2 = 0, 1, \cdots, k-1)$ 满足式（5.4.2）。

（4）类似地，如果 $p = k-2, j = k-1$，则必 $\exists \varphi_{k-2,k_2} \in T$ 满足式（5.4.2）。重复以上过程直至得到 $\exists \varphi_{0,k_2} \in T$ 满足式（5.4.2）。

综上由（1）—（4）可知问题得证。

注 在定理 5.4.2 中若令 $k = 2$，则得到相应的关于双解析函数的结论。在定理 5.4.2 中只讨论了 k 全纯函数边值问题解的存在性，关于解的唯一性及在其他区域上的相关问题还需要进一步的研究。

5.5 双-多全纯函数的非齐次复偏微分方程问题

定理 5.5.1 设 D 是 $\mathbb{C}$ 中的单位圆盘。对于 $\varphi \in C(\partial D, \mathbb{R})$，$f_1 \in C^{m-1}(\overline{D}, \mathbb{C})(m \geqslant 1)$ 和 $\partial_{\bar{z}} f_{\kappa-1}(\kappa = 2, \cdots, m)$，$f_m = 0$，令

$$W(z) = \frac{1}{2\pi i} \int_{\partial D} \varphi(\zeta) \frac{\zeta+z}{\zeta-z} \frac{d\zeta}{\zeta} + \frac{1}{2\pi i} \int_{\partial D} \sum_{\mu=1}^{m-1} \frac{1}{\mu!} \operatorname{Re}[\overline{(z-\zeta)}^\mu f_\mu(\zeta)] \frac{\zeta+z}{\zeta-z} \frac{d\zeta}{\zeta} +$$

$$\frac{1}{2\pi} \int_{\partial D} \sum_{\mu=0}^{m-1} \frac{1}{\mu!} \operatorname{Im}\{[\overline{(z-\zeta)}^\mu - (-\bar{\zeta})^\mu] f_\mu(\zeta)\} \frac{d\zeta}{\zeta}, \tag{5.5.1}$$

则 $\operatorname{Re} W = \varphi$，$\partial_{\bar{z}}^m W(z) = 0$，$\partial_{\bar{z}}^s W(z) = f_s(z)$ ($s = 1, 2, \cdots, m-1$)。

证明 由于 $z \to \partial D$ 时 $\frac{\zeta+z}{\zeta-z}$ 是纯虚数，则由 Schwarz 算子的性质可得 $\operatorname{Re} W = \varphi$。令

$$\begin{cases} A = \dfrac{1}{2\pi i} \int_{\partial D} \varphi(\zeta) \dfrac{\zeta+z}{\zeta-z} \dfrac{d\zeta}{\zeta} + \dfrac{1}{2\pi i} \int_{\partial D} \sum_{\mu=1}^{m-1} \dfrac{1}{\mu!} \operatorname{Re}[\overline{(z-\zeta)}^\mu f_\mu(\zeta)] \dfrac{\zeta+z}{\zeta-z} \dfrac{d\zeta}{\zeta}, \\ B = \dfrac{1}{2\pi} \int_{\partial D} \sum_{\mu=0}^{m-1} \dfrac{1}{\mu!} \operatorname{Im}\{[\overline{(z-\zeta)}^\mu - (-\bar{\zeta})^\mu] f_\mu(\zeta)\} \dfrac{d\zeta}{\zeta}。 \end{cases}$$

则

$$\begin{cases} A_{\bar{z}} = \sum_{\mu=1}^{m-1} \dfrac{1}{\mu!} \Big[\dfrac{1}{2\pi i} \int_{\partial D} \mu \overline{(z-\zeta)}^{\mu-1} f_\mu(\zeta) \dfrac{d\zeta}{\zeta-z} - \dfrac{1}{2\pi i} \int_{\partial D} \mu \overline{(z-\zeta)}^{\mu-1} f_\mu(\zeta) \dfrac{d\zeta}{2\zeta} \Big], \\ A_{\bar{z}}^s = \sum_{\mu=s}^{m-1} \dfrac{1}{(\mu-s)!} \Big[\dfrac{1}{2\pi i} \int_{\partial D} \overline{(z-\zeta)}^{\mu-s} \dfrac{f_\mu d\zeta}{\zeta-z} - \\ \qquad \dfrac{1}{2\pi i} \int_{\partial D} \mu \overline{(z-\zeta)}^{\mu-s} \dfrac{f_\mu d\zeta}{2\zeta} \Big] (s = 2, 3, \cdots, m-1), \\ A_{\bar{z}}^m = 0。 \end{cases}$$

$$\tag{5.5.2}$$

且

第5章 $\mathbb{C}^n$ 中柯西型奇异积分算子及其在边值问题中的应用

$$\begin{cases} B_{\bar{z}} = \sum_{\mu=1}^{m-1} \dfrac{1}{4\pi i \mu!} \int_{\partial D} \mu (\overline{z-\zeta})^{\mu-1} f_\mu(\zeta) \dfrac{\mathrm{d}\zeta}{\zeta}, \\ B_{\bar{z}}^s = \sum_{\mu=s}^{m-1} \dfrac{1}{4\pi i (\mu-s)!} \int_{\partial D} (\overline{z-\zeta})^{\mu-s} f_\mu(\zeta) \dfrac{\mathrm{d}\zeta}{\zeta} (s=2,3,\cdots,m-1), \\ B_{\bar{z}}^m = 0。 \end{cases}$$

(5.5.3)

由式 (5.5.2)，式 (5.5.3) 和复平面上的 Cauchy-Pompeiu 公式[21]得

$$\begin{aligned} W_{\bar{z}} &= A_{\bar{z}} + B_{\bar{z}} = \sum_{\mu=1}^{m-1} \dfrac{1}{\mu!} \dfrac{1}{2\pi i} \int_{\partial D} \mu (\overline{z-\zeta})^{\mu-1} f_\mu(\zeta) \dfrac{\mathrm{d}\zeta}{\zeta-z} \\ &= \dfrac{1}{2\pi i} \int_{\partial D} \Big[\sum_{\mu=1}^{m-1} \dfrac{1}{(\mu-1)!} (\overline{z-\zeta})^{\mu-1} f_\mu(\zeta) \Big] \dfrac{\mathrm{d}\zeta}{\zeta-z} + \\ &\quad \dfrac{-1}{\pi} \int_D \dfrac{\partial}{\partial \bar{\zeta}} \Big[\sum_{\mu=1}^{m-1} \dfrac{1}{(\mu-1)!} (\overline{z-\zeta})^{\mu-1} f_\mu(\zeta) \Big] \dfrac{\mathrm{d}\sigma_\zeta}{\zeta-z} \\ &= \Big[\sum_{\mu=1}^{m-1} \dfrac{1}{(\mu-1)!} (\overline{z-\zeta})^{\mu-1} f_\mu(\zeta) \Big]_{\zeta=z} = f_1(z)。 \end{aligned}$$

同理可得

$$\partial_{\bar{z}}^s W(z) = \partial_{\bar{z}}^s A + \partial_{\bar{z}}^s B = f_s(z)(s=2,\cdots,m-1), \partial_{\bar{z}}^m W(z) = \partial_{\bar{z}}^m A + \partial_{\bar{z}}^m B = 0。$$

首先讨论具有 Riemann-Hilbert 条件的高阶 PDE 问题。

定理 5.5.2 设 D 是 $\mathbb{C}$ 中的单位圆盘。对于 $\gamma, f_k \in C(\partial D)$ 和 $\partial_{\bar{z}} f_k = f_{k+1}(k \geq 1, k \geq \mathbb{Z})$，令

$$T_{0,k} f_k(z) = \dfrac{-1}{\pi} \int_D \dfrac{1}{(k-1)!} \dfrac{(\overline{z-\zeta})^{k-1}}{\zeta-z} f_k(\zeta) \mathrm{d}\sigma_\zeta, \tag{5.5.4}$$

则问题

$$\begin{cases} \mathrm{Re}[\bar{\zeta}^p W(\zeta)] = \gamma(\zeta)(\zeta \in \partial D), \\ \dfrac{\partial^k W(z)}{\partial \bar{z}^k} = f_k(z)(z \in D), \end{cases}$$

是可解的。

（i）当 $p \geq 0$ 时，问题的解可表示为：

$$W(z) = z^p \varphi_1(z) + \sum_{s=0}^{k-1} \sum_{l=0}^{s} \sum_{\nu=0}^{+\infty} \alpha_{sl(\nu-p)} z^\nu \bar{z}^l + T_{0,k} f_k(z), \quad (5.5.5)$$

其中,

$$\varphi_1(z) = \frac{1}{2\pi i} \int_{\partial D} \gamma(\zeta) \frac{\zeta+z}{\zeta-z} \frac{d\zeta}{\zeta} - \frac{1}{(k-1)!} \frac{2^p}{\pi} \int_D \overline{f_k(\zeta)} \frac{z(z-\zeta)^{k-1}}{1-z\bar{\zeta}} d\sigma_\zeta +$$

$$\frac{1}{2\pi i} \int_{\partial D} \sum_{\mu=1}^{k-1} \frac{1}{\mu!} \mathrm{Re}\left[\overline{(z-\zeta)^\mu} \sum_{m=0}^{\mu} C_\mu^m (f_{\mu-m}(\zeta) - T_{0,k-\mu+m} f_k(\zeta)) \partial_\zeta^m \bar{\zeta}^p \right] \frac{\zeta+z}{\zeta-z} \frac{d\zeta}{\zeta} +$$

$$\frac{1}{2\pi} \int_{\partial D} \sum_{\mu=0}^{k-1} \frac{1}{\mu!} \mathrm{Im}\left[(\overline{(z-\zeta)^\mu} - (-\bar{\zeta})^\mu) \sum_{m=0}^{\mu} C_\mu^m (f_{\mu-m}(\zeta) - \right.$$

$$\left. T_{0,k-\mu+m} f_k(\zeta)) \partial_{\bar\zeta}^m \bar{\zeta}^p \right] \frac{d\zeta}{\zeta},$$

$$(5.5.6)$$

$\alpha_{sl(\nu-p)}$ 是满足条件

$$\begin{cases} \sum_{s=0}^{k-1} \sum_{l=0}^{s} \alpha_{sl(\nu+l)} = 0 \, (\nu \geq p+k), \\ \sum_{s=0}^{k-1} \sum_{l=0}^{s} [\alpha_{sl(\nu+l)} + \overline{\alpha_{sl(l-\nu)}}] = 0 \, (-p \leq \nu \leq p), \\ \sum_{s=0}^{k-1} \sum_{l=0}^{s} \alpha_{sl(p+1+t+l)} + \sum_{s=t+1}^{k-1} \sum_{l=t+1}^{s} \overline{\alpha_{sl(-p-1-t+l)}} = 0 \, (t=0,1,\cdots,k-2, k \geq 2), \end{cases}$$

$$(5.5.7)$$

的任意复常数,且当 $k=1$ 时条件不包含式 (5.5.7) 中最后一个等式。

(ii) 当 $p < 0$ 时,在条件

$$\frac{1}{2\pi i} \int_{\partial D} \{\zeta^{-p}[f_{k-1}(\zeta) - T_{0,1} f_k(\zeta)] + \zeta^p \overline{[f_{k-1}(\zeta) - T_{0,1} f_k(\zeta)]}\} \frac{d\zeta}{\zeta^{l+1}} = 0$$

$$(l = 0, 1, \cdots, -p-1), \quad (5.5.8)$$

下问题的解可表示为:

$$W(z) = z^p \varphi_2(z) + \sum_{s=0}^{k-1} \sum_{l=0}^{s} \sum_{\nu=0}^{+\infty} \alpha_{sl(\nu-p)} z^\nu \bar{z}^l + T_{0,k} f_k(z), \quad (5.5.9)$$

其中,

第5章 $\mathbb{C}^n$ 中柯西型奇异积分算子及其在边值问题中的应用

$$\varphi_2(z) = \frac{1}{2\pi i}\int_{\partial D}\gamma(\zeta)\frac{\zeta+z}{\zeta-z}\frac{d\zeta}{\zeta} - \frac{1}{(k-1)!}\frac{z^p}{\pi}\int_D \overline{f_k(\zeta)}\frac{z(z-\zeta)^{k-1}}{1-z\bar\zeta}d\sigma_\zeta +$$

$$\frac{1}{2\pi i}\int_{\partial D}\sum_{\mu=1}^{k-1}\frac{1}{\mu!}\mathrm{Re}\{\overline{(z-\zeta)}^\mu \zeta^{-p}[f_\mu(\zeta) - T_{0,(k-\mu)}f_k(\zeta)]\}\frac{\zeta+z}{\zeta-z}\frac{d\zeta}{\zeta} +$$

$$\frac{1}{2\pi}\int_{\partial D}\sum_{\mu=0}^{k-1}\frac{1}{\mu!}\mathrm{Im}\{(\overline{(z-\zeta)}^\mu - (-\bar\zeta)^\mu)\zeta^{-p}[f_\mu(\zeta) - T_{0,(k-\mu)}f_k(\zeta)]\}\frac{d\zeta}{\zeta}。$$

$$(5.5.10)$$

证明 （1）当 $n = 1$ 时，由算子 $\dfrac{-1}{\pi}\int_D \dfrac{f(\zeta)}{\zeta-z}d\sigma_\zeta$ 的性质[2]可知 $T_{0,k}f_k(z)$ 是 $\dfrac{\partial^k W(z)}{\partial \bar z^k} = f_k(z)$ 的一个特解，则相应的一般解是 $W(z) = \varphi(z) + T_{0,k}f_k(z)$，其中 $\varphi(z)$ 是一个 k 全纯函数，且

$$\mathrm{Re}[\zeta^{-p}\varphi(\zeta)] = \mathrm{Re}[\zeta^{-p}W(\zeta) - \zeta^{-p}T_{0,k}f_k(\zeta)]$$
$$= \gamma(\zeta) - \mathrm{Re}[\zeta^{-p}T_{0,k}f_k(\zeta)] \doteq \gamma_0(\zeta)。$$

（i）当 $p \geq 0 (p \in \mathbb{Z})$ 时：

① 令 $\varphi(z) = z^p \varphi_1(z)$，则 $\mathrm{Re}[\zeta^{-p}\varphi(\zeta)] = \gamma_0(\zeta) \Leftrightarrow \mathrm{Re}[\varphi_1(\zeta)] = \gamma_0(\zeta)$，且如果 $\varphi_1(z)$ 是 k 全纯函数则 $\varphi(z)$ 也是 k 全纯函数。由于

$$\partial_{\bar\zeta}^\mu(\bar\zeta^p\varphi(\zeta)) = \sum_{m=0}^{\mu} C_\mu^m \partial_{\bar\zeta}^{\mu-m}\varphi(\zeta)\partial_{\bar\zeta}^m(\bar\zeta^p)$$

$$= \sum_{m=0}^{\mu} C_\mu^m \partial_{\bar\zeta}^{\mu-m}[W(\zeta) - T_{0,k}f_k(\zeta)]\partial_{\bar\zeta}^m(\bar\zeta^p)$$

$$= \sum_{m=0}^{\mu} C_\mu^m [f_{\mu-m}(\zeta) - T_{0,k-\mu+m}f_k(\zeta)]\partial_{\bar\zeta}^m(\bar\zeta^p),$$

则由定理 5.5.1 得

$$\varphi_1(z) = \frac{1}{2\pi i}\int_{\partial D}\sum_{\mu=0}^{k-1}\frac{1}{\mu!}\mathrm{Re}[\overline{(z-\zeta)}^\mu \partial_{\bar\zeta}^\mu(\bar\zeta^p\varphi(\zeta))]\frac{\zeta+z}{\zeta-z}\frac{d\zeta}{\zeta} +$$

$$\frac{1}{2\pi}\int_{\partial D}\sum_{\mu=0}^{k-1}\frac{1}{\mu!}\mathrm{Im}\{[\overline{(z-\zeta)}^\mu - (-\bar\zeta)^\mu]\partial_{\bar\zeta}^\mu(\bar\zeta^p\varphi(\zeta))\}\frac{d\zeta}{\zeta}$$

$$= \frac{1}{2\pi i}\int_{\partial D}\gamma(\zeta)\frac{\zeta+z}{\zeta-z}\frac{d\zeta}{\zeta} - \frac{1}{2\pi i}\int_{\partial D}[\zeta^{-p}T_{0,k}f_k(\zeta) + \bar\zeta^p \overline{T_{0,k}f_k(\zeta)}]\left(\frac{1}{\zeta-z} - \frac{1}{2\zeta}\right)d\zeta +$$

$$\frac{1}{2\pi\mathrm{i}}\int_{\partial D}\sum_{\mu=1}^{k-1}\frac{1}{\mu!}\mathrm{Re}\Big[\,(\overline{z-\zeta})^{\mu}\sum_{m=0}^{\mu}C_{\mu}^{m}(f_{\mu-m}(\zeta)-T_{0,k-\mu+m}f_k(\zeta))\partial_{\zeta}^{m}\bar{\zeta}^{p}\,\Big]\frac{\zeta+z}{\zeta-z}\frac{\mathrm{d}\zeta}{\zeta}+$$

$$\frac{1}{2\pi}\int_{\partial D}\sum_{\mu=0}^{k-1}\frac{1}{\mu!}\mathrm{Im}\Big[\,((\overline{z-\zeta})^{\mu}-(-\bar{\zeta})^{\mu})\sum_{m=0}^{\mu}C_{\mu}^{m}(f_{\mu-m}(\zeta)-$$

$$T_{0,k-\mu+m}f_k(\zeta))\partial_{\zeta}^{m}\bar{\zeta}^{p}\,\Big]\frac{\mathrm{d}\zeta}{\zeta}, \tag{5.5.11}$$

满足 $\mathrm{Re}[\varphi_1(\zeta)] = \gamma_0(\zeta), \partial_{\bar{z}}^{k}\varphi_1(z) = 0$。且由式（5.5.4）得

$$\frac{1}{2\pi\mathrm{i}}\int_{\partial D}\zeta^{-p}T_{0,k}f_k(\zeta)\frac{\mathrm{d}\zeta}{\zeta-z}$$

$$= \frac{1}{(k-1)!}\frac{-1}{\pi}\int_{D}f_k(\zeta')\Big[\frac{1}{2\pi\mathrm{i}}\int_{\partial D}\zeta^{-p}\frac{\overline{(\zeta-\zeta')}^{k-1}}{\overline{\zeta'}-\overline{\zeta}}\frac{\mathrm{d}\zeta}{\zeta-z}\Big]\mathrm{d}\sigma_{\zeta'}$$

$$= \frac{1}{(k-1)!}\frac{-1}{\pi}\int_{D}f_k(\zeta')\Big[\frac{-1}{2\pi\mathrm{i}}\int_{\partial D}\bar{\zeta}^{p}\frac{\overline{(\zeta-\zeta')}^{k-1}}{\bar{\zeta}\zeta'-1}\frac{\mathrm{d}\bar{\zeta}}{z\bar{\zeta}-1}\Big]\mathrm{d}\sigma_{\zeta'} = 0,$$

$$\tag{5.5.12}$$

从而有

$$\frac{1}{2\pi\mathrm{i}}\int_{\partial D}\zeta^{-p}T_{0,k}f_k(\zeta)\frac{\mathrm{d}\zeta}{2\zeta} = 0。 \tag{5.5.13}$$

同理有

$$\frac{1}{2\pi\mathrm{i}}\int_{\partial D}\zeta^{p}\overline{T_{0,k}f_k(\zeta)}\frac{\mathrm{d}\zeta}{\zeta-z}$$

$$= \frac{1}{(k-1)!}\frac{-1}{\pi}\int_{D}\overline{f_k(\zeta')}\Big[\frac{1}{2\pi\mathrm{i}}\int_{\partial D}\zeta^{p}\frac{(\zeta-\zeta')^{k-1}}{\bar{\zeta'}-\bar{\zeta}}\frac{\mathrm{d}\zeta}{\zeta-z}\Big]\mathrm{d}\sigma_{\zeta'}$$

$$= \frac{1}{(k-1)!}\frac{-1}{\pi}\int_{D}\overline{f_k(\zeta')}\frac{z^{p+1}(z-\zeta')^{k-1}}{z\bar{\zeta'}-1}\mathrm{d}\sigma_{\zeta'}$$

$$= \frac{z^p}{(k-1)!}\frac{-1}{\pi}\int_{D}\overline{f_k(\zeta)}\frac{z(z-\zeta)^{k-1}}{z\bar{\zeta}-1}\mathrm{d}\sigma_{\zeta},$$

$$\tag{5.5.14}$$

从而有

$$\frac{1}{2\pi\mathrm{i}}\int_{\partial D}\zeta^{p}\overline{T_{0,k}f_k(\zeta)}\frac{\mathrm{d}\zeta}{2\zeta} = 0。 \tag{5.5.15}$$

第5章 $\mathbb{C}^n$ 中柯西型奇异积分算子及其在边值问题中的应用

将式 (5.5.12) 至式 (5.5.15) 代入 (5.5.11) 则得到式 (5.5.6)。因此 $z^p \varphi_1(z)$ 是 $\text{Re}[\zeta^{-p}\varphi(\zeta)] = \gamma_0(\zeta), \partial_{\bar{z}}^k \varphi(z) = 0$ 的一个特解。

②如果 $\varphi_0(z)$ 是 D 上的 k 全纯函数且 $\text{Re}[\zeta^{-p}\varphi_0(z)] = 0$，则 $z^p \varphi_1(z) + \varphi_0(z)$ 是 $\text{Re}[\zeta^{-p}\varphi(\zeta)] = \gamma_0(\zeta), \partial_{\bar{z}}^k \varphi(z) = 0$ 的一般解。以下来求 $\varphi_0(z)$。

由于 $\varphi_0(z)$ 是 k 全纯的，则它可以表示为

$$\varphi_0(z) = \sum_{s=0}^{k-1}\sum_{l=0}^{s}\sum_{\nu=0}^{+\infty} C_{sl\nu} z^\nu \bar{z}^l \doteq \sum_{s=0}^{k-1}\sum_{l=0}^{s}\sum_{\nu=0}^{+\infty} \alpha_{sl(\nu-p)} z^\nu \bar{z}^l, \quad (5.5.16)$$

其中，$\alpha_{sl(\nu-p)} = C_{sl\nu}$ 是任意复常数。令

$$\alpha_{sl\nu} + \overline{\alpha_{sl(2l-\nu)}} = A_{sl\nu}, \alpha_{sl\nu} = B_{sl\nu}, \overline{\alpha_{sl(2l-\nu)}} = C_{sl\nu}, \quad (5.5.17)$$

则

$$0 = \text{Re}[\bar{\zeta}^p \varphi_0(\zeta)] = \sum_{s=0}^{k-1}\sum_{l=0}^{s}\sum_{\nu=-p}^{+\infty}(\alpha_{sl\nu}\zeta^{\nu-l} + \overline{\alpha_{sl\nu}}\zeta^{l-\nu})$$

$$= \sum_{s=0}^{k-1}\sum_{l=0}^{s}\sum_{\nu=-p}^{p+2l}(\alpha_{sl\nu}+\overline{\alpha_{sl(2l-\nu)}})\zeta^{\nu-l} + \sum_{s=0}^{k-1}\sum_{l=0}^{s}\sum_{\nu=p+2l+1}^{+\infty}\alpha_{sl\nu}\zeta^{\nu-l} + \sum_{s=0}^{k-1}\sum_{l=0}^{s}\sum_{\nu=-\infty}^{-p-1}\overline{\alpha_{sl(2l-\nu)}}\zeta^{\nu-l}$$

$$= \sum_{s=0}^{k-1}\sum_{l=0}^{s}\sum_{\nu=-p}^{p+2l} A_{sl\nu}\zeta^{\nu-l} + \sum_{s=0}^{k-1}\sum_{l=0}^{s}\sum_{\nu=p+2l+1}^{+\infty} B_{sl\nu}\zeta^{\nu-l} + \sum_{s=0}^{k-1}\sum_{l=0}^{s}\sum_{\nu=-\infty}^{-p-1} C_{sl\nu}\zeta^{\nu-l}$$

$$= \Big\{ \sum_{\nu=-p}^{p} A_{00\nu}\zeta^\nu + \Big(\sum_{\nu=-p}^{p} A_{10\nu}\zeta^\nu + \sum_{\nu=-p}^{p+2} A_{11\nu}\zeta^{\nu-l}\Big) + \Big(\sum_{\nu=-p}^{p} A_{20\nu}\zeta^\nu + \sum_{\nu=-p}^{p+2} A_{21\nu}\zeta^{\nu-1} +$$

$$\sum_{\nu=-p}^{p+4} A_{22\nu}\zeta^{\nu-2}\Big) + \cdots + \Big(\sum_{\nu=-p}^{p} A_{(k-1)0\nu}\zeta^\nu + \sum_{\nu=-p}^{p+2} A_{(k-1)1\nu}\zeta^{\nu-1} + \cdots +$$

$$\sum_{\nu=-p}^{p+2(k-1)} A_{(k-1)(k-1)\nu}\zeta^{\nu-(k-1)}\Big) \Big\} + \Big\{ \sum_{\nu=p+1}^{+\infty} B_{00\nu}\zeta^\nu + \Big(\sum_{\nu=p+1}^{+\infty} B_{10\nu}\zeta^\nu + \sum_{\nu=p+3}^{+\infty} B_{11\nu}\zeta^{\nu-l}\Big) +$$

$$\Big(\sum_{\nu=p+1}^{+\infty} B_{20\nu}\zeta^\nu + \sum_{\nu=p+3}^{+\infty} B_{21\nu}\zeta^{\nu-l} + \sum_{\nu=p+5}^{+\infty} B_{22\nu}\zeta^{\nu-2}\Big) + \cdots + \Big[\sum_{\nu=p+1}^{+\infty} B_{(k-1)0\nu}\zeta^\nu +$$

$$\sum_{\nu=p+3}^{+\infty} B_{(k-1)1\nu}\zeta^{\nu-l} + \cdots + \sum_{\nu=p+2k-1}^{+\infty} B_{(k-1)(k-1)\nu}\zeta^{\nu-(k-1)} \Big] \Big\} + \Big\{ \sum_{\nu=-\infty}^{-p-1} C_{00\nu}\zeta^\nu +$$

$$(C_{10\nu}\zeta^\nu + C_{11\nu}\zeta^{\nu-l}) + (C_{20\nu}\zeta^\nu + C_{21\nu}\zeta^{\nu-l} + C_{22\nu}\zeta^{\nu-2}) + \cdots +$$

$$(C_{(k-1)0\nu}\zeta^\nu + C_{(k-1)1\nu}\zeta^{\nu-l} + \cdots + C_{(k-1)(k-1)\nu}\zeta^{\nu-(k-1)}) \Big\}$$

$$= \Big\{ \sum_{\nu=-p}^{p} \zeta^\nu \Big[\sum_{l=0}^{k-1}\sum_{s=l}^{k-1} A_{sl(\nu+l)}\Big] + \zeta^{-p-1}\sum_{l=1}^{k-1}\sum_{s=l}^{k-1} A_{sl(-p-1+l)} + \cdots +$$

$$\zeta^{-p-k+1} A_{(k-1)(k-l)(-p)} + \zeta^{p+1} \sum_{l=1}^{k-1} \sum_{s=l}^{k-1} A_{sl(p+1+l)} + \zeta^{p+2} \sum_{l=2}^{k-1} \sum_{s=l}^{k-1} A_{sl(p+2+l)} + \cdots +$$

$$\zeta^{p+k-1} A_{(k-1)(k-l)(p+2(k-1))} \Big\} + \Big\{ \zeta^{p+1} \sum_{s=0}^{k-1} B_{s0(p+1)} + \zeta^{p+2} \Big[\sum_{s=0}^{k-1} B_{s0(p+2)} +$$

$$\sum_{s=1}^{k-1} B_{s1(p+3)} \Big] + \cdots + \zeta^{p+k-1} \sum_{l=0}^{k-2} \sum_{s=l}^{k-1} B_{sl(p+k-1+l)} + \sum_{\nu=p+k}^{+\infty} \zeta^{\nu} \Big[\sum_{l=0}^{k-1} \sum_{s=l}^{k-1} B_{sl(\nu+l)} \Big] \Big\} +$$

$$\Big\{ \zeta^{-p-1} \sum_{s=0}^{k-1} C_{s0(-p-1)} + \zeta^{-p-2} \Big[\sum_{s=0}^{k-1} C_{s0(-p-2)} + \sum_{s=1}^{k-1} C_{s1(-p-1)} \Big] + \cdots +$$

$$\zeta^{-p-k+1} \sum_{l=0}^{k-2} \sum_{s=l}^{k-1} C_{sl(-p-k+1+l)} + \sum_{\nu=-\infty}^{-p-k} \zeta^{\nu} \Big[\sum_{l=0}^{k-1} \sum_{s=l}^{k-1} C_{sl(\nu+l)} \Big] \Big\}$$

$$= \sum_{\nu=-\infty}^{-p-k} \zeta^{\nu} \Big[\sum_{l=0}^{k-1} \sum_{s=l}^{k-1} C_{sl(\nu+l)} \Big] + \zeta^{-p-k+1} \Big[\sum_{l=0}^{k-2} \sum_{s=l}^{k-1} C_{sl(-p-k+1+l)} + A_{(k-1)(k-l)(-p)} \Big] + \cdots +$$

$$\zeta^{-p-1} \Big[\sum_{s=0}^{k-1} C_{s0(-p-1)} + \sum_{l=1}^{k-1} \sum_{s=l}^{k-1} A_{sl(-p-1+l)} \Big] + \sum_{\nu=-p}^{p} \zeta^{\nu} \Big[\sum_{l=0}^{k-1} \sum_{s=l}^{k-1} A_{sl(\nu+l)} \Big] +$$

$$\zeta^{p+1} \Big[\sum_{s=0}^{k-1} B_{s0(p+1)} + \sum_{l=1}^{k-1} \sum_{s=l}^{k-1} A_{sl(p+1+l)} \Big] + \zeta^{p+k-1} \Big[\sum_{l=0}^{k-2} \sum_{s=l}^{k-1} B_{sl(p+k-1+l)} +$$

$$A_{(k-1)(k-1)(p+2(k-1))} \Big] + \sum_{\nu=p+k}^{+\infty} \zeta^{\nu} \Big[\sum_{l=0}^{k-1} \sum_{s=l}^{k-1} B_{sl(\nu+l)} \Big], \tag{5.5.18}$$

则由式（5.5.17）和

$$\sum_{l=0}^{k-1} \sum_{s=l}^{k-1} C_{sl\nu} = \sum_{s=0}^{k-1} \sum_{l=0}^{s} C_{sl\nu}$$

可得式（5.5.7）。

由①和②的证明得式（5.5.5）是问题的解。

(ii) 当 $p < 0 (p \in \mathbb{Z})$ 时：

①令 $\varphi(z) = z^p \varphi_2(z)$，则 $\text{Re}[\zeta^{-p}\varphi(\zeta)] = \gamma_0(\zeta) \Leftrightarrow \text{Re}[\varphi_2(\zeta)] = \gamma_0(\zeta)$。类似于（i）中①的讨论可得 $\text{Re}[\varphi_2(\zeta)] = \gamma_0(\zeta)$ 的一个特解 $\varphi_2(z)$，其中 $\varphi_2(z)$ 是一个 k 全纯函数：

$$\varphi_2(z) = \frac{1}{2\pi i} \int_{\partial D} \gamma_0(\zeta) \frac{\zeta+z}{\zeta-z} \frac{d\zeta}{\zeta} + \frac{1}{2\pi i} \int_{\partial D} \sum_{\mu=1}^{k-1} \frac{1}{\mu!} \text{Re}\Big[\overline{(z-\zeta)}^{\mu} \zeta^{-p} \partial_{\bar\zeta}^{\mu}(\varphi(\zeta)) \Big] \frac{\zeta+z}{\zeta-z} \frac{d\zeta}{\zeta} +$$

$$\frac{1}{2\pi} \int_{\partial D} \sum_{\mu=0}^{k-1} \frac{1}{\mu!} \text{Im}\Big\{ \Big[\overline{(z-\zeta)}^{\mu} - (-\bar\zeta)^{\mu} \Big] \zeta^{-p} \partial_{\bar\zeta}^{\mu}(\varphi(\zeta)) \Big\} \frac{d\zeta}{\zeta}$$

$$= \frac{1}{2\pi i} \int_{\partial D} \gamma(\zeta) \frac{\zeta+z}{\zeta-z} \frac{d\zeta}{\zeta} - \frac{1}{2\pi i} \int_{\partial D} [\zeta^{-p} T_{0,k} f_k(\zeta) + \zeta^p \overline{T_{0,k} f_k(\zeta)}] \left(\frac{1}{\zeta-z} - \frac{1}{2\zeta}\right) d\zeta +$$

$$\frac{1}{2\pi i} \int_{\partial D} \sum_{\mu=1}^{k-1} \frac{1}{\mu!} \text{Re}[\overline{(z-\zeta)}^\mu \zeta^{-p} \partial_{\bar\zeta}^\mu(\varphi(\zeta))] \frac{\zeta+z}{\zeta-z} \frac{d\zeta}{\zeta} +$$

$$\frac{1}{2\pi} \int_{\partial D} \sum_{\mu=0}^{k-1} \frac{1}{\mu!} \text{Im}[(\overline{(z-\zeta)}^\mu - (-\bar\zeta)^\mu) \zeta^{-p} \partial_{\bar\zeta}^\mu(\varphi(\zeta))] \frac{d\zeta}{\zeta}.$$

则由式（5.5.12）至式（5.5.15）及

$$\partial_{\bar\zeta}^\mu(\varphi(\zeta)) = \partial_{\bar\zeta}^\mu[W(\zeta) - T_{0,k} f_k(\zeta)] = \partial_{\bar\zeta}^\mu W(\zeta) - \partial_{\bar\zeta}^\mu T_{0,k} f_k(\zeta)$$

$$= f_\mu(\zeta) - T_{0,(k-\mu)} f_k(\zeta)$$

得式（5.5.10）。故

$$\varphi(z) = z^p \varphi_2(z) + \sum_{s=0}^{k-1} \sum_{l=0}^{s} \sum_{\nu=0}^{+\infty} \alpha_{sl(\nu-p)} z^\nu \bar z^l,$$

是 $\text{Re}[\zeta^{-p} \varphi(\zeta)] = \gamma_0(\zeta), \partial_{\bar z}^k \varphi(z) = 0$ 的解。其中，$\alpha_{sl(\nu-p)}$ 是满足（5.5.15）的任意复常数。

②以下寻找条件确保由 $\varphi_2(z) = z^{-p} \varphi(z)$ 得到 $\varphi(z)$ 是一个 k 全纯函数。由于 $\varphi_2(z) = z^{-p} \varphi(z)$ 的 k 全纯性等价于 $\partial_{\bar z}^{k-1} \varphi_2(z) = z^{-p} \partial_{\bar z}^{k-1} \varphi(z)$ 的全纯性，应用全纯函数 Schwarz 算子的性质及

$$\frac{1}{\zeta-z} = \frac{1}{\zeta} \cdot \frac{1}{1-\frac{z}{\zeta}} = \sum_{l=0}^{\infty} \frac{z^l}{\zeta^{l+1}} \left(\left|\frac{z}{\zeta}\right| < 1\right),$$

则得到

$$z^{-p} \partial_{\bar z}^{k-1} \varphi(z) = \frac{1}{2\pi i} \int_{\partial D} [\zeta^{-p} \partial_{\bar\zeta}^{k-1} \varphi(\zeta) + \zeta^p \overline{\partial_{\bar\zeta}^{k-1} \varphi(\zeta)}] \left(\frac{2\zeta}{\zeta-z} - 1\right) \frac{d\zeta}{2\zeta}$$

$$= \sum_{l=0}^{\infty} \left\{\frac{1}{2\pi i} \int_{\partial D} [\zeta^{-p} \partial_{\bar\zeta}^{k-1} \varphi(\zeta) + \zeta^p \overline{\partial_{\bar\zeta}^{k-1} \varphi(\zeta)}] \frac{d\zeta}{\zeta^{l+1}} \right\} z^l -$$

$$\frac{1}{2\pi i} \int_{\partial D} [\zeta^{-p} \partial_{\bar\zeta}^{k-1} \varphi(\zeta) + \zeta^p \overline{\partial_{\bar\zeta}^{k-1} \varphi(\zeta)}] \frac{d\zeta}{2\zeta}.$$

由于 $p < 0$，则 $\varphi(z)$ 是 k 全纯的（即 $\partial_{\bar z}^{k-1} \varphi(z)$ 是全纯的）当且仅当 $z^{-p} \partial_{\bar z}^{k-1} \varphi(z)$ 在 $z = 0$ 有至少 $-p$ 阶的零点。因此

$$\frac{1}{2\pi i}\int_{\partial D}\left[\zeta^{-p}\partial_{\zeta}^{k-1}\varphi(\zeta) + \zeta^{p}\overline{\partial_{\zeta}^{k-1}\varphi(\zeta)}\right]\frac{\mathrm{d}\zeta}{\zeta^{l+1}} = 0\,(l = 0,1,\cdots,-p-1),$$

又由于

$$\begin{aligned}\partial_{\zeta}^{k-1}\varphi(\zeta) &= \partial_{\zeta}^{k-1}[W(\zeta) - T_{0,k}f_k(\zeta)] = \partial_{\zeta}^{k-1}W(\zeta) - \partial_{\zeta}^{k-1}T_{0,k}f_k(\zeta)\\&= f_{k-1}(\zeta) - T_{0,1}f_k(\zeta),\end{aligned}$$

则得到式（5.5.8）。

由①和②得在式（5.5.8）的条件之下式（5.5.9）是问题的解。

定理 5.5.2 推广了 k 全纯函数 Riemann-Hilbert 边值问题的已有结论。若在定理 5.5.2 中令 $k = 1$，则得到以下结论，该结论推广了全纯函数的相关 Riemann-Hilbert 问题的已有结果。

推论 5.5.3 设 D 是 $\mathbb{C}$ 中的单位圆盘。对于 $\gamma, f_k \in C(\partial D)$，问题

$$\begin{cases}\operatorname{Re}[\overline{\zeta^p}W(\zeta)] = \gamma(\zeta)(\zeta \in \partial D),\\\dfrac{\partial W(z)}{\partial \bar z} = f(z)(z \in D),\end{cases}$$

是可解的。

（i）当 $p \geqslant 0$ 时，问题的解可表示为：

$$W(z) = \frac{z^p}{2\pi i}\int_{\partial D}\gamma(\zeta)\frac{\zeta + z}{\zeta - z}\frac{\mathrm{d}\zeta}{\zeta} - \frac{z^{2p+1}}{\pi}\int_D\frac{\overline{f(\zeta)}}{1 - z\bar\zeta}\mathrm{d}\sigma_\zeta +$$
$$\sum_{\nu=0}^{2p}\alpha_{\nu-p}z^{\nu} - \frac{1}{\pi}\int_D\frac{f(\zeta)}{\zeta - z}\mathrm{d}\sigma_\zeta,$$

其中，$\alpha_{\nu-p}$ 是满足条件 $\alpha_\nu + \overline{\alpha_{-\nu}} = 0(-p \leqslant \nu \leqslant p)$ 的任意复常数；

（ii）当 $p < 0$ 时，在条件

$$\frac{1}{2\pi i}\int_{\partial D}\{\gamma(\zeta) - \operatorname{Re}[\zeta^{-p}Tf(\zeta)]\}\frac{\mathrm{d}\zeta}{\zeta^{l+1}} = 0 \quad (l = 0,1,\cdots,-p-1),$$

下问题的解与（i）相同。

下面讨论双-多全纯函数的几个带有 Dirichlet 条件、Riemann-Hilbert 边界条件、混合边界条件的边值问题。

定理 5.5.4 设 D 是 $\mathbb{C}$ 中的单位圆盘，$\lambda \in \mathbb{R} \setminus \{-1,0,1\}$。对于 φ, γ,

第 5 章 $\mathbb{C}^n$ 中柯西型奇异积分算子及其在边值问题中的应用

$f_k \in C(\partial D)$ 和 $\partial_{\bar{z}} f_k = f_{k+1}(k = 1, 2, \cdots, n-1, n \geq 2)$，$f_n = 0$，则问题

$$\begin{cases} \partial_{\bar{z}} f(z) = \dfrac{\lambda-1}{4\lambda}\phi(z) + \dfrac{\lambda+1}{4\lambda}\overline{\phi(z)}, \partial_{\bar{z}}^n \phi(z) = 0, \partial_{\bar{z}}^k \phi(z) = f_k(z)(z \in D), \\ f(\zeta) = \varphi(\zeta), \operatorname{Re}[\bar{\zeta}^p \phi(\zeta)] = \gamma(\zeta)(\zeta \in \partial D), \end{cases}$$

(5.5.19)

是可解的。

（i）当 $p \geq 0$ 时，问题的解可表示为：

$$f(z) = \frac{1}{2\pi\mathrm{i}} \int_{\partial D} \frac{\varphi(\zeta)\mathrm{d}\zeta}{\zeta-z} - \frac{1}{\pi} \int_D \Big[\frac{\lambda-1}{4\lambda}(\zeta^p \varphi_1(\zeta) + T_{0,k} f_k(\zeta)) +$$

$$\frac{\lambda+1}{4\lambda}\overline{(\zeta^p \varphi_1(\zeta) + T_{0,k} f_k(\zeta))} \Big] \frac{\mathrm{d}\sigma_\zeta}{\zeta-z} -$$

$$\frac{\lambda-1}{4\lambda} \Big\{ \sum_{s=0}^{k-1} \sum_{l=0}^{s} \Big[\sum_{\nu=0}^{l} \frac{-\alpha_{sl(\nu-p)}}{l+1} z^\nu \bar{z}^{l+1} + \sum_{\nu=l+1}^{+\infty} \frac{\alpha_{sl(\nu-p)}}{l+1} z^\nu (z^{-l-1} - \bar{z}^{l+1}) \Big] \Big\} -$$

$$\frac{\lambda+1}{4\lambda} \Big\{ \sum_{s=0}^{k-1} \sum_{l=0}^{s} \Big[\sum_{\nu=0}^{l-1} \overline{\frac{\alpha_{sl(\nu-p)}}{\nu+1}} \bar{z}^l (z^{-\nu-1} - \bar{z}^{\nu+1}) + \sum_{\nu=l}^{+\infty} \overline{\frac{-\alpha_{sl(\nu-p)}}{\nu+1}} z^l \bar{z}^{\nu+1} \Big] \Big\},$$

(5.5.20)

当且仅当

$$\frac{1}{2\pi\mathrm{i}} \int_{\partial D} \frac{\varphi(\zeta)\mathrm{d}\zeta}{1-\bar{z}\zeta} + \frac{1}{\pi}\int_D \Big[\frac{\lambda-1}{4\lambda} \zeta^p \varphi_1(\zeta) + \frac{\lambda+1}{4\lambda}\bar{\zeta}^p \overline{\varphi_1(\zeta)} \Big] \frac{\mathrm{d}\sigma_\zeta}{\bar{z}\zeta-1} +$$

$$\frac{1}{\pi} \int_D \overline{\frac{(z-\zeta)^k f_k(\zeta)}{k!(\bar{z}\zeta-1)}} - \frac{\overline{f_k(\zeta)}}{(k-1)!} \Big[\sum_{s=0}^{k-2} C_{k-1}^s \frac{(\bar{z}\zeta-1)^{k-1-s} - (-1)^{k-1-s}}{(k-1-s)\bar{z}^k}$$

$$(1-\bar{z}\zeta)^s + \frac{(1-\bar{z}\zeta)^{k-1}\ln(1-\bar{z}\zeta)}{\bar{z}^k} \Big] \Big\} \mathrm{d}\sigma_\zeta$$

$$= \frac{\lambda-1}{4\lambda} \sum_{s=0}^{k-1}\sum_{l=0}^{s}\sum_{\nu=0}^{l} \alpha_{sl(\nu-p)} \frac{\bar{z}^{l-\nu}}{l+1} + \frac{\lambda+1}{4\lambda} \sum_{s=0}^{k-1}\sum_{l=0}^{s}\sum_{\nu=l}^{+\infty} \overline{\alpha_{sl(\nu-p)}} \frac{\bar{z}^{\nu-l}}{\nu+1}, \quad (5.5.21)$$

其中，$T_{0,k} f_k$ 和 φ_1 分别由式（5.5.4）和式（5.5.6）所确定，$\alpha_{sl(\nu-p)}$ 是满足式（5.5.7）的任意复常数。

（ii）当 $p < 0$ 时，在满足式（5.5.8）和式（5.5.21）的条件下问题的解可表示为式（5.5.20），其中 $T_{0,k} f_k$ 和 $\alpha_{sl(\nu-p)}$ 与（i）中的相同，而 φ_1 则

由式（5.5.10）确定。

证明 由于

$$\partial_{\bar{z}}\left[\frac{-1}{\pi}\int_D \frac{g(\zeta)}{\zeta-z}\mathrm{d}\sigma_\zeta\right] = g(z),$$

显然

$$\frac{-1}{\pi}\int_D \left[\frac{\lambda-1}{4\lambda}\phi(\zeta) + \frac{\lambda+1}{4\lambda}\overline{\phi(\zeta)}\right]\frac{\mathrm{d}\sigma_\zeta}{\zeta-z}$$

是 $\partial_{\bar{z}} f(z) = \frac{\lambda-1}{4\lambda}\phi(z) + \frac{\lambda+1}{4\lambda}\overline{\phi(z)}$ 的一个特解，则问题（5.5.19）的解可以表示为：

$$f(z) = \psi(z) - \frac{1}{\pi}\int_D \left[\frac{\lambda-1}{4\lambda}\phi(\zeta) + \frac{\lambda+1}{4\lambda}\overline{\phi(\zeta)}\right]\frac{\mathrm{d}\sigma_\zeta}{\zeta-z}, \quad (5.5.22)$$

其中，$\psi(z)$ 是 D 上待定的全纯函数，ϕ 是问题

$$\mathrm{Re}[\bar{\zeta}^p \phi(\zeta)] = \gamma(\zeta)(\zeta \in \partial D), \partial_{\bar{z}}^n \phi(z) = 0, \partial_{\bar{z}}^k \phi(z) = f_k(z)(z \in D)$$

的解。

由于 $\psi(z)$ 是全纯函数，则由式（5.5.22）得

$$\psi(z) = \frac{1}{2\pi\mathrm{i}}\int_{\partial D}\frac{\psi(\zeta)}{\zeta-z}\mathrm{d}\zeta$$

$$= \frac{1}{2\pi\mathrm{i}}\int_{\partial D}\left\{\varphi(\zeta) + \frac{1}{\pi}\int_D\left[\frac{\lambda-1}{4\lambda}\phi(\tilde{\zeta}) + \frac{\lambda+1}{4\lambda}\overline{\phi(\tilde{\zeta})}\right]\frac{\mathrm{d}\sigma_{\tilde{\zeta}}}{\tilde{\zeta}-\zeta}\right\}\frac{\mathrm{d}\zeta}{\zeta-z}$$

$$= \frac{1}{2\pi\mathrm{i}}\int_{\partial D}\varphi(\zeta)\frac{\mathrm{d}\zeta}{\zeta-z} + \frac{1}{\pi}\int_D\left[\frac{\lambda-1}{4\lambda}\phi(\tilde{\zeta}) + \frac{\lambda+1}{4\lambda}\overline{\phi(\tilde{\zeta})}\right]$$

$$\left[\frac{1}{2\pi\mathrm{i}}\int_{\partial D}\frac{1}{\tilde{\zeta}-\zeta}\frac{\mathrm{d}\zeta}{\zeta-z}\right]\mathrm{d}\sigma_{\tilde{\zeta}}$$

$$= \frac{1}{2\pi\mathrm{i}}\int_{\partial D}\frac{\varphi(\zeta)}{\zeta-z}\mathrm{d}\zeta, \qquad (5.5.23)$$

当且仅当

$$\frac{1}{2\pi\mathrm{i}}\int_{\partial D}\frac{\bar{z}\psi(\zeta)}{1-\bar{z}\zeta}\mathrm{d}\zeta = 0 (z \in D),$$

即

第5章 $\mathbb{C}^n$ 中柯西型奇异积分算子及其在边值问题中的应用

$$\frac{1}{2\pi i}\int_{\partial D}\frac{\bar{z}}{1-\bar{z}\zeta}\Big\{\varphi(\zeta)+\frac{1}{\pi}\int_D\Big[\frac{\lambda-1}{4\lambda}\phi(\tilde{\zeta})+\frac{\lambda+1}{4\lambda}\overline{\phi(\tilde{\zeta})}\Big]\frac{d\sigma_{\tilde{\zeta}}}{\bar{\zeta}-\zeta}\Big\}d\zeta = 0$$

$$\Leftrightarrow \frac{1}{2\pi i}\int_{\partial D}\frac{\bar{z}\varphi(\zeta)}{1-\bar{z}\zeta}d\zeta + \frac{1}{\pi}\int_D\Big[\frac{\lambda-1}{4\lambda}\phi(\tilde{\zeta})+\frac{\lambda+1}{4\lambda}\overline{\phi(\tilde{\zeta})}\Big]$$

$$\Big[\frac{1}{2\pi i}\int_{\partial D}\frac{\bar{z}}{1-\bar{z}\zeta}\frac{d\zeta}{\bar{\zeta}-\zeta}\Big]d\sigma_{\tilde{\zeta}} = 0$$

$$\Leftrightarrow \frac{1}{2\pi i}\int_{\partial D}\frac{\varphi(\zeta)}{1-\bar{z}\zeta}d\zeta + \frac{1}{\pi}\int_D\Big[\frac{\lambda-1}{4\lambda}\phi(\zeta)+\frac{\lambda+1}{4\lambda}\overline{\phi(\zeta)}\Big]\frac{d\sigma_\zeta}{\bar{z}\zeta-1} = 0 \text{。}$$
(5.5.24)

将式 (5.5.23) 代入式 (5.5.22) 得

$$f(z) = \frac{1}{2\pi i}\int_{\partial D}\frac{\varphi(\zeta)}{\zeta-z}d\zeta - \frac{1}{\pi}\int_D\Big[\frac{\lambda-1}{4\lambda}\phi(\zeta)+\frac{\lambda+1}{4\lambda}\overline{\phi(\zeta)}\Big]\frac{d\sigma_\zeta}{\zeta-z}\text{。}$$
(5.5.25)

(ⅰ) 当 $p \geqslant 0$ 时,由定理 5.5.2 得

$$\phi(z) = z^p\varphi_1(z) + \sum_{s=0}^{k-1}\sum_{l=0}^{s}\sum_{\nu=0}^{+\infty}\alpha_{sl(\nu-p)}z^\nu\bar{z}^l + T_{0,k}f_k(z),\quad (5.5.26)$$

其中,$T_{0,k}f_k$ 和 φ_1 分别由式 (5.5.4) 和式 (5.5.6) 所确定,$\alpha_{sl(\nu-p)}$ 是满足式 (5.5.7) 的任意复常数。

应用 $\mathbb{C}$ 中的 Cauchy-Pompeiu 公式得

$$\frac{1}{\pi}\int_D\frac{\zeta^\nu\bar{\zeta}^l}{\zeta-z}d\sigma_\zeta = \frac{1}{\pi}\int_D\partial_{\bar{\zeta}}\Big(\zeta^\nu\frac{\bar{\zeta}^{l+1}}{l+1}\Big)\frac{d\sigma_\zeta}{\zeta-z} = \frac{1}{2\pi i}\int_{\partial D}\zeta^\nu\frac{\bar{\zeta}^{l+1}}{l+1}\frac{d\zeta}{\zeta-z} - z^\nu\frac{\bar{z}^{l+1}}{l+1}$$

$$= \frac{1}{l+1}\frac{1}{2\pi i}\int_{\partial D}\frac{\zeta^{\nu-l-1}}{\zeta-z}d\zeta - z^\nu\frac{\bar{z}^{l+1}}{l+1}$$

$$= \begin{cases}\dfrac{z^\nu}{l+1}(z^{-l-1}-\bar{z}^{l+1}), & \nu\geqslant l+1,\\ \dfrac{-z^\nu}{l+1}\bar{z}^{l+1}, & \nu < l+1\text{。}\end{cases}$$
(5.5.27)

类似地有

$$\frac{1}{\pi}\int_D \frac{\bar{\zeta}^\nu \zeta^l}{\zeta - z}\mathrm{d}\sigma_\zeta = \begin{cases} \dfrac{z^l}{\nu+1}(z^{-\nu-1} - \bar{z}^{\nu+1}), & \nu \le l+1, \\ \dfrac{-z^l}{\nu+1}\bar{z}^{\nu+1}, & \nu > l+1_\circ \end{cases} \quad (5.5.28)$$

将式（5.5.26）至式（5.5.28）代入式（5.5.25）则得到问题的解（5.5.20）。

为了得到可解条件，需要计算以下积分：首先，由高斯公式[22]得

$$\frac{1}{\pi}\int_D \frac{\zeta^\nu \bar{\zeta}^l}{\bar{z}\zeta - 1}\mathrm{d}\sigma_\zeta = \frac{1}{\pi}\int_D \partial_{\bar{\zeta}}\left(\frac{\bar{\zeta}^{l+1}}{l+1}\frac{\zeta^\nu}{\bar{z}\zeta - 1}\right)\mathrm{d}\sigma_\zeta$$

$$= \frac{1}{2\pi\mathrm{i}}\int_{\partial D} \frac{\bar{\zeta}^{l+1}}{l+1}\frac{\zeta^\nu \mathrm{d}\zeta}{\bar{z}\zeta - 1}$$

$$= \frac{1}{l+1}\frac{1}{2\pi\mathrm{i}}\int_{\partial D} \frac{\zeta^{\nu-l-1}}{\bar{z}\zeta - 1}\mathrm{d}\zeta$$

$$= \begin{cases} 0, & \nu \ge l+1, \\ \dfrac{-\bar{z}^{l-\nu}}{l+1}, & \nu < l+1_\circ \end{cases} \quad (5.5.29)$$

类似的有

$$\frac{1}{\pi}\int_D \frac{\bar{\zeta}^\nu \zeta^l}{\bar{z}\zeta - 1}\mathrm{d}\sigma_\zeta = \begin{cases} 0, & \nu \le l-1, \\ \dfrac{-\bar{z}^{\nu-l}}{\nu+1}, & \nu > l-1_\circ \end{cases} \quad (5.5.30)$$

其次，应用$\mathbb{C}$中的 Cauchy-Pompeiu 公式得

$$\frac{1}{\pi}\int_D T_{0,k}f_k(\zeta)\frac{\mathrm{d}\sigma_\zeta}{\bar{z}\zeta - 1} = \frac{1}{\pi}\int_D\left[\frac{-1}{\pi}\int_D \frac{1}{(k-1)!}\frac{\overline{(\zeta - \tilde{\zeta})}^{k-1}}{\tilde{\zeta} - \zeta}f_k(\tilde{\zeta})\mathrm{d}\sigma_{\tilde{\zeta}}\right]\frac{\mathrm{d}\sigma_\zeta}{\bar{z}\zeta - 1}$$

$$= \frac{-1}{\pi}\int_D \frac{f_k(\tilde{\zeta})}{(k-1)!}\left[\frac{1}{\pi}\int_D \frac{\overline{(\zeta - \tilde{\zeta})}^{k-1}}{\tilde{\zeta} - \zeta}\frac{\mathrm{d}\sigma_\zeta}{\bar{z}\zeta - 1}\right]\mathrm{d}\sigma_{\tilde{\zeta}}$$

$$= \frac{-1}{\pi}\int_D \frac{f_k(\tilde{\zeta})}{(k-1)!}\left[\frac{1}{\pi}\int_D \partial_{\bar{\zeta}}\frac{\overline{(\zeta - \tilde{\zeta})}^k}{k(1 - \bar{z}\zeta)}\frac{\mathrm{d}\sigma_\zeta}{\zeta - \tilde{\zeta}}\right]\mathrm{d}\sigma_{\tilde{\zeta}}$$

$$= \frac{-1}{\pi}\int_D \frac{f_k(\tilde{\zeta})}{(k-1)!}\left[\frac{1}{2\pi\mathrm{i}}\int_{\partial D} \frac{\overline{(\zeta - \tilde{\zeta})}^k}{k(1 - \bar{z}\zeta)}\frac{\mathrm{d}\zeta}{\zeta - \tilde{\zeta}} - 0\right]\mathrm{d}\sigma_{\tilde{\zeta}}$$

$$= \frac{-1}{\pi} \int_D \frac{f_k(\tilde{\zeta})}{(k-1)!} \Big[\frac{1}{k} \overline{\frac{1}{2\pi i} \int_{\partial D} \frac{(\zeta - \tilde{\zeta})^k d\zeta}{(\zeta - z)(1 - \bar{\tilde{\zeta}}\zeta)}} \Big] d\sigma_{\tilde{\zeta}}$$

$$= \frac{1}{\pi} \int_D \frac{\overline{(z-\zeta)}^k f_k(\zeta)}{k!(\overline{z\zeta}-1)} d\sigma_\zeta, \tag{5.5.31}$$

另外，对于 $z, \tilde{\zeta} \in D$，令 $\tilde{z} = 1/\bar{z}$，由于

$$\frac{1}{\pi} \int_D \frac{(\zeta - \tilde{\zeta})^{k-1}}{\bar{\zeta} - \zeta} \frac{d\sigma_\zeta}{\bar{z}\zeta - 1} = \frac{-\tilde{z}}{\pi} \int_D \frac{(\zeta - \tilde{\zeta})^{k-1}}{\zeta - \tilde{z}} \frac{d\sigma_\zeta}{\bar{\zeta} - \tilde{\zeta}}$$

$$= \frac{-\tilde{z}}{\pi} \int_D \Big[\sum_{s=0}^{k-2} C_{k-1}^s (\zeta - \tilde{z})^{k-2-s} (\tilde{z} - \tilde{\zeta})^s + \frac{(\tilde{z} - \tilde{\zeta})^{k-1}}{\zeta - \tilde{z}} \Big] \frac{d\sigma_\zeta}{\bar{\zeta} - \tilde{\zeta}}$$

$$= \frac{-\tilde{z}}{\pi} \int_D \partial_\zeta \Big[\sum_{s=0}^{k-2} C_{k-1}^s \frac{(\zeta - \tilde{z})^{k-1-s}}{k-1-s} (\tilde{z} - \tilde{\zeta})^s + (\tilde{z} - \tilde{\zeta})^{k-1} \ln(\zeta - \tilde{z}) \Big] \frac{d\sigma_\zeta}{\bar{\zeta} - \tilde{\zeta}}$$

$$= \tilde{z} \Big[\sum_{s=0}^{k-2} C_{k-1}^s \frac{(\zeta - \tilde{z})^{k-1-s}}{k-1-s} (\tilde{z} - \tilde{\zeta})^s + (\tilde{z} - \tilde{\zeta})^{k-1} \ln(\zeta - \tilde{z}) \Big]_{\zeta = \tilde{\zeta}} +$$

$$\frac{\tilde{z}}{2\pi i} \int_{\partial D} \Big[\sum_{s=0}^{k-2} C_{k-1}^s \frac{(\zeta - \tilde{z})^{k-1-s}}{k-1-s} (\tilde{z} - \tilde{\zeta})^s + (\tilde{z} - \tilde{\zeta})^{k-1} \ln(\zeta - \tilde{z}) \Big] \frac{d\zeta}{\zeta - \tilde{\zeta}}$$

$$= \tilde{z} \Big[\sum_{s=0}^{k-2} C_{k-1}^s \frac{(\tilde{\zeta} - \tilde{z})^{k-1-s}}{k-1-s} (\tilde{z} - \tilde{\zeta})^s + (\tilde{z} - \tilde{\zeta})^{k-1} \ln(\tilde{\zeta} - \tilde{z}) \Big] -$$

$$\tilde{z} \Big[\sum_{s=0}^{k-2} C_{k-1}^s \frac{(-\tilde{z})^{k-1-s}}{k-1-s} (\tilde{z} - \tilde{\zeta})^s + (\tilde{z} - \tilde{\zeta})^{k-1} \ln(-\tilde{z}) \Big]$$

$$= \tilde{z} \Big[\sum_{s=0}^{k-2} C_{k-1}^s \frac{(\tilde{\zeta} - \tilde{z})^{k-1-s} - (-\tilde{z})^{k-1-s}}{k-1-s} (\tilde{z} - \tilde{\zeta})^s + (\tilde{z} - \tilde{\zeta})^{k-1} \ln \frac{\tilde{\zeta} - \tilde{z}}{-\tilde{z}} \Big]$$

$$= \sum_{s=0}^{k-2} C_{k-1}^s \frac{(\bar{z}\tilde{\zeta} - 1)^{k-1-s} - (-1)^{k-1-s}}{(k-1-s)\bar{z}^k} (1 - \bar{z}\tilde{\zeta})^s + \frac{(1 - \bar{z}\tilde{\zeta})^{k-1} \ln(1 - \bar{z}\tilde{\zeta})}{\bar{z}^k},$$

其中，对数函数选取主值支，因此

$$\frac{1}{\pi} \int_D \overline{T_{0,k} f_k(\zeta)} \frac{d\sigma_\zeta}{\bar{z}\zeta - 1} = \frac{1}{\pi} \int_D \Big[\frac{-1}{\pi} \int_D \frac{1}{(k-1)!} \frac{(\zeta - \tilde{\zeta})^{k-1}}{\bar{\zeta} - \zeta} \overline{f_k(\tilde{\zeta})} d\sigma_{\tilde{\zeta}} \Big] \frac{d\sigma_\zeta}{\bar{z}\zeta - 1}$$

$$= \frac{-1}{\pi} \int_D \frac{\overline{f_k(\tilde{\zeta})}}{(k-1)!} \Big[\frac{1}{\pi} \int_D \frac{(\zeta - \tilde{\zeta})^{k-1}}{\bar{\zeta} - \zeta} \frac{d\sigma_\zeta}{\bar{z}\zeta - 1} \Big] d\sigma_{\tilde{\zeta}}$$

$$= \frac{-1}{\pi} \int_D \Big[\sum_{s=0}^{k-2} C_{k-1}^s \frac{(\bar{z}\zeta - 1)^{k-1-s} - (-1)^{k-1-s}}{(k-1-s)\bar{z}^k} (1 - \bar{z}\zeta)^s + \frac{(1 - \bar{z}\zeta)^{k-1} \ln(1 - \bar{z}\zeta)}{\bar{z}^k} \Big]$$

$$\frac{\overline{f_k(\zeta)}\mathrm{d}\sigma_\zeta}{(k-1)!}. \tag{5.5.32}$$

将式（5.5.29）至式（5.5.32）代入式（5.5.24）则得到问题的解（5.5.21）。

（ii）当 $p < 0$ 时，类似于（i）的讨论，由定理 5.5.2 则结论成立。

若在定理 5.5.4 中令 $k = 1$，则得到以下关于双全纯函数的边值问题的解。

推论 5.5.5 设 D 是 $\mathbb{C}$ 中的单位圆盘，$\lambda \in \mathbb{R} \setminus \{-1, 0, 1\}$。对于 $\varphi, \gamma \in C(\partial D)$，问题

$$\begin{cases} \partial_{\bar{z}} f(z) = \dfrac{\lambda-1}{4\lambda}\phi(z) + \dfrac{\lambda+1}{4\lambda}\overline{\phi(z)}, \partial_{\bar{z}}\phi(z) = 0 \,(z \in D), \\ f(\zeta) = \varphi(\zeta), \mathrm{Re}[\overline{\zeta^p}\phi(\zeta)] = \gamma(\zeta) \,(\zeta \in \partial D), \end{cases}$$

是可解的。

（i）当 $p \geqslant 0$ 时，问题的解可表示为：

$$f(z) = \frac{1}{2\pi\mathrm{i}}\int_{\partial D}\frac{\varphi(\zeta)\mathrm{d}\zeta}{\zeta-z} - \frac{1}{\pi}\int_D\left[\frac{\lambda-1}{4\lambda}\zeta^p\varphi_1(\zeta) + \frac{\lambda+1}{4\lambda}\overline{\zeta^p\varphi_1(\zeta)}\right]\frac{\mathrm{d}\sigma_\zeta}{\zeta-z} +$$

$$\frac{\lambda-1}{4\lambda}\left[\alpha_{-p}\bar{z} + \sum_{\nu=1}^{+\infty}\alpha_{\nu-p}z^\nu(\bar{z}-z^{-1})\right] + \frac{\lambda+1}{4\lambda}\sum_{\nu=0}^{+\infty}\overline{\alpha_{\nu-p}}\bar{z}^{\nu+1},$$

当且仅当

$$\frac{1}{2\pi\mathrm{i}}\int_{\partial D}\frac{\varphi(\zeta)\mathrm{d}\zeta}{1-\bar{z}\zeta} + \frac{1}{\pi}\int_D\left[\frac{\lambda-1}{4\lambda}\zeta^p\varphi_1(\zeta) + \frac{\lambda+1}{4\lambda}\overline{\zeta^p}\,\overline{\varphi_1(\zeta)}\right]\frac{\mathrm{d}\sigma_\zeta}{\bar{z}\zeta-1}$$

$$= \frac{\lambda-1}{4\lambda}\alpha_{-p} + \frac{\lambda+1}{4\lambda}\sum_{\nu=0}^{+\infty}\overline{\alpha_{\nu-p}}\bar{z}^\nu,$$

其中，

$$\varphi_1(z) = \frac{1}{2\pi\mathrm{i}}\int_{\partial D}\gamma(\zeta)\frac{\zeta+z}{\zeta-z}\frac{\mathrm{d}\zeta}{\zeta},$$

且 $\alpha_{\nu-p}$ 是满足

$$\alpha_\nu = 0 \,(\nu \geqslant p+1), \alpha_\nu + \overline{\alpha_{-\nu}} = 0 \,(-p \leqslant \nu \leqslant p)$$

的任意复常数。

(ii) 当 $p < 0$ 时，在条件

$$\frac{1}{2\pi i}\int_{\partial D}\gamma(\zeta)\frac{d\zeta}{\zeta^{l+1}} = 0 (l = 0,1,\cdots, -p-1)$$

下问题的解与（i）中的相同。

应用推论 5.5.3 和定理 5.5.4 则可以得到以下双 - 多全纯函数的高阶边值问题的解。

推论 5.5.6 设 D 是 $\mathbb{C}$ 中的单位圆盘，$\lambda \in \mathbb{R} \setminus \{-1,0,1\}$。对于 $\varphi, \tilde{\gamma}, \gamma, f_k \in C(\partial D)$ 和 $\partial_{\bar{z}} f_k = f_{k+1}(k = 1,2,\cdots,n-1, n \geq 2)$，$f_n = 0$，问题

$$\begin{cases} \partial_{\bar{z}}^2 W(z) = \frac{\lambda-1}{4\lambda}\phi(z) + \frac{\lambda+1}{4\lambda}\overline{\phi(z)}, \partial_{\bar{z}}^n \varphi(z) = 0, \partial_{\bar{z}}^k \phi(z) = f_k(z)(z \in D), \\ \partial_{\bar{\zeta}} W(\zeta) = \varphi(\zeta), \text{Re}[\overline{\zeta}^q W(\zeta)] = \tilde{\gamma}(\zeta), \text{Re}[\overline{\zeta}^p \phi(\zeta)] = \gamma(\zeta)(\zeta \in \partial D), \end{cases}$$

是可解的。

(i) 当 $q \geq 0$ 时，问题的解可表示为：

$$W(z) = \frac{z^q}{2\pi i}\int_{\partial D}\tilde{\gamma}(\zeta)\frac{\zeta+z}{\zeta-z}\frac{d\zeta}{\zeta} - \frac{z^{2q+1}}{\pi}\int_D \frac{\overline{f(\zeta)}}{1-z\overline{\zeta}}d\sigma_\zeta +$$

$$\sum_{\nu=0}^{2q}\alpha_{\nu-q}z^\nu - \frac{1}{\pi}\int_D \frac{f(\zeta)}{\zeta-z}d\sigma_\zeta,$$

其中，$\alpha_{\nu-q}$ 是满足 $\alpha_\nu + \overline{\alpha_{-\nu}} = 0 (-q \leq \nu \leq q)$ 的任意复常数且 $f(z)$ 是定理 5.5.4 中问题 (5.5.19) 的解。

(ii) 当 $p < 0$ 时，在条件

$$\frac{1}{2\pi i}\int_{\partial D}\{\gamma(\zeta) - \text{Re}[\zeta^{-q}Tf(\zeta)]\}\frac{d\zeta}{\zeta^{l+1}} = 0 (l = 0,1,\cdots,-q-1)$$

下问题的解与（i）中的相同。

注 应用推论 5.5.3 和推论 5.5.6 可以得到以下问题：

$$\begin{cases} \partial_{\bar{z}}^3 W(z) = \dfrac{\lambda-1}{4\lambda}\phi(z) + \dfrac{\lambda+1}{4\lambda}\overline{\phi(z)}, \partial_{\bar{z}}^n \phi(z) = 0, \partial_{\bar{z}}^k \phi(z) = f_k(z)(z \in D), \\ \partial_{\zeta}^2 W(\zeta) = \varphi(\zeta), \operatorname{Re}[\bar{\zeta}^p \phi(\zeta)] = \gamma(\zeta)(\zeta \in \partial D), \\ \operatorname{Re}[\bar{\zeta}^{q_1} W(\zeta)] = \tilde{\gamma}_1(\zeta), \operatorname{Re}[\bar{\zeta}^{q_2} W(\zeta)] = \tilde{\gamma}_2(\zeta)(\zeta \in \partial D), \end{cases}$$

的解, 其中 $\lambda \in \mathbb{R} \setminus \{-1,0,1\}$, $\varphi, \tilde{\gamma}_1, \tilde{\gamma}_2, \gamma, f_k \in C(\partial D)$ 和 $\partial_{\bar{z}} f_k = f_{k+1}(k = 1,2,\cdots,n-1, n \geq 2)$, $f_n = 0$。类似地, 相关的高阶问题也可解。

应用定理 5.5.4 和参考文献 [23] 中关于半-Neumann 问题的结果, 则有以下结论:

推论 5.5.7 设 D 是 $\mathbb{C}$ 中的单位圆盘, 令 $\lambda \in \mathbb{R} \setminus \{-1,0,1\}$, $c_s \in \mathbb{C}$, $\gamma_s \in C(\partial D)$ ($0 \leq s \leq m-2, m \geq 2, m \in \mathbb{Z}$)。对于 $\varphi, \gamma, f_k \in C(\partial D)$ 和 $\partial_{\bar{z}} f_k = f_{k+1}(k = 1,2,\cdots,n-1, n \geq 2)$, $f_n = 0$, 问题

$$\begin{cases} \partial_{\bar{z}}^m W(z) = \dfrac{\lambda-1}{4\lambda}\phi(z) + \dfrac{\lambda+1}{4\lambda}\overline{\phi(z)}, \partial_{\bar{z}}^n \phi(z) = 0, \partial_{\bar{z}}^k \phi(z) = f_k(z)(z \in D), \\ \partial_{\zeta}^{m-1} W(\zeta) = \varphi(\zeta), \operatorname{Re}[\bar{\zeta}^p \phi(\zeta)] = \gamma(\zeta)(\zeta \in \partial D), \\ \zeta \partial_{\zeta}^s W_{\zeta}(\zeta) = \gamma_s(\zeta)(\zeta \in \partial D), \partial_{\bar{z}}^s W(0) = c_s (0 \leq s \leq m-2, m \geq 2, m \in \mathbb{N}) \end{cases}$$

是可解的, 且解为:

$$\begin{aligned} W(z) = & \sum_{s=0}^{m-2} c_s \bar{z}^s + \sum_{s=0}^{m-2} \dfrac{(-1)^{s+1}}{2\pi \mathrm{i}} \int_{\partial D} \gamma_s(\zeta) \Big[\dfrac{(1-|z|^2)^s}{z^s} \ln(1-z\bar{\zeta}) + \\ & \sum_{r=0}^{s-1} \dfrac{\bar{\zeta}^{s-m}}{(s-m)z^r} \sum_{l=0}^{r} C_s^l (-|z|^2)^l \Big] \mathrm{d}\zeta + \\ & (-1)^{m-1} \dfrac{z}{\pi} \int_D \dfrac{f(\zeta)}{\zeta(\zeta-z)} \dfrac{\overline{(\zeta-z)}^{m-2}}{(m-2)!} \mathrm{d}\sigma_\zeta, \end{aligned}$$

当且仅当

$$\dfrac{1}{2\pi \mathrm{i}} \int_{\partial D} \dfrac{\gamma_{m-2}(\zeta)}{(1-\bar{z}\zeta)\zeta} \mathrm{d}\zeta + \dfrac{\bar{z}}{\pi} \int_D \dfrac{f(\zeta)}{(1-\bar{z}\zeta)^2} \mathrm{d}\sigma_\zeta = 0,$$

以及

$$\dfrac{1}{2\pi \mathrm{i}} \int_{\partial D} \dfrac{\gamma_{m-1-s}(\zeta)}{(1-\bar{z}\zeta)\zeta} \mathrm{d}\zeta + \dfrac{\bar{z}}{2\pi \mathrm{i}} \int_{\partial D} \dfrac{\gamma_{m-s}(\zeta)}{\zeta} \ln(1-z\bar{\zeta}) \mathrm{d}\zeta$$

$$= \sum_{r=2}^{s-1} \frac{(-1)^r}{r!(r-1)} \frac{\bar{z}}{2\pi i} \int_{\partial D} \frac{\gamma_{m-1-s+r}(\zeta)}{\zeta} [\overline{(\zeta-z)^{r-1}} - (-\bar{z})^{r-1}] d\zeta +$$

$$\frac{(-1)^s}{(s-1)!} \frac{\bar{z}}{\pi} \int_D f(\zeta) \frac{\overline{(\zeta-z)^{s-1}}}{(1-\bar{z}\zeta)^2} d\sigma_\zeta, 2 \leq s \leq m-1,$$

其中 $f(z)$ 是定理 5.5.4 中问题（5.5.19）的解。

注 由定理 5.5.4 和参考文献 [23] 中关于混合边值问题的结果，可以讨论相应的关于双-多全纯函数的混合边值问题，例如，

$$\begin{cases} \partial_z^m W(z) = \frac{\lambda-1}{4\lambda} \phi(z) + \frac{\lambda+1}{4\lambda} \overline{\phi(z)}, \partial_{\bar{z}}^n \phi(z) = 0, \partial_z^k \phi(z) = f_k(z)(z \in D), \\ \partial_\zeta^{m-1} W(\zeta) = \varphi(\zeta), \mathrm{Re}[\overline{\zeta^p} \phi(\zeta)] = \gamma(\zeta)(\zeta \in \partial D), \\ \zeta \partial_\zeta^s W_\zeta(\zeta) = \gamma_s(\zeta)(\zeta \in \partial D), \partial_z^s W(0) = c_s(0 \leq s \leq m-3, m \geq 3, m \in \mathbb{N}) \\ \partial_\zeta^{m-2} W(\zeta) = \gamma_{m-2}(\zeta)(\zeta \in \partial D)。 \end{cases}$$

参 考 文 献

[1] BEZRODNYKH S I, VLASOV V I. Singular Riemann-Hilbert problem in complex-shaped domains [J]. Computational mathematics and mathematical physics, 2014, 54 (12): 1826-1875.

[2] POLUNIN V A, SOLDATOV A P. Riemann-Hilbert problem for the Moisil-Teodorescu system in multiple connected domains [J]. Electronic journal of differential equations, 2016, 310: 1-5.

[3] LAURENT-THIÉBAUT C, SHAW M-C. Solving with prescribed support on Hartogs triangles in $\mathbb{C}^2$ and $\mathbb{CP}^2$ [J]. Transactions of the American mathematical society, 2019, 371 (9): 6531-6546.

[4] FASSINA M, PINTON S. Existence and interior regularity theorems for $\bar{\partial}$ on Q-Convex domains [J]. Complex analysis and operator theory, 2019, 13: 2487-2494.

[5] CHAKRABARTI D, HARRINGTON P S. Exact sequences and estimates for the $\bar{\partial}$-problem [J]. Mathematische zeitschrift, 2021, 299: 1837-1873.

[6] WU X. Some oscillation criteria for a class of higher order nonlinear dynamic equations with a delay argument on time scales [J]. Acta mathematica scientia, 2021, 41 (5): 1474-1492.

[7] CHEN Z, ZHANG R, LAN S, et al. The growth of difference equations and differential equations [J]. Acta mathematica scientia, 2021, 41 (6): 1911-1920.

[8] YANG J S, LI T X. Oscillation for a class of second-order damped Emden-Fowler dynamic equations on time scales [J]. Acta mathematica scientia, 2018, 38 (1): 134-155.

[9] BALK M B. Polyanalytic functions [M]. Berlin: Akademie Verlay, 1991.

[10] SOLDATOV A P, VUONG T Q. The linear conjugation problem for bi-analytic functions [J]. Russian mathematics, 2016, 60: 62-66.

[11] KU M, HE F, WANG Y. Riemann-Hilbert problems for Hardy space of meta-analytic functions on the unit disc [J]. Complex analysis and operator theory, 2018, 12 (2): 457-474.

[12] BEGEHR H, GAERTNER E. A dirichlet problem for the inhomogeneous polyharmonic equation in the upper half plane [J]. Georgian mathematical journal, 2007, 14 (1): 33-52.

[13] HAN H, LIU H, WANG Y. Riemann boundary-value problem for doubly-periodic bianalytic functions [J]. Boundary value problems, 2018, 1: 1-20.

[14] AKSOY Ü, BEGEHR H, ÇELEBI A O. AV Bitsadze's observation on bianalytic functions and the Schwarz problem [J]. Complex variables and elliptic equations, 2019, 64 (8): 1257-1274.

[15] AKSOY Ü, BEGEHR H, ÇELEBI A O. AV Bitsadze's observation on bianalytic functions and the Schwarz problem revisited [J]. Complex variables and elliptic equations, 2021, 66 (4): 583-585.

[16] BEGEHR H, SHUPEYEVA B. Polyanalytic boundary value problems for planar domains with harmonic Green function [J]. Analysis and mathematical physics, 2021, 11 (137): 1-22.

[17] 穆斯海里什维里. 奇异积分方程：函数论边值问题及其在数学物理中的某些应用 [M]. 朱季讷, 译. 上海：上海科学技术出版社, 1966.

[18] 黄沙. 多复变解析函数的一个非线性边值问题 [J]. 数学物理学报, 1997, 17 (4): 382-388.

[19] 杨丕文. 多圆柱区域边界上的多复变函数是区域内多元解析函数边界值的充要条件 [J]. 四川师范大学学报（自然科学版）, 1991, 14 (4): 32-40.

[20] 杨丕文. k-正则函数及某些边值问题 [J]. 四川师范大学学报（自然科学版）, 2001, 24 (1): 5-8.

[21] VEKUA I N. Generalized analytic functions [M]. Oxford: Pergamon Press, 1962.

[22] BEGEHR H, HILE G N. A hierarchy of integral operators [J]. Rocky mountain journal of mathematics, 1997, 27 (3): 669-706.

[23] BEGEHR H, KUMAR A. Boundary value problems for the inhomogeneous polyanalytic equation I [J]. Analysis, 2005, 25: 55-71.

第6章 总　结

具有特殊几何性质的双全纯映照和柯西型奇异积分算子的性质及其应用是复变函数论中主要的研究内容之一，本书主要有以下研究结果：

· 构造了具有特殊几何性质的星形映照的新子族——α 阶 k - 圆锥星形映照，讨论了单位圆盘上及有界星形圆型域上 α 阶 k - 圆锥星形映照的系数估计问题及在 $\mathbb{C}^n$ 中单位球 B^n 上的增长、掩盖、偏差定理，该结论丰富了多复变空间中具有特殊几何性质的双全纯映照的研究。

· 在推广的 Hartogs 域上适当改进了 Roper-Suffridge 算子，详细研究了推广后的 Roper-Suffridge 延拓算子在 Hartogs 域上分别在不同的条件下保持 $S_\Omega^*(\beta,A,B)$、强 α 次殆 β 型螺形映照、ρ 次抛物型 β 型螺形映照的几何不变性，并由此得到 $\mathbb{C}^n$ 中单位球 B^n 上相应的延拓算子的性质。另外，研究了复 Banach 空间中单位球上各类双全纯映照子族的几何不变性，为构造多复变空间中的这些双全纯映照子族提供了不同方法。

· 在多复变空间中讨论了全纯函数的一类推广——k 全纯函数，得到了 k 全纯函数的柯西积分定理、柯西积分公式及其一系列推论：平均值定理、柯西不等式、唯一性定理、泰勒定理、洛朗定理、刘维尔定理、威尔斯特拉斯定理等，为进一步研究多复变数中的多全纯函数奠定了必要的基础。

· 定义了双圆柱上具有 k 全纯核的柯西型奇异积分及其柯西主值，讨论了关于 k 全纯函数的柯西型奇异积分算子在边界上的 Hölder 连续性，得到了具有 k 全纯核的柯西型奇异积分的 Plemelj 公式。借助 Plemelj 公式讨论了双圆柱上和广义双圆柱上 k 全纯函数的 Riemann 边值问题和非线性边值问题，得到了边值问题解的积分表达式。对于 k 全纯函数的其他边值问题还有待进一步研究。